유럽 자동차 여행

유럽 자동차 여행

2024년 4월 30일 초판 1쇄 펴냄
2024년 12월 15일 초판 2쇄 펴냄

지은이 이정운
발행인 김산환
책임편집 윤소영
디자인 윤지영
펴낸곳 꿈의지도
인쇄 다라니
종이 월드페이퍼
지도 글터

주소 경기도 파주시 경의로 1100, 604호
전화 070-7535-9416
팩스 031-947-1530
홈페이지 blog.naver.com/mountainfire
출판등록 2009년 10월 12일 제82호

ISBN 979-11-6762-094-1(13980)
ISBN 978-89-97089-51-2-14980(세트)

Europe Road Trip Guidebook

유럽 자동차 여행

이정운 지음

꿈의지도

프롤로그

이 책은 2017년에 발간되었던 필자의 첫 번째 《처음 떠나는 유럽 자동차 여행》을 새롭게 다시 엮은 것이다. 당시에도 유럽 자동차 여행을 안내하는 전문 가이드북은 2~3권에 불과했는데 7년이 지난 지금도 여전히 그 정도에 머물러 있다.

하지만 유럽을 자동차로 여행하는 사람들의 수는 코로나 팬데믹을 거치면서 비약적으로 늘었다. 방송에서도 유럽을 자동차로 여행하는 콘셉트의 예능 프로그램이 많아졌다. 유튜브에도 각종 자동차 여행 정보가 많아졌고 블로그나 인스타그램 등 다양한 SNS를 통해서 유럽 자동차 여행의 정보를 이전보단 쉽고 자세하게 접할 수 있게 되었다. 필자도 유럽 자동차 여행 커뮤니티인 인터넷 카페를 운영하고 있지만 여러 채널을 통한 정보 교류도 더욱 활발해졌다. 굳이 책이 아니더라도 유럽 자동차 여행의 생생한 정보를 얻을 수 있는 채널이 많아진 것이다.

그럼에도 《유럽 자동차 여행》을 다시 준비하여 독자들에게 선보이게 된 이유는 정보의 질 때문이다. 정보가 넘쳐날수록 올바른 정보에 대한 욕구가 상대적으로 높아졌다. 처음 유럽 자동차 여행을 준비하는 사람들 입장에서는 정보의 옥석을 가리기 어렵고 자칫 잘못된 정보를 가지고 여행을 떠나거나 꼭 챙겨야 할 정보를 놓치고 가는 경우도 생길 수 있다. 잘못된 정보, 불필요한 정보, 정확하지 않은 정보들이 온갖 채널에 흩어져 있다 보니, 검증된 정보가 한 권으로 집약되어 있는 책의 필요성은 여전히 유효하다. 일목요연하게 정리하여 체계적으로 정리된 느낌을 받을 수도 있다. 어디서부터 준비를 해야 할지 막막한 초보 여행자들에게는 이보다 더 좋은 선택은 없을 것이다.

7년의 시간을 거치면서 책의 내용과 구성은 더욱 알차고 단단해졌다. 초판에서 아쉬웠던 여행의 감성을 배가시켜 다채롭고 풍성한 정보를 담았다. 여행 코스들이 대폭 보강되었고 유럽을 자동차로 여행하는 데 요긴한 정보들을 더 추가하였다. 앞으로도 《유럽 자동차 여행》은 유럽 자동차 여행의 로망을 실현해줄 든든한 동반자로 자리매김할 수 있도록 꾸준히 진화할 것이다.

이 책은 여행을 마음먹고 준비하는 순간부터 무사히 여행을 마치고 돌아오기까지의 과정을 총 5개 파트로 나누어 설명하고 있다. 이 책을 보고 나면 막막했던 유럽 자동차 여행의 준비 과정이 수월해지고 자신감을 가질 수 있을 것이다. 필자가 운영하는 카페와 더불어 더욱 입체적인 최신정보를 실시간으로 업데이트 받을 수도 있을 것이다. 낯선 곳으로 떠나기 전의 불안, 걱정, 두려움, 막막함은 이 책 한 권에 모두 맡기고 여행 준비에 충실하면 될 것이다.

이 책은 처음 떠나는 사람들에게는 설레임과 기대감은 배가시키고 두려움과 걱정은 경감시키는 좋은 처방전이 될 것이라고 믿어 의심치 않는다. 그리고 여행을 한두 번 다녀본 사람에게도 새로운 사실, 새로운 정보를 접해 더욱 알차고 풍성한 여행을 준비할 수 있는 여행 레시피 같은 책이 될 것이라고 생각한다. 유럽 자동차 여행을 꿈꾸고 도전하는 사람들에게 따뜻하고 올바른 길잡이가 되었으면 하는 바램을 가져본다. 유럽을 자동차로 여행하는 인생 최고의 경험을 만끽하는 그날까지 모두 파이팅이다.

이 책의 출간을 위해 물심양면 지원을 아끼지 않아주신 꿈의지도 김산환 대표님과 윤소영 팀장님 그리고 윤지영 실장님에게 고맙다는 인사를 전한다. 항상 곁에서 사고 없이 여행을 마칠 수 있게 애써주시는 채수웅 선생님, 항상 고행 같은 여행을 동승해주는 사랑스러운 아내에게도 감사함을 전하고 싶다.

그리고 부족한 책이지만 흔쾌히 추천사를 작성해 주신 유빙 카페의 스태프 코발트님, 스위스프렌즈 & 유럽프렌즈 카페 매니저인 차가운순대님, 유자유럽 카페 매니저 연경님, 리스카 사진 제공 비스마일님, 주유소 바우처 사진 제공 이정연님에게도 감사를 표한다. 마지막으로 드라이브 인 유럽 카페와 블로그에서 제 글에 응원과 지지를 보내주시는 회원님들과 이웃님들에게도 모두 축복이 함께 하기를 바란다.

이정운

*변경 추가되는 내용들은 필자가 운영하는 네이버 카페인 〈드라이브 인 유럽〉과 네이버 프리미엄 컨텐츠 채널인 〈미스터 위버의 유럽자동차여행 연구소〉에 지속적으로 업데이트될 예정입니다. 또 이 책에 잘못된 부분이 있다면 mrwiver@naver.com으로 연락주세요. 향후 개정판 발행 시 반영하도록 하겠습니다.

Contents

02

유럽 자동차 여행 추천 & 테마 코스

유럽 자동차 여행 추천 코스

유럽 자동차 여행 테마 코스

03

쫀쫀하게 **실전처럼 여행 준비하기**

04

특별하고 알차게 실전 여행 시작

05

똑똑하게 여행 마무리하기

유럽 전도
글래스고
Glasgow
덴마크
북해 North Sea
더블린
아일랜드 Dublin
영국
암스테르담
Amsterdam
네덜란드
옥스포드
Oxford
런던
London
벨기에
브뤼셀 Brussels
켈트해 Celtic Sea
룩셈부르크
몽생미셸
Mont St. Michel
파리 Paris
제네바
Geneva
취리히
스위스 Zurich
프랑스
마르세유
Marseille
툴루즈
Toulouse
니스 Nice
빌바오
Bilbo
포르투
Porto
스페인
포르투갈
마드리드 Madrid
톨레도 Toledo
바르셀로나
Barcelona
리스본
Lisbon
발렌시아
Valencia
세비야
Sevilla
말라가
Malaga
알제리
튀니지

라트비아
스웨덴
러시아
발트해 Baltic Sea
리투아니아
코펜하겐
Copenhagen
벨라루스
폴란드
바르샤바 Warsaw
베를린 Berlin
Potsdam
우크라이나
프라하
Prague
체코
체스키 크룸로프
Cesky Krumlov
슬로바키아
몰도바
빈
Vienna
Munich
잘츠부르크
Salzburg
헝가리
오스트리아
부다페스트
Budapest
루마니아
인스부르크
Innsbruck
슬로베니아
자그레브 Zagreb
베네치아
Venezia
흑해
Black Sea
피렌체 Firenze
크로아티아
보스니아
헤르체고비나
세르비아
불가리아
이탈리아
몬테네그로
두브로브니크
Dubrovnik
마케도니아
로마 Rome
바리 Bari
알바니아
튀르키예
나폴리
Napoli
그리스
티레니아해
Tyrrhenian Sea
아테네 Athens
이오니아해
Ionian Sea
지중해 Mediterranean Sea

01

야무지게 **여행 계획하기**

유럽 자동차 여행의 매력

유럽 자동차 여행을 준비하기 위해 이 책을 보고 계신 독자분들 중에는 여전히 '유럽을 자동차로 여행하는 것이 잘한 선택인가?' 하는 의문을 가지는 분들도 있지 않을까 싶다. 필자도 처음에는 그랬고, 지금도 가끔 운전 스트레스를 받는 날에는 그런 생각을 할 때가 있다. 어쩌다 일정 중에 기차나 버스를 타는 일이 생기면 '아~ 진짜 편하다'는 생각을 하게 된다(물론 탑승 과정은 아니고 앉아 있는 동안만 말이다).

그럼에도 불구하고 유럽 자동차 여행을 계속하고 있으며, 앞으로도 자동차 없는 여행은 생각할 수 없다. 아마도 유럽 자동차 여행을 즐겁게 해보신 분들이라면 모두 같은 생각일 것이다. 그렇다면 어떤 매력이 있기에 유럽 자동차 여행을 계속하게 되는 걸까? 유럽 자동차 여행의 매력을 몇 가지만 꼽아보자.

_ 최근 유럽 여행의 대세는 자동차 여행이다

지금까지 유럽 여행은 패키지여행과 배낭여행이 중심이었다. 최근에는 세미패키지투어와 같은 자유여행을 혼합한 상품들이 인기다. 하지만 최근에는 렌터카, 리스카, 캠핑카 등을 빌려서 여행하는 자동차 여행이 주목받고 있다. 코로나 팬데믹 이후 이런 여행 기조는 앞으로 더욱 뚜렷해질 것이다. 아직은 전 일정을 자동차로만 여행하는 것이 대중적인 것은 아니다. 하지만 신혼여행이나 자유여행을 계획하는 사람 중에는 일부 구간을 렌트카로 여행하려는 사람들이 점점 많아지고 있다. 앞으로 유럽 여행의 트렌드는 많은 사람들과 함께 기차나 버스를 타고 정해진 경로로 다니는 여행만은 아닐 것이다. 가족이나 마음 맞는 일행끼리 차를 빌려 스스로 계획한 여행지를 다니는 자동차 여행이 더욱 늘어날 것으로 생각한다.

_ 운전에 대한 부담이 적다

낯선 해외에서 자동차 여행을 한다는 것이 쉽지 않은 것은 사실이다. 하지만 유럽에서라면 그런 걱정을 조금은 내려놓아도 좋다. 유럽은 자동차로 여행하는 데 최적의 조건을 가진 곳이기 때문이다. 정비가 잘된 도로와 수준 높은 교통법규 준수로 운전을 좀 더 편하게 할 수 있다. 양보와 매너 운전이 몸에 밴 운전자들 덕분에 운전에 대한 두려움도 덜 수 있다. 무엇보다 영국을 제외하면 우리와 같은 방식의 우측통행을 하고 신호체계도 크게 다르지 않다. 한국에서처럼 평소와 같이 운전하면 되는 것이다. 처음 하루 이틀은 긴장이 되겠지만 2~3일부터는 한국보다 운전이 더 편하다는 생각이 들 것이다.

_ 자유로운 여행이 가능하다

패키지가 싫어서 자유여행을 떠나지만, 대중교통을 이용한 여행은 반쪽짜리 자유여행에 그칠 수 있다. 기차와 버스 시간에 일정을 맞추어야 하기 때문이다. 하지만 자동차 여행은 내가 일정을 온전히 결정할 수 있다. 어디든 갈 수 있고 언제든 정차할 수 있다. 자유로운 여행을 꿈꾸는 사람들에게 여정을 마음대로 결정할 수 있다는 것만큼 중요한 것은 없을 것이다. 게다가 대중교통을 이용하거나 패키지여행을 할 때는 정말 예쁘고 멋진 풍경을 보게 되더라도 그림의 떡에 불과하다. 하지만 자동차 여행은 다르다. 유럽의 멋지고 아름다운 풍경 속으로 고스란히 뛰어들 수 있다. 또한 대중교통이 잘 연결되지 않는 절경 포인트나 아름다운 드라이브 코스, 작고 예쁜 마을들도 언제든 자유롭게 둘러보고 즐길 수 있다.

_ 여행이 편리하다

여행은 항상 짐이 문제다. 유럽의 돌바닥에서 무거운 캐리어를 끌고 다니는 것은 무척 힘든 일이다. 그러나 자동차 여행은 이런 문제에서 어느 정도 해방될 수 있다. 차에 짐을 싣고 바로 숙소 주차장으로 이동하면 되기 때문이다. 중간에 짐이 늘어도 크게 걱정하지 않아도 된다. 물론 치안 때문에 차 안에 물건을 두고 다닐 수 없는 점은 다소 불편할 수 있다. 하지만 그래도 차가 있고 없고의 차이는 매우 크다.

_ 숙소 선택의 폭이 넓다

자동차 여행은 다양한 숙소를 선택할 수 있는 자유가 생긴다. 이탈리아 토스카나의 농가주택이나 스위스의 샬레, 프로방스의 고택들과 같은 멋진 숙소들을 다양하게 선택해서 이용할 수 있다. 이런 곳들은 자동차가 없으면 접근하기가 쉽지 않기 때문에 자동차 여행의 장점을 제대로 살릴 수 있게 된다. 이런 숙소들은 도심지 숙소보다 저렴하면서도 더 좋은 시설과 서비스를 받을 수 있을 뿐만 아니라 만족도도 무척 높다. 그리고 숙소 비용을 대폭 줄일 수 있는 캠핑장 여행도 자동차가 있어야만 가능하다.

_ 한식을 충분히 즐길 수 있다

밖에 나가면 집밥이 그립듯이 해외여행을 하다 보면 한식이 생각날 때가 많다. 특히 중장년층은 한식이 여행에서 매우 중요한 부분 중 하나가 되기도 한다. 최근에는 한류 열풍 덕에 한식당이 많아져서 이전보다는 한식을 접하기가 좀 더 쉬워지긴 했지만, 유럽의 외식 물가는 무척 비싸고 작은 소도시에서는 여전히 한식당을 찾기가 어렵다. 자동차 여행은 다양한 한식 반찬을 챙겨서 취사할 수 있는 숙소에 머물며 현지 마트의 식재료를 이용한 다양한 퓨전 한식을 만들어 먹을 수 있다. 부모님이나 아이와 함께하는 여행에서 식사가 걱정된다면 자동차 여행이 좋은 선택이 될 수 있다.

_ 경제적인 여행이 가능하다

자동차 여행이 오히려 비쌀 거라는 생각을 할 수 있다. 하지만 꼭 그렇지는 않다. 물론 혼자 여행한다면 훨씬 큰 비용이 든다. 그러나 2인 이상이라면 점점 비용이 줄어든다. 4명이 함께 자동차 여행을 한다면 일반 자유여행에 비해 더 저렴하게 여행할 수도 있다. 특히 캠핑장을 이용한다면 두 명이 여행해도 확실히 경제적인 여행이 가능하다.

2

유럽 자동차 여행에 대한 걱정

일생에 꼭 한 번은 유럽 자동차 여행을 떠나겠다고 큰 포부를 가졌지만 막상 준비를 하려고 들면 엄두가 안 나는 게 사실이다. 뭘 어디서부터 어떻게 알아봐야 할지 막막하기만 할 것이다. 유럽 자동차 여행에 대한 로망이 큰 만큼 현실적인 걱정도 많아지는 게 사실이다. 언어와 문화가 전혀 다른 곳에서 자동차를 빌려 여행을 한다는 게 물론 만만하지는 않다. 하지만 막상 해보면 생각보다 어렵지 않다. 용기를 가로막는 가장 높은 허들은 '막연한 걱정'이 아닐까. 마음속에 두려움으로 자리하고 있는 걱정과 불안을 꺼내놓고, 하나하나 조목조목 걱정을 파헤쳐보자. 걱정은 두리뭉실할 때 가장 커지는 법. 구체적으로 따져보면 의외로 큰 걱정거리가 아닌 경우가 많다.

밀라노의 혼잡한 도심

_ 영어를 못하는데 괜찮을까?

영어를 못하는데 자동차 여행이 가능할까? 걱정하는 사람들이 많다. 여행 중에 의사소통이 되지 않아 생기는 불편이 많을 것으로 생각하기 때문이다. 하지만 역설적으로 영어를 못한다면 오히려 자동차 여행이 더 편리하다. 자동차 여행은 현지인에게 길을 묻지 않아도 내비게이션에 목적지만 찍으면 가고자 하는 곳을 어디든 문제없이 갈 수 있다. 어디서 기차를 타는지, 몇 시에 버스가 오는지, 이런 것들을 확인하고 현지인에게 물어보는 것이 더 어렵지 않을까? 자동차 여행에서는 이동을 위해서 현지인과 영어로 소통할 일이 오히려 많지 않다.

여행 자체도 큰 문제없다. 유럽 사람들이 영어를 상대적으로 잘하긴 하지만 그들에게도 영어가 모국어는 아니다. 본인이 영어를 잘한다고 해도 상대방이 못하면 어쩔 수 없이 손짓 발짓을 해야 하는 경우도 많다. 그렇게 해도 신기하게 다 소통이 되니 미리 걱정하지 않아도 된다. 필자도 영어를 잘 못하지만 여행하는 데 전혀 문제가 없었다. 그리고 최근에 출시된 삼성 휴대폰은 인공지능 통역 기능이 탑재되어 언어 걱정에 대한 부담은 더 많이 줄어들었고 앞으로는 전혀 문제가 되지 않는 세상이 올 것이다.

_ 사고 위험이 있지 않을까?

자동차 여행이다 보니 교통사고에 대한 위험은 늘 있을 수밖에 없다. 하지만 국내에서도 자동차 여행을 한다면 마찬가지일 것이다. 오히려 유럽은 운전 매너가 좋고 교통 법규를 잘 지키는 편이다. 그래서 사고 발생 확률이 매우 적다. 큰 도시라도 차들이 우리나라만큼 많지 않고 도로는 어느 곳을 가든 한적하다. 적어도 내가 크게 실수하지 않으면 사고를 당할 가능성은 매우 적다. 슈퍼커버 보험에 가입하면 경제적 손실도 거의 없는 편이다. 교통 법규를 준수하고 안전 운전을 하면 너무 걱정하지 않아도 된다.

_ 차량털이범도 있다는데 치안은 괜찮을까?

유럽이 선진국이라 생각하기 때문에 차량털이범을 조심해야 한다는 이야기를 들으면 놀랄 수밖에 없다. 실제로 유럽에서는 차량털이 범죄가 빈번하게 발생한다. 유럽에서는 차 안에 짐을 두고 주차하면 차량털이를 당할 가능성이 매우 높다. 그래서 트렁크가 아닌 차 안에는 조그마한 물건이라도 두고 다니면 안 된다. 하지만 이 부분도 너무 걱정할 필요는 없다. 안전한 실내 주차장을 이용하고 차 안에 짐을 두지 않으면 사고가 일어날 일은 별로 없다. 주차장 이용 규칙과 도로 규정을 잘 지키면 크게 문제 되지 않는다.

_ 여행 공부를 많이 해야 하지 않을까?

낯선 곳에서 운전해야 하다 보니 이것저것 알아둘 것이 많은 것은 사실이다. 교통법규, 주차, 주유, 요금소 이용 방법, 통행료 납부 방법 등 기차여행이라면 신경 쓰지 않아도 될 것들을 알고 가야 한다. 한마디로 공부가 좀 필요하다. 하지만 영국을 제외하면 같은 방향의 운전대를 사용하고 교통체계도 크게 다르지 않다. 주차나 주유도 한두 번 해보면 금세 익숙해질 정도로 어렵지 않다. 그래도 일반 여행에 비해 진입장벽이 조금 높고 공부가 필요한 여행인 것은 맞다. 하지만 이 책을 꼼꼼하게 읽는다면 그런 문제는 전혀 걱정하지 않아도 좋다. 유럽 자동차 여행에 필요한 모든 정보를 담아두었기 때문에 이 책 한 권이면 충분하다.

인터넷 여행 카페들을 보면 60대 이상의 시니어분들도 유럽 자동차 여행을 즐기시는 분들이 많다. 이렇게 자동차 여행은 더 이상 특별한 사람들이나 전문가들만 하는 여행이 아니다. 누구나 약간의 용기와 지식만 갖추면 멋진 추억을 남기고 돌아올 수 있다. 유럽 자동차 여행은 한번 경험하면 꼭 다시 자동차 여행을 할 수밖에 없게 만든다. 한국에서도 근교로 놀러갈 때는 대부분 자동차로 여행할 것이다. 그것이 가장 편리하기 때문이다. 누구나 유럽에서도 그와 같은 방식으로 충분히 여행할 수 있다. 여러분이 마음만 먹는다면 말이다.

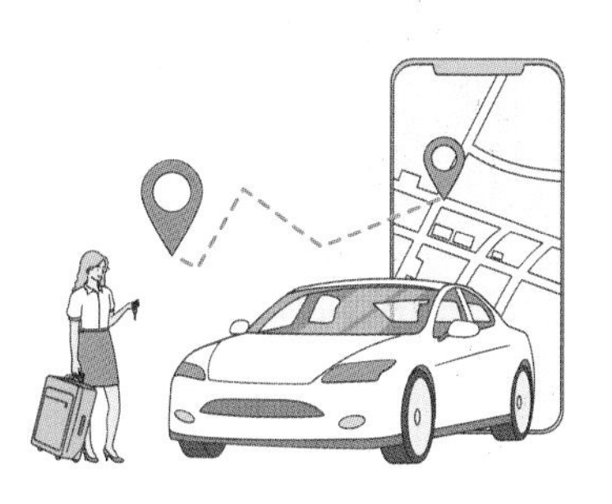

3

유럽 자동차 여행이 나와 맞을까?

유럽 자동차 여행은 꽤 멋진 여행 방법이지만 여행 방법도 자신에게 맞는 궁합이 있다. 멋있어 보인다고 덜컥 시도했다가 후회를 할 수 있다. 환상과 로망만 가지고 시도하기에는 그만큼 리스크도 크기 때문이다. 그래서 사전에 잘 알아보고 판단하는 것이 좋다. 여행 중 며칠만 차를 빌려 여행하는 것이라면 상관없다. 하지만 2주 이상의 일정을 자동차로 여행한다면 이런 부분은 분명히 체크해보는 것이 좋다.

자동차여행은 이런 멋진 풍광 속에서 여행할 수 있다.

다음에서 '예'가 3개 이상이라면 자동차 여행보다는 대중교통으로 유럽을 여행하는 것이 더 낫다.

_ 주로 대도시 여행을 계획 중이다

예 □ 아니오 □

런던, 파리, 로마, 바르셀로나와 같이 유럽의 유명한 대도시를 중심으로 여행한다면 자동차 여행은 맞지 않는다. 유럽에서 자동차로 대도시를 여행한다는 것은 낯선 외국인이 서울 한복판을 자동차로 여행하는 것과 다르지 않다. 외국인이 굳이 복잡한 서울에서 운전하며 주차 문제와 교통체증을 감수하며 여행할 필요가 있을까? 아마 누구도 권하지 않을 것이다. 대도시에서 자동차는 편리한 이동 수단이 아니라 골치 아픈 짐에 불과하다.

_ 운전을 좋아하지 않는다

예 □ 아니오 □

유럽에서의 운전이 한국에 비해 특히 더 어렵거나 불편하지는 않다. 일부 국가와 지역을 제외하면 운전할 맛이 날 만큼 운전하기 좋은 여건을 가지고 있다. 하지만 적게는 수십 킬로미터에서, 많게는 수백 킬로미터에 이르는 구간들을 매일 운전해야 한다. 일행 중 한 명이 운전을 도맡아 하거나 번갈아 한다고 해도 운전에 대한 부담은 당연히 있을 수밖에 없다. 누구도 낯선 곳에서 운전하는 것을 좋아하지는 않겠지만 운전을 즐길 수 있는 마음가짐은 필요하다. 주로 운전해야 할 사람이 내켜 하지 않는다면 충분히 잘 상의해야 한다.

_ 운전 경력이 짧다

예 □ 아니오 □

유럽에서 차량 대여는 보통 21세 이상이어야 하고 최소 면허취득 후 1년이 지나야 한다. 이 조건을 충족하더라도 한국에서 충분한 운전 경력이 없다면 자동차 여행은 고려해 봐야 한다. 유럽이 운전하기 어렵지 않은 환경이라고 해도 누구나 손쉽게 할 수 있을 만큼 만만한 곳은 아니다. 운전에 자신이 있다고 해도 낯선 환경에서 운전은 축적된 경험이 크게 작용한다. 최소한 1년 이상 한국에서 꾸준히 운전한 경험이 있는 경우에 시도하는 것이 좋다. 장롱면허가 단기 주행 연습을 받고 유럽에서 운전한다는 것은 위험한 일이다. 동네 근처만 주로 운전하는 사람이 유럽에서 운전한다는 것도 쉽지 않은 일이다. 한 달에 몇 번만 운전하고 있다면 역시 시도하지 않는 것이 좋다.

돌로미티 포르도이 패스. 이런 산악길 운전은 충분한 운전 경험이 필요하다.

_ 평소 운전 습관이 좋지 않다 예 □ 아니오 □

한국과 유럽의 교통법규는 매우 비슷한 점이 많지만, 중요한 점은 교통법규를 잘 지키느냐 지키지 않느냐의 여부다. 유럽에서는 신호, 추월차선, 회전교차로, 보행자 보호, 속도 준수 등 교통법규를 한국보다 엄격하게 지킨다. 면허 취득 요건이 우리보다 훨씬 까다로운 만큼 운전 교육을 충실히 받기 때문에 법규 준수율이 높고, 운전 매너와 에티켓이 일상화되어 있다(물론 일부 국가와 지역은 그렇지 않다). 평소에 과속과 차선 급변경 추월을 즐기고 법규도 곧잘 무시하는 운전 습관을 지녔다면 자동차 여행을 절대로 해서는 안 된다. 본인의 안전에도 문제가 되지만 상대방의 안전도 매우 위험하기 때문이다. 낯선 환경에서는 늘 조심해도 사고 날 가능성은 언제나 있다. 그런데 사고를 일으킬 만한 운전 습관을 지니고 있다면 자동차 여행은 절대로 해서는 안 된다.

이 네 가지 조건에 해당하지 않는다면 자동차 여행은 누구에게나 안전하고 적합한 여행이 될 수 있다. 소도시 여행을 좋아하고, 운전을 즐기며 운전 경험이 적당히 있고 안전운전을 하는 사람에게는 자동차 여행만큼 편리하고 좋은 여행이 없다. 이런 경우에는 고민할 것 없이 바로 자동차 여행을 계획해도 좋다. 오히려 대중교통으로 여행하는 것이 더 아쉬운 선택이라고 할 수 있다. 이런 성향을 보인 사람이 유럽 자동차 여행을 해본다면 비로소 자신과 맞는 여행 방법을 찾았다고 생각할 것이다. 나도 그랬고 자동차 여행을 경험한 수많은 사람이 그랬다. 자동차 여행 결심이 섰다면 이제 본격적으로 유럽 자동차 여행을 준비해 보도록 하자.

여행 계획을 세우기 전에

본격적으로 자동차 여행을 준비하기 전에 알아두어야 할 사항들이 있다. 이런 내용을 염두에 두지 않으면 자동차 여행의 장점을 100% 활용할 수 없다. 오랜 시행착오를 겪은 선배 여행자들의 조언이라고 생각하고 참고해 보자.

• 유럽 자동차 여행 추천 나라 •

독일 중·남부, 오스트리아 중·서부, 프랑스 동부, 스위스, 이탈리아 북부

(필자가 운영하는 〈드라이브 인 유럽〉 카페에 추천 코스들이 준비되어 있으니 참고하자.)

_ 처음 경험이 평생을 좌우한다

유럽에서도 처음 자동차로 여행하기에는 적합하지 않은 곳들이 있다. 이런 곳들은 어느 정도 자동차 여행 경험을 쌓은 다음 가는 것이 좋다. 특히 가족을 데리고 가는 여행이라면 더욱 그렇다. 그래서 첫 번째 자동차 여행은 자신이 가고 싶은 곳보다는 운전이 쉽고 안전하면서도 풍경이 좋은 곳들을 선택하는 것이 좋다. 이런 조건에 맞는 대표적인 곳이 독일 중·남부와 오스트리아 그리고 스위스 코스다. 실제로 처음 유럽 자동차 여행을 하는 분들이 가장 많이 선호하고 선택하는 코스이기도 하다. 유럽을 자동차로 계속 여행할지의 여부는 첫 번째 여행에서 판가름이 난다. 첫 번째 여행을 무사히 마친 사람은 자동차 여행에 빠져들게 되고 계속 자동차로 유럽을 여행하게 된다. 하지만 첫 여행부터 각종 사고를 경험하고 운전 때문에 고생한 사람은 다시 자동차 여행을 하기 쉽지 않다. 그런데 첫 여행부터 어려운 여행지를 선택한 후 여행을 망치거나 크게 고생한 경우를 종종 본다. 그러므로 유럽 자동차 여행이 처음이라면 여행을 무사히 잘 마칠 수 있도록 좀 더 쉽고 안전한 곳을 선택하는 것이 좋다. 만약 그렇지 않다면 정말 많은 준비를 하고 여행을 떠나야 한다.

_ 과감한 선택과 집중이 필요하다

여행 기간에 맞는 일정을 잡는 것은 매우 중요한 일이다. 사람들이 가장 많이 하는 실수는 일정에 비해 너무 무리한 계획을 짜는 것이다. 유럽이 자주 갈 수 있는 곳은 아니다 보니 최대한 많은 곳을 보고 와야 한다는 마음이 드는 것은 어쩔 수 없다. 여행 기간은 2주도 안 되는데 4주는 필요한 일정을 잡으려는 사람들이 많다. 하지만 이런 무리한 일정은 여행을 망치는 지름길이다. 그래서 과감히 선택과 집중을 해야 한다. 그렇지 않으면 여행이 아니라 고행이 된다. 만일 본인의 일정표가 패키지여행사의 일정표와 유사하다면 그것은 무리한 일정이다. 몇 번을 수정해도 별반 다르지 않은 일정이 나온다면 자동차 여행이 적합하지 않을 수 있다.

_ 여행 시기를 고려하자

처음 자동차 여행을 준비한다면 여행 시기도 잘 고려해야 한다. 자동차 여행은 멋진 자연 풍광을 즐기고 경치 좋은 드라이브 코스를 달리는 재미와 멋이 있는 여행이다. 그런데 겨울에 자동차 여행을 한다면 이런 재미를 온전히 즐길 수 없다. 물론 겨울 여행도 나름의 재미와 운치가 있다. 하지만 자동차 여행이 처음이라면 적합하지 않다. 유럽 중부와 동유럽의 겨울은 오후 4시면 어두워지기 시작한다. 북유럽은 3시도 안 돼서 어두워진다. 그만

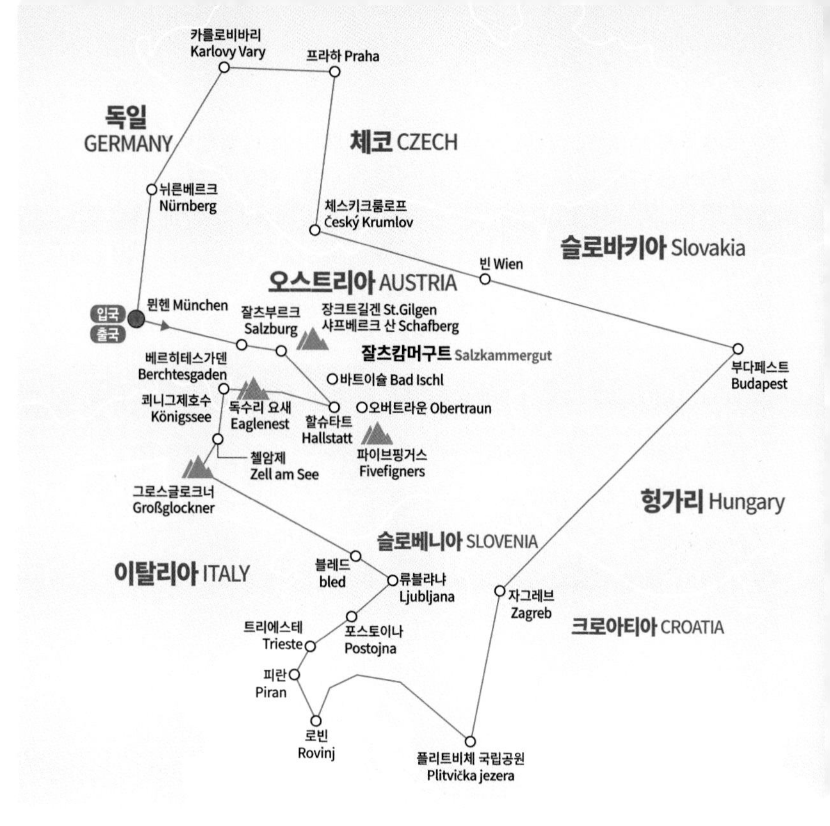

이런 일정을 2주 만에 다니겠다는 것은 무리한 계획이다.

큼 야간 운전을 할 가능성이 높아지고 눈이라도 오면 위험 요소가 배로 증가한다. 따라서 겨울에 여행을 한다면 자동차 여행은 크게 추천하지 않는다. 만일 겨울에 가야 한다면 따뜻한 남프랑스나 스페인을 여행지로 정하는 것이 좋다. 그리고 계절별로 적합한 여행지도 사전에 알아두는 것이 좋다. 봄에 떠나는 여행에 알프스 고갯길을 드라이브 할 수 있을까? 그렇지 않다. 이런 곳들은 5월까지도 눈 때문에 길이 통제되어 진입하지 못하는 곳이 많다. 또한 초록빛 물결의 토스카나 전원풍경을 보고 싶다면 4월~5월에 가야 한다. 여름이나 가을에 가게 되면 누런 벌판만 보게 된다. 남프랑스의 라벤더 역시 7월에 가야 사진으로만 보던 그 풍경을 볼 수 있다. 다른 시기에 가게 되면 기대한 풍경을 전혀 볼 수 없다. 이렇게 지역별로 여행하기에 가장 적합한 기간이 있으니 참고해서 일정을 정하는 것이 좋다. 일정이 안 맞아 당초 기대했던 풍경을 못 보는 것까지는 괜찮다. 그러나 알프스 고갯길처럼 접근조차 되지 않는 곳을 모르고 간다면 여행 일정에 차질이 생길 수밖에 없다. 따라서 가려는 곳이 해당 시기에 방문할 수 있는 곳인지 또는 적합한 곳인지를 사전에 확인해 두는 것이 꼭 필요하다.

주요 지역 여행 적기

- **겨울 추천 여행지 :** 남프랑스, 스페인(안달루시아 지역), 포르투갈 남부(알가르브 지역)
- **알프스 산악지역 :** 6월~9월 중순 전에 가야 도로 통제의 위험이 없다.
- **이탈리아 토스카나 :** 4월~5월, 늦어도 6월 초까지는 가야 초록빛 물결을 볼 수 있다.
- **남프랑스 라벤더 :** 7월이 가장 적기이다.

같은 곳 다른 느낌

봄의 토스카나 풍경

여름의 토스카나 풍경

_ 여행 방법을 선택하자(렌터카 vs 리스카)

유럽을 자동차로 여행하는 방법이 꼭 렌터카만 있는 것은 아니다. 차를 리스하여 여행하는 것도 가능하다. 캠핑카 여행이 아닌 이상 대부분 렌터카와 리스카 중 하나를 선택해서 여행하게 된다. 여행 방법을 먼저 선택해야 하는 이유는 바로 리스카의 예약 방식 때문이다. 렌터카는 비교적 예약 시점을 조절할 수 있지만 리스카는 그렇지 않다. 차를 빌리는 것이 아니라 새 차를 내 명의로 받는 것이라 예약을 빨리 해야 하기 때문이다. 규정상으로는 9일~25일 전에는 신청해야 한다고 하지만 연초만 되어도 인기 모델의 오토매틱 차량은 일찍 마감된다. 그래서 리스카를 할지 렌터카를 할지 먼저 결정을 해야 한다.

이때 가장 먼저 기준으로 삼아야 하는 것은 대여 기간이다. 유럽에서 자동차를 리스할 경우 최소 대여 기간은 14일 이상이다. 따라서 여행 일정이 14일 미만이라면 고민할 필요 없이 렌터카를 이용하면 된다. 그리고 현재 여행 시점이 얼마 남지 않았다면 리스카는 신청하기 어렵기 때문에 렌터카를 선택하면 된다. 일반적으로 리스카는 40일 이상의 장기 여행을 할 때 가격 측면에서 메리트가 있다. 물론 기간이 그보다 짧아도 리스가 유리한 경우가 있고, 기간이 길어도 렌트가 유리한 경우도 있다. 그리고 렌트와 리스는 꼭 가격만으로 비교할 수는 없다. 각각의 장단점이 분명히 존재한다. 따라서 렌트와 리스를 모두 선택할 수 있는 상황이라면 각각의 장단점을 비교해 보는 것이 필요하다. 리스카에 대해서는 Part 3에서 자세하게 다룰 것이다. 여기서는 렌터카를 할지 리스카를 할지 판단하기 위해 각각의 장단점만 확인하기로 한다.

렌터카와 리스카의 차이점

	렌터카	리스카
개요	약정한 기간 비용을 지불하고 차를 빌려서 운행 후 반납하는 방법	약정기간을 계약하고 본인 명의로 새 차를 인도받아 주행 후 차를 다시 반납하는 방법. 빨간색 번호판이 장착되어 리스카임을 표시함
픽업·반납	유럽 전 지역에서 이용 가능. 단 영국과 대륙 간 편도 렌털은 되지 않고 서유럽에서 동유럽으로도 제한되는 경우가 대부분임. 픽업과 반납 지역이 다른 경우 크로스 보더피와 편도반납 비용이 추가로 발생함	지정된 유럽 주요 도시에서만 픽업 및 반납이 가능. 프랑스를 제외한 지역에서 픽업, 반납 시에는 별도의 탁송료가 있음
국가간 이동	국가별, 렌터카 회사별로 국가 간 이동 시 진입 차량 제한 규정이 있음. 보통 서유럽에서 픽업한 고급 차량은 동유럽 진입 시 보험 혜택에 제한이 있음	유럽 전역을 자유롭게 진입, 운행 가능
최소 대여 기간	1일	15일
예약	당일에도 차량이 있으면 가능	최소 2주에서 4주 전 신청
변경·취소	변경, 취소가 자유롭고 위약금 없음. 단, 렌터카 가격 비교 사이트에서 예약한 경우 위약금 있음(계약금만 결제 시)	취소 시기에 따라 위약금이 있음
차종	다양한 차종으로 제공. 차량을 지정할 수는 없고 등급만 지정할 수 있음	푸조, 시트로엥, 르노 자동차만 가능하며 차종 선택 가능
추가 운전자	추가 비용만 내면 누구라도 추가 가능	계약자 직계가족만 가능하며 추가 비용은 없음
운행 마일리지	회사에 따라 마일리지 제한이 있는 경우도 있음	마일리지 제한이 없음
보험 및 추가 옵션	기본 보험만 제공되며 풀 커버 보험은 별도로 가입해야 함. 긴급 출동, 타이어, 휠 보험 등 그 외 추가 보험 및 옵션은 별도로 추가해야 함	리스비에 풀 커버 보험이 포함되어 있고 긴급출동 및 타이어, 휠 보험, 혼유 사고까지 완전 면책 보험이 적용됨

5

여행 일정과 코스

여행할 나라와 지역을 결정했다면 이제부터는 일정과 코스를 잡아볼 차례다. 일정과 코스는 여행의 뼈대와 같기 때문에 가장 중요하다고 할 수 있다. 우선 대략적이나마 여행하고 싶은 도시를 구글 지도에 그려 보는 작업부터 시작하면 된다. 여행 코스를 효과적으로 잡으려면 우선 세 가지 방법에 익숙해져야 한다.

_첫째 전체 코스를 지도에 표현해 볼 수 있어야 한다.
_둘째 목적지 간의 예상 이동시간을 확인할 수 있어야 한다.
_마지막으로 GPS 좌표를 확인할 수 있어야 한다.

이 세 가지 방법을 익숙하게 할 수 있으면 여행 코스 잡는 시간을 많이 줄일 수 있다. 여행 코스를 잡다 보면 여러 번 시행착오를 경험하게 된다. 그래서 처음부터 완벽한 코스를 잡으려고 할 필요가 없다. 코스는 중간에 수시로 변경되고 다 만들어놓은 코스를 뒤집는 경우도 생긴다. Part 2에 추천 코스들을 소개해 두었으니 참고하여 우선 대략적인 루트를 지도에 그려보고 조금씩 수정해 나가면 된다. 코스를 잡다 보면 막연하던 계획이 점차 가닥을 잡게 될 것이다. 최종적으로 코스를 잡으면 그다음부터 세부적인 일정을 잡으면 된다.

그럼 익숙해져야 할 세 가지 방법을 배워보자. 세 가지 방법은 모두 구글 지도를 통해서 연습할 수 있다. 하지만 이 방법은 책에서 자세히 설명하지는 않을 것이다. 지도를 캡처해서 설명해야 하므로 지도의 저작권 문제와 지면상의 한계로 책에서는 상세하게 설명하기가 어렵기 때문이다. 그래서 개념만 설명하고 자세한 연습 방법은 필자가 운영하는 카페에서 개별 강좌로 자세히 설명을 해두었다. 실제 연습 방법은 무료 카페 강좌를 참고하면 된다.

• 드라이브인 유럽 카페 강좌코너 : cafe.naver.com/drivingeu/235

_ 전체 경로 작성 방법

경로를 작성하는 방법은 구글 지도를 열고 출발지와 목적지를 넣어가며 경로를 이어가는 것이다. 그런데 경로를 표시하다 보면 한 번에 표시할 수 있는 개수가 10개밖에 되지 않는다. 다른 사람들의 코스를 보면 수십 개의 도시가 연결되어 있는데 어떻게 하는 것인지 방법을 모르는 분들이 많다. 연속적으로 경로를 이어가는 방법은 바로 내 지도라는 항목을 이용하는 것이다. 경로 작성은 지도에 가고자 하는 전체 일정을 한 번에 표시해보는 연습이다. 그래서 내 지도를 활용하여 경로를 작성하는 방법은 꼭 익혀두어야 한다. 카페 강좌를 참고하여 내 지도 만들기를 통해 그려보는 방법을 연습하도록 하자.

1. 구글 지도에서는 경로 표시가 한 번에 10개까지만 가능하다.

2. 내 지도 만들기에서는 100개까지 가능하다.

_ 예상 이동시간 확인 방법

다음은 도시 간 이동 거리와 소요 시간을 확인하는 방법이다. 도시 간 이동 거리와 소요 시간을 파악하고 있어야 하루 일정을 가늠해 볼 수 있다. 구글 지도에서 출발지와 목적지를 입력하면 이동 거리와 예상 소요 시간을 손쉽게 확인할 수 있다. 한 가지 주의할 점은 지도에 표시된 시간을 실제 소요 시간이라고 생각하면 안 된다는 것이다. 표시된 시간은 한 번도 쉬지 않고 달린다는 전제하에 계산된 것이기 때문이다. 대체로 1시간 이내의 짧은 거리는 예상 시간과 거의 동일하다. 하지만 2시간 이상의 장거리 운전은 휴게소 이용 시간도 고려해야 하고 차량정체 등도 감안해야 한다. 보통 예상 시간의 1.5배 정도로 계산하면 비슷한 시간이 된다.

구글 지도에서 이동시간은 여러 가지 변수를 감안하여 적용해야 한다.

구글 지도의 소요 시간은 어느 시간대에 검색하느냐에 따라서도 달라진다. 한국에서 아침 10시쯤 경로를 검색했다면 유럽 현지는 새벽 3시쯤이 된다. 새벽 3시는 통행량이 한산한 시간이니 이 시간에 조회하면 이동시간이 당연히 짧게 나온다. 물론 차이가 아주 큰 것은 아니다. 그렇지만 몇 분의 차이도 여러 곳이 누적되면 큰 차이가 발생할 수 있다. 그렇다고 내가 실제 운전할 시간대를 맞추어서 조회하자니 시차 때문에 쉽지 않다. 이럴 때는 구글 지도의 출발시간 변경 기능을 사용하면 된다. 현지에서 실제 이동할 시간을 설정하고 검색하면 해당 구간의 평균 소요 시간이 나온다. 이 시간을 기준으로 소요 시간을 계산하고 장거리인 경우 1.5배 정도를 더하면 실제 이동시간과 큰 차이가 없을 것이다. 출발시간을 변경하여 조회하는 방법 역시 카페 강좌에서 확인할 수 있다.

_ GPS 좌표 확인 방법

내비게이션을 이용할 때 가장 정확한 것은 GPS 좌표를 입력하는 것이다. 유럽은 유사한 지명이 많아서 명칭으로만 검색하면 엉뚱한 곳을 가게 되는 불상사가 생길 수 있다. 그래서 목적지의 GPS 좌표를 알아두는 것은 자동차 여행에 있어 매우 중요한 작업이라고 할 수 있다.

물론 구글 지도에서 가고자 하는 관광지나 숙소 식당 등을 클릭하면 바로 길 안내까지 받을 수 있다. 그래서 굳이 GPS 좌표를 확인할 필요성을 느끼지 못할 것이다.

하지만 숙소나 주차장을 찾을 때는 GPS 좌표를 꼭 확인해 두는 것이 좋다. 지도에 표시된 장소를 클릭하여 길 안내를 받고 가보면 실제 위치와 다른 곳인 경우가 종종 있기 때문이다. 근처까지 가서 한참을 헤매야 하는 경우가 생기는 것이다. 그래서 미리 갈 곳을 구글 지도와 스트리트 뷰로 한번 살펴보고 위치가 애매하다면 GPS 좌표를 확인해 두는 것이 좋다. 구글 지도에서 GPS 좌표를 확인하는 방법도 카페 강좌를 참고하면 된다.

1번 숙소를 구글 지도에서 찍으면 3번으로 도착한다. 그럼 2번 주차장을 찾는 데 한참 헤매야 한다. GPS좌표로 2번 주차장 입구를 찍으면 헤맬 일이 없다.

_ 기타 참고 사항

① 일정은 시계 방향 또는 시계 반대 방향으로 코스를 잡자

여행 코스는 인, 아웃이 동일하다면 출발지에서 시계 방향 혹은 시계 반대 방향으로 도는 것이 가장 효율적이다. 이런 일정은 목적지별 이동 거리가 길지 않아 동선이 효율적으로 구성된다. 시계 방향이라고 해서 꼭 동그란 모양을 생각할 필요는 없다. 서쪽에서 출발하여 동쪽으로 이동 후 남쪽을 돌아 다시 돌아오는 삼각형 코스도 시계 방향 코스라고 할 수 있다.

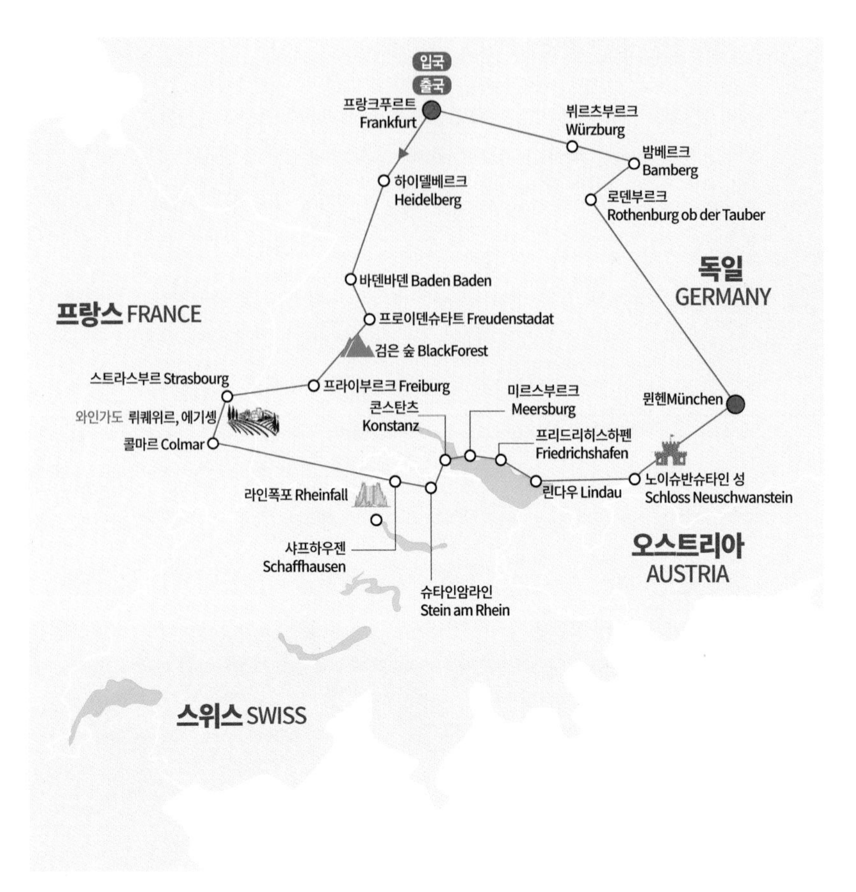

전형적인 시계 반대 방향 코스

② 하루 이동 거리는 최대 300km를 넘기지 않도록 하자

하루 이동 거리는 짧을수록 좋다. 장거리를 간다고 해도 200km에서 300km 사이가 가장 적당하다. 물론 일정을 잡다 보면 이동 거리가 300km 이상 되는 날도 있을 수 있다. 그러나 이렇게 300km 넘게 이동하는 날은 많지 않아야 한다. 하루에 운전하는 거리가 300km 이상인 일정이 자주 있다면 여행의 피로가 많을 수밖에 없다. 하루 이틀 다니고 끝나는 여행이 아닌 만큼 이동 거리의 적절한 배분은 여행을 더욱 편안하고 즐겁게 해준다는 사실을 잊지 말자.

③ 톨게이트 비용과 주유 비용을 예상해 보자

자동차 여행은 고속도로 통행료와 주유비가 발생한다. 유럽은 통행료를 내거나 비넷이라는 통행스티커를 부착하는 두 가지 방식으로 요금을 지불한다. 통행스티커는 금액이 정해져 있어서 예상할 수 있지만 통행료는 그렇지 않다. 특히 통행료가 비싸서 생각보다 꽤 많은 지출이 발생한다. 이를 예상 경비에 반영하지 않으면 지출이 커져서 당황할 것이다. 꼼꼼하게 여행 경비 계획을 세우는 사람이라면 미리 확인해 두고 싶을 것이다. 통행료를 산출하고 주유 비용을 확인할 수 있는 사이트가 있으니, 아래 **정보플러스**를 참고하자.

정보 플러스⁺

톨비 확인
www.viamichelin.com, en.mappy.com/

연료비 확인
www.cargopedia.net/europe-fuel-prices

나만의 맞춤 가이드북 만들기

코스와 일정 그리고 어느 정도 정보들이 수집되었다면 이를 활용하기 쉽게 정리하는 작업이 필요하다. 정리하는 방법은 여러 가지가 있겠지만 가장 추천하는 것은 자신만의 맞춤 가이드북을 한번 만들어보는 것이다. 모든 사람이 해야 하는 일은 아니지만, 해두면 더 효율적인 여행을 할 수 있다. 가이드북을 만드는 일은 시간도 많이 소요되고 쉽지 않은 작업이다. 그러나 이런 가이드북을 만들어서 여행하는 사람과 그렇지 않은 사람의 여행은 질적인 차이가 상당하다. 특히 가족이나 일행을 이끌고 가야 하는 사람에게는 꼭 필요할 수 있다. 최소 6개월 전부터 여행 준비를 할 수 있다면 한번 시도해 보자.

_ 여행도 전략이다

여행은 일상을 벗어나 휴식을 위한 것이지만 스트레스도 상당하다. 유럽 자동차 여행도 다르지 않다. 더군다나 준비 없이 나선다면 고행 수준을 넘어 멘탈이 붕괴되는 경험을 하게 될 수도 있다. 따라서 자동차 여행은 여행 계획과 전략을 잘 짜야 한다. 여행과 전략은 이질적인 느낌을 주지만 꼭 필요한 조합이기도 하다. 한정된 비용과 시간을 가지고 최대한 효율적으로 여행을 하려면 전략적인 여행 계획 수립이 필요하기 때문이다. 전략적으로 잘 계획된 여행은 비슷한 비용과 일정을 가지고도 남들보다 더 효율적이고 경제적인 여행을 가능하게 해준다.

전략적인 여행 계획 수립은 나만의 맞춤 가이드북을 만드는 것으로부터 시작된다. 이런 맞춤 가이드북을 만들다 보면 자연스럽게 훈련이 되고 여러 번 하다 보면 수월하게 할 수 있게 된다.

_ 나만의 가이드북 제작 방법

가이드북은 다양한 툴을 사용해서 만들면 되지만 파워포인트를 이용하여 만드는 것이 가장 간편하고 효율적이다. 물론 파워포인트 사용 방법을 전혀 모르는 사람도 있을 것이다. 그러나 글을 쓰고 사진을 불러오는 정도의 기능만 알고 있으면 충분하다. 고급 기능을 알지 못해도, 능숙하지 않아도 된다. 나만의 맞춤 가이드북은 말 그대로 나만을 위한 가이드북이다. 내가 보기에 편하게 작성하면 된다. 따라서 너무 잘 꾸미거나 잘 만들려는 부담감을 느끼지 않아도 된다. 가이드북에는 다음과 같은 내용을 주로 정리해 두면 된다.

① 여행 일자를 목차로 둔다

여행 일정이 15일이라면 1일~15일까지가 목차가 된다. 첫째 날부터 마지막 날까지 본인의 예상 계획과 동선 그리고 볼거리, 먹거리, 즐길 거리를 일자별로 정리해 둔다.

② 하루 일정표를 먼저 정리해 둔다

첫 페이지는 항상 전체적인 하루 일정표를 작성하는 것으로 시작한다. 아침에 기상해서 다시 취침할 때까지의 일정을 시간대별로 정리하는 것이다. 계획의 디테일은 본인의 성격과 스타일에 따라 정하면 된다. 시간 단위로 자세하게 적는 것을 좋아하면 그렇게 해도 되고 큰 항목만 기재해도 좋다. 요점은 하루 동안의 일정을 정리해 보는 것이다. 이렇게 일정을 정리해 두면 현지에서 우왕좌왕하지 않고 효율적으로 여행을 할 수 있다. 특히 본인이 여행을 주도하여 가족이나 일행을 리드하는 입장이라면 큰 도움이 될 것이다.

③ 계획은 소화할 수 있는 일정만 담는다

하루에 너무 많은 일정을 담아두지 않도록 주의해야 한다. 욕심을 부려 너무 많은 일정을 담아두면 일정표에 따라 움직이느라 여행을 제대로 즐길 수 없다. 또 계획은 어디까지나 계획일 뿐이다. 계획대로 모든 일정이 다 이루어지지 않을 수 있고 그런다고 실망하거나 아쉬워할 필요가 없다. 일정표는 나침반의 역할을 하는 것일 뿐 여행이 결코 임무를 수행하는 것이 아님을 잊지 말아야 한다.

④ 일정이 나오면 일정별 내용을 채운다

일정별 방문하는 관광지에 대한 정보를 채우는 과정이다. 운영시간, 입장료, 주의 사항 등을 정리해 두고 찾아가는 길과 주차장 정보도 미리 정리해 두면 된다. 건물의 사진이나 내부 사진들도 찾아서 정리해 두면 좋다. 식당들도 미리 맛집을 검색하여 찾아두고 메뉴와 가격 등도 파악해 두면 능숙하게 주문할 수 있다. 숙소도 마찬가지다. 숙소 위치와 모습도 미리 확인해 두고 주차장의 위치도 알아두면 현지에서 헤매지 않아도 된다. 다음 목적지까지의 소요 시간과 거리를 지도에 표시해 두는 것도 잊지 말자. 이런 작업은 사실 번거롭고 시간도 꽤 소요되는 일이다. 이런 자료 없이도 여행하는 데 큰 문제는 없다. 하지만 이런 나만의 맞춤 가이드북이 있다면 처음 가는 유럽 자동차 여행도 전혀 두렵지 않다. 모르기 때문에 걱정과 두려움이 있는 것이지 알고 나면 그렇지 않다. 같이 간 일행들로부터 칭찬도 덤으로 얻을 수 있다.

⑤ 휴대하기 쉽게 PDF로 만들어 보관한다

파워포인트로 자료를 만들고 나면 용량이 꽤 커진다. 파일이 무겁기 때문에 자료를 열어보는 데 시간도 오래 걸리고 스마트폰의 용량도 많이 차지하게 된다. 만든 자료를 PDF 파일로 변환해 두자. 파워포인트에서 다른 이름 저장을 통해 간편하게 만들 수 있다. PDF 파일로 변환된 자료는 용량도 적고 어디에서든 다 열어볼 수가 있다. 이렇게 만들어진 자료는 스마트폰에 담아 일행에게도 전달해서 공유할 수 있게 해둔다. 분실을 대비해 온라인 웹하드에도 보관해 두자.

맞춤 가이드북은 직접 만들어보는 것이 좋지만 시간상 여건이 안 되거나 자료를 만드는 데 어려움을 겪는 분들도 계실 것이다. 이런 분들은 필자가 진행하는 맞춤 가이드북 컨설팅 서비스를 이용해도 된다. 이용 방법은 인터넷 카페 <드라이브 인 유럽>의 공지사항을 참고.

전체 여행 일정

	날짜	도시	교통/이동거리	일정	숙박
1	2024.01.02 화	한국-로마	비행기+공항버스	도착 후 로마야경 또는 휴식	로마
2	2024.01.03 수	로마전일	도보+메트로	주요랜드마크관광	로마
3	2024.01.04 목	로마전일	도보+메트로	오전 바티칸 투어 오후 자유일정	로마
4	2024.01.05 금	로마>폼페이>소렌토	렌터카 266km	폼페이가이드투어 소렌토야경	소렌토
5	2024.01.06 토	소렌토>아말피해안도로(포지타노,아말피,라벨로)>살레르노	렌터카 70km	아말피 해안드라이브 포지타노,아말피,라벨로 관광	살레르노
6	2024.01.07 일	살레르노>치비타 디 반뇨레조>오르비에토>피렌체	렌터카 466km	치비타 디 반뇨레조,오르비에토 관광	피렌체
7	2024.01.08 월	오전 피렌체+토스카나 남부일대 오후 몬테풀치아노+토스카나 남부일대	렌터카 94km	토스카나 남부일대	피렌체
8	2024.01.09 화	피렌체>몬탈치노>시에나>산지미냐노	렌터카 108km	몬탈치노 시에나 산지미냐노관광	산지미냐노
9	2024.01.10 수	산지미냐노>피사>루카>피렌체	렌터카 187km	피사,루카관광 피렌체렌터카반납	피렌체
10	2024.01.11 목	피렌체전일	도보+버스	주요랜드마크관광	피렌체
11	2024.01.12 금	피렌체전일+더몰	도보+셔틀버스	오전 피렌체관광 오후 더몰 쇼핑	피렌체
12	2024.01.13 토	피렌체>로마 출국	비행기+비행기	피렌체 공항 로마공항	-

주차장에서 해변가 가는 길

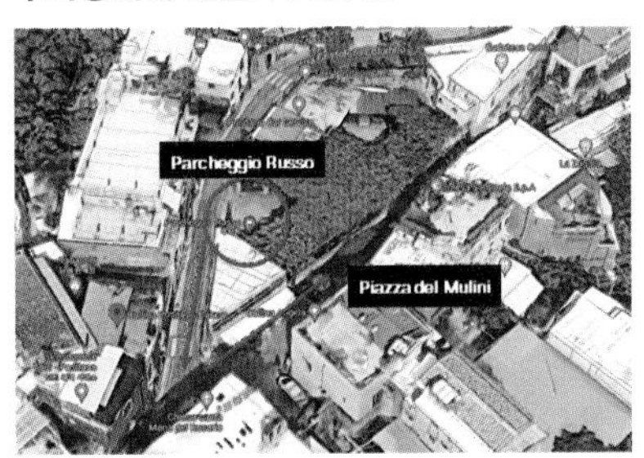

주차 후 시에나 가는 길

주차하고 나오면 지상으로 나온 후 계단을 통해 도로로 나옴. 정면으로 직진하면 됨

ZTL 표지판 지난 후 계속 오르막으로 직진하면 성문이 나오고 성문을 지나면 에스컬레이터 탑승하는 곳이 나옴

02

유럽 자동차 여행
추천 & 테마 코스

1 유럽 자동차 여행 추천 코스

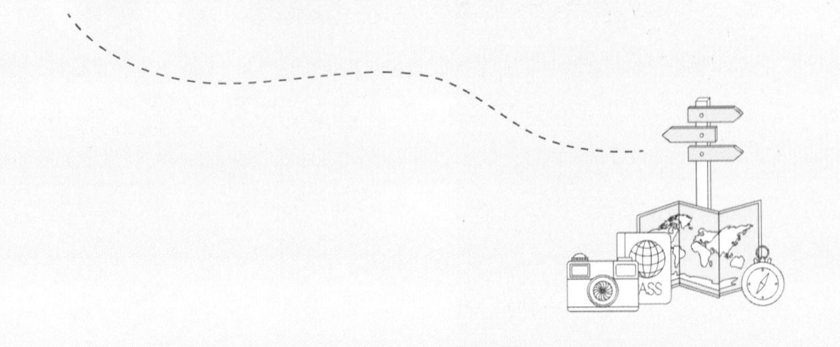

유럽 자동차 여행은 한 나라만을 볼 수도 있지만, 대체로 여러 나라를 함께 보는 경우가 많다. 유럽을 자동차로 여행하기 좋은 이유가 바로 이런 점이기도 하다. 하지만 유럽 대륙이 너무 넓다 보니 갈 곳도 많고, 가고 싶은 곳도 많을 것이다. 그러다 보면 오히려 선택하기 어려운 지경에 이르게 된다.

그래서 참고할 수 있는 유럽 자동차 여행 추천 코스 10곳을 소개한다. 이곳에 소개한 코스는 한국인들이 주로 방문하는 곳들이 중심이지만 필자가 추천하는 곳들을 중간중간 넣어서 새로운 경험을 할 수 있는 코스들로 구성했다. 그래서 생소하다고 생각되는 곳들이 간혹 있을 것이다. 하지만 이런 생소한 곳에서 생각지도 못한 경험을 하면서 여행의 묘미를 찾아보는 것도 큰 재미가 된다. 유명한 유럽의 대도시 여행보다 훨씬 더 기억에 남고 만족감이 높은 경우도 많다.

소소한 행복과 보석 같은 마을의 발견이야말로 유럽 자동차 여행의 낭만이다. 책에 소개된 곳들을 방문해 보면 분명 이런 낭만과 행복을 느낄 수 있을 것이다. 이 코스를 중심으로 평소 생각해 두었거나 다른 여행자들에게 추천받았던 곳을 참고하여 자신만의 일정을 잡아보자. 물론 추천 코스를 그대로 여행하는 것도 나쁜 선택이 되지 않을 거라고 확신한다.

1 독일+프랑스+스위스 15박 17일

2 독일+오스트리아+이탈리아 14박 16일

3 독일+체코+오스트리아 14박 16일

4 독일+동유럽 5개국 19박 21일

5 이탈리아 일주 22박 24일

6 스위스 일주 12박 14일

7 남프랑스 일주 12박 14일

8 크로아티아 일주 14박 15일

9 스페인 일주 19박 21일

10 스페인+포르투갈 일주 20박 22일

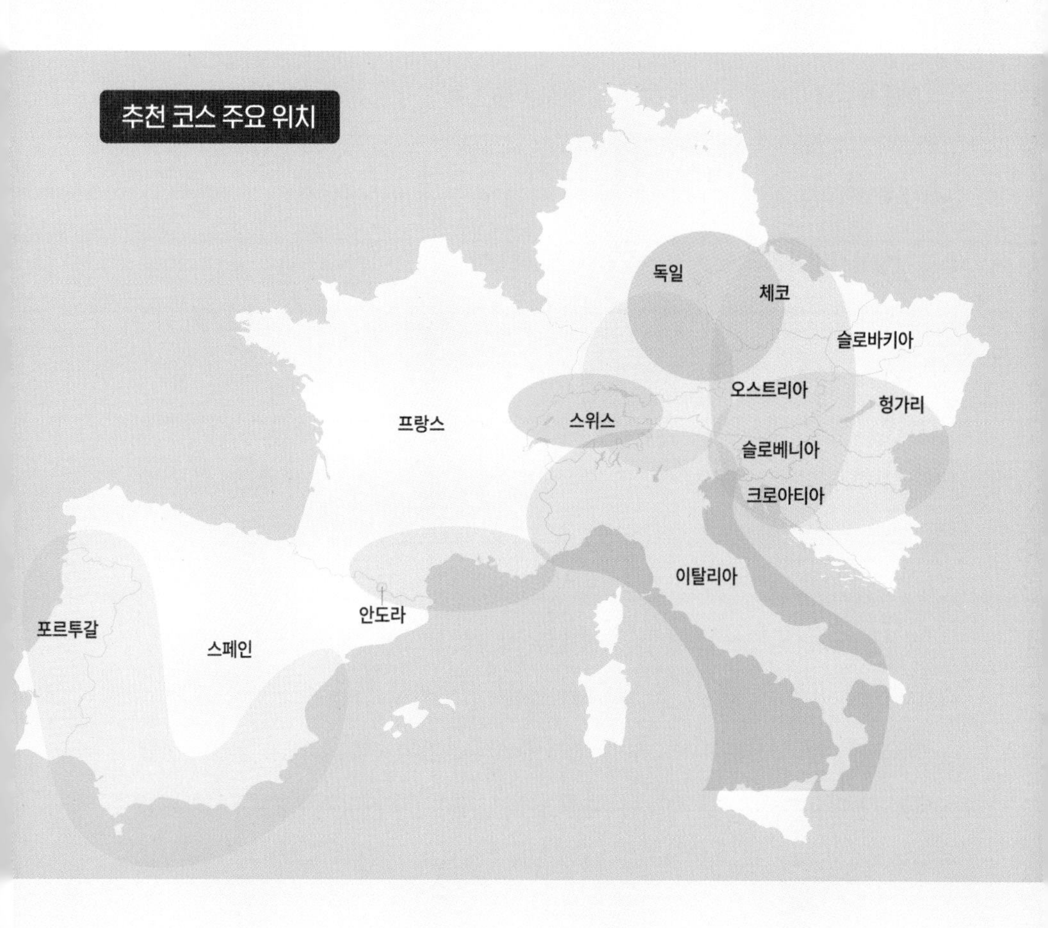

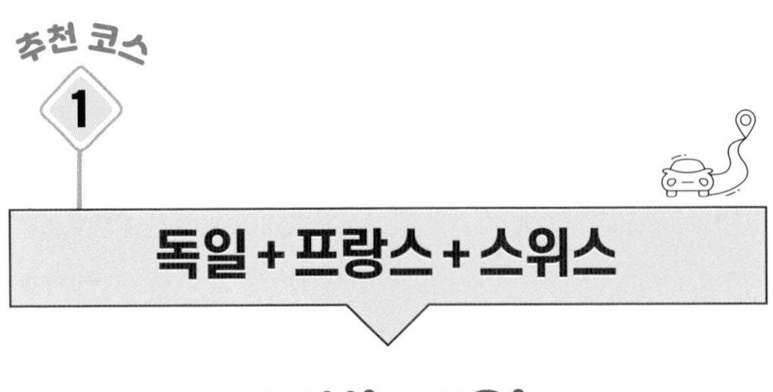

15박 17일

렌터카 일정 14일

유럽 자동차 여행에서 여러 나라를 한 번에 여행할 때 출발은 보통 독일부터 시작한다. 그 이유는 직항편이 많고 렌트비가 가장 저렴하기 때문이다. 그리고 인근 다른 나라로 이동하면서 코스를 잡기에 아주 좋은 위치에 자리 잡고 있기 때문이기도 하다. 따라서 독일을 중심으로 다양한 국가들의 조합으로 여행 계획을 세울 수 있다.

독일, 프랑스, 스위스를 여행하는 이 코스는 한국인 '국민코스'가 될 법한 지역들을 넣어 잘 조합한 코스다. 프랑크푸르트, 하이델베르크, 스트라스부르, 인터라켄, 루체른, 노이슈반슈타인성, 뮌헨 등은 너무나 유명하고 잘 알려진 곳들이다. 여기에 검은 숲, 스위스의 아름다운 레만호수가 있는 라보 지구, 샤프하우젠, 린다우, 아펜첼(애셔 산장) 등 조금 생소할 수 있지만 가보면 깜짝 놀랄 만한 아름다운 풍광과 절경을 지닌 관광지들을 추가했다.

첫날은 프랑크푸르트에서 렌터카를 빌려 하이델베르크로 향하자. 고색창연한 대학의 도시에서 일정을 보내고 온천으로 유명한 바덴바덴에서 여정을 마무리한다.

다음날은 독일이 자랑하는 드라이브 코스 중 하나인 검은 숲을 달려보자. 울창한 산림이 빽빽이 들어서서 검게 보인다고 해서 검은 숲이라고 불리는 이 지역은 다양한 동화의 배경이 된 곳이기도 하다. 피톤치드 가득한 숲길을 상쾌하게 드라이브한 후 <꽃보다 할배>로 유명해진 스트라스부르로 향한다. 이곳은 스트라스부르를 필두로 꼴마르, 리보릴레, 리퀴위르, 오베르네, 에기생 등 정말 동화 속 마을들이 즐비한 와인 가도를 드라이브해 볼 수 있다. 또 미야자키 하야오의 유명한 애니메이션 <하울의 움직이는 성>의 배경이 된 중세풍 파스텔톤 유럽 마을들이 즐비하다. 현실판 테마파크인 이곳에서 동화 속 감상을 맘껏 누려보고 누가 찍어도 예쁘게 나올 수밖에 없는 인생샷을 건져보자.

다음은 모든 유럽 여행자의 로망인 스위스로 이동한다. 스위스는 산과 호수가 대표적인 절경 포인트인데 처음 스위스와의 인사는 아름다운 레만호수에서 시작된다. 아직 한국인이 많이 가는 곳은 아니지만 이곳에는 호수를 배경으로 자리 잡은 포도밭과 와이너리를 산책하면서 아름다운 호수의 절경을 만끽할 수 있다. 마을 하나하나 아름답지 않은 곳이 없다. 마을마다 명물도 많다. 브뵈에는 찰리 채플린 동상과 호숫가에 포크 조형물이 있다. 몽트뢰에는 가장 아름다운 성 중 하나로 평가받는 몽트뢰성이 자태를 자랑한다. 트레킹과 액티비티를 즐길 수 있는 코스도 있다. 인터라켄으로 넘어가 그린델발트, 라우터브루넨, 피르스트, 융프라우요흐의 스위스 알프스를 느껴보자.

여기서 한 가지 더 자동차 여행자들만의 특전인 스위스 3대 패스의 스릴 넘치는 산악 드라이브 코스도 놓치지 말자. 헤어핀같이 굽이굽이 굴곡진 산을 넘나드는 도로들은 심장을 쫄깃하게 하는 동시에 마치 영화 속 제임스 본드가 된 것 같은 스릴 넘치는 운전의 묘미도 체험할 수 있을 것이다. 유럽의 최대 폭포도 스위스에 있다. 샤프하우젠 인근의 라인 폭포는 유럽 최대의 폭포로 보트를 타고 물살을 헤치며 폭포 가까이 가볼 수 있다.

다음은 독일과 오스트리아 스위스가 국경을 맞대고 있는 독특한 지역인 보덴호수로 이동한다. 3개의 나라가 국경을 공유하다 보니 한 곳에서 3개국의 다채로움을 모두 만끽할 수 있다. 특히 죽기 전에 꼭 가봐야 할 곳으로 선정된 스위스의 에셔 산장도 근처에 있다.

마지막으로 너무나도 유명한 디즈니성의 모티브가 된 노이슈반슈타인성을 감상하고 마지막 목적지인 뮌헨으로 간다. 전 세계에서 가장 유명한 맥줏집인 호프브로이에서 여행의 아쉬움을 달래며 행복했던 16일간의 여행을 마무리한다.

독일
프랑크푸르트
IN ➔ 15박 17일 ➔ OUT
독일
뮌헨

1일

독일 프랑크푸르트 입국
(비행편에 따라
시내 구경 선택)

2일

프랑크푸르트
(렌터카 픽업)
↓
하이델베르크
↓
바덴바덴

3일

바덴바덴
↓
프로이덴 슈타트
(검은 숲 500번 도로)
↓
프랑스 스트라스부르

4일

스트라스부르
↓
리보빌레
↓
리퀘위르
↓
콜마르
↓
스트라스부르

5일

스트라스부르
↓
스위스 베른
↓
로잔(레만호수)

6일

레만호수 & 라보 지구
(브뵈, 몽트뢰, 류뜨히 등)

7일

로잔
↓
인터라켄
↓
그린델발트

8일

그린델발트
↓
라우터브루넨
↓
(스위스 3대 패스
드라이브)
↓
그린델발트

9일

피르스트,
융프라우요흐 중 택1

10일

그린델발트
↓
루체른

11일

루체른 전일
(리기, 필라투스,
티틀리스 중 택 1, 2)

12일

루체른
↓
취리히
↓
샤프하우젠(라인 폭포)
↓
슈타인 암라인

13일	14일	15일	16일	17일
슈타인 암라인	린다우	린다우	오전 뮌헨 관광	한국 도착
↓	↓	↓	↓	
독일 미르스부르크	스위스 아펜첼 (애셔 산장)	슈반가우	오후 뮌헨 출국	
↓	↓	↓		
프리드리히스하펜	장크트갈렌	뮌헨 (렌터카 반납 후 시내 구경)		
↓	↓			
린다우	독일 린다우			

하이델베르크 Heidelberg, Germany

한국인에게 유명한 유서 깊은 대학도시. 고색창연한 하이델베르크성과 하이델베르크 대학 그리고 카를 테오도르 다리가 유명하다. ▼

▲

스트라스부르 Strasbourg, France

<꽃보다 할배> 덕에 더욱 유명해진 곳으로 무려 300년에 걸쳐 완성된 스트라스부르 노트르담 대성당이 있는 국경도시이다. ‘프티 프랑스’라는 애칭으로 불리며, ‘바토라마’라는 유람선을 타고 도시 전체를 한 바퀴 관람하는 유람선 투어는 놓치지 말아야 한다.

와인 가도 Route du Vin, France

와인 가도는 스트라스부르 인근 마를랭에서 시작하여 남쪽의 탠까지 이어지는 약 170km의 구간이다. 에기셈, 리퀘위르, 오베르네, 리보빌레 등 동화 같은 마을들이 짧은 간격으로 자리하고 있다. 마을을 둘러보는 데 한 시간 정도면 충분하므로 하루에 여러 곳의 마을을 관광할 수 있다.

▶

◀ 루체른 Luzern, Swiss

스위스에서 딱 한 도시만 방문해야 한다면 루체른을 고를 만큼 스위스에서도 소문난 아름다운 도시이다. 카펠교와 빈사의 사자상 등 볼거리가 있고 티틀리스, 필라투스, 리기산을 관광하기 위한 거점도시로 매년 수많은 관광객의 발길이 머무는 곳이다.

▲

레만호수 Lac Léman, Swiss

알프스에서 가장 큰 호수로 스위스와 프랑스에 접하고 있다. 레만호수에는 몽트뢰, 브뵈, 로잔 그리고 프랑스령인 에비앙 등 예쁜 도시들이 자리 잡고 있다. 레만호를 가로지르는 유람선에서 바라보는 석양은 매우 아름답기로 유명하다.

보덴호수 Bodensee

독일, 스위스, 오스트리아의 3개국과 국경을 접하고 있는 호수로 중부유럽의 유명한 휴양지 중 한 곳이다. 중부 유럽에서는 세 번째로 큰 호수이다. 이 호수는 수정처럼 맑은 청록색 물결, 그림 같은 풍경, 다양한 명소로 유명하다. 이 지역은 자연, 문화, 역사가 조화롭게 어우러져 매력적인 호숫가 마을, 유적지, 포도밭, 주변 산의 숨 막히는 전경을 제공한다. ▼

◀ 샤프하우젠 Schaffhausen, Swiss

스위스 하면 알프스만 떠올리기 쉽지만, 유럽 최대의 폭포인 라인 폭포Rheinfall도 스위스에 있다. 라인 폭포는 샤프하우젠 인근에 있어서 마을과 폭포를 함께 즐기면 된다. 샤프하우젠은 구시가 전체가 유네스코 세계유산으로 지정된 아름다운 마을이다. 인근의 슈타인 암라인이라는 작은 소도시도 함께 즐기면 좋다.

애셔 산장 Ascher Hut, Swiss

해발 1,410m에 위치한 이곳은 등산객과 자연을 사랑하는 사람들에게 독특한 경험을 선사하는 곳이다. 스위스 알프스의 탁 트인 멋진 전망으로 유명하다. 특히 마치 절벽에 매달린 것 같은 모습이 신비로운 느낌을 자아내는 곳이다. 산장은 도미토리 스타일의 취침 공간과 전통적인 스위스 식사를 즐길 수 있는 공용 식사 공간을 포함한 기본적인 숙박 시설과 시설을 제공한다. 산행을 좋아하는 사람들은 숙박을 하기도 하지만 관광객은 케이블카를 이용한 후 30분 정도의 트레킹을 통해 도착할 수 있다.

▶

추천 코스
2
독일 + 오스트리아 + 이탈리아

독일 + 오스트리아 + 이탈리아

14박 16일

렌터카 일정 13일

독일의 대표적인 자동차 여행 루트인 로맨틱 가도를 시작으로 오스트리아 잘츠캄머구트 그리고 이탈리아 알프스인 돌로미티를 지나 독일 남부 알펜 가도까지 둘러보는 여행 코스이다. 아름다운 동화마을과 평화로운 호수 그리고 환상적인 이탈리아 돌로미티까지 최고의 풍경을 볼 수 있는 코스. 여름에 이 코스를 여행한다면 청량한 느낌을 만끽하면서 여행을 즐길 수 있다. 로맨틱 가도는 뷔르츠부르크에서부터 시작하여 퓌센까지 이어지는 350km 구간의 길을 말한다. 로맨틱한 낭만이 있는 도로라는 뜻이 있을 것 같지만 실제로는 로마인들이 만든 길이라는 뜻이다. 하지만 이름처럼 아름다운 길임은 분명하니 실망하지 말자.

프랑크푸르트에서 출발하여 방문하게 되는 베르크 또는 부르크로 끝나는 지명을 가진 근교의 이 도시들은 독일 중부에서 손꼽히는 아름다운 도시들이다. 수많은 관광객이 방문하는 관광도시이며 한국인 관광객들도 무척 많이 찾는 곳이다. 특히 렌터카 여행자라면 거의 필수로 방문하는 도시들이라고 할 수 있다. 이 중 가장 유명하고 동화 같은 마을을 하나 꼽는다면 로텐부르크를 꼽을 수 있겠다.

독일의 동화마을들을 보고 나면 어느새 오스트리아 음악의 도시이자 모차르트의 도시인 잘츠부르크를 만나게 된다. 잘츠부르크와 함께 근교의 아름다운 호수들 사이사이로 고즈넉한 마을들이 자리 잡고 있는 잘츠캄머구트를 돌아보게 된다. 잘츠캄머구트는 생소할 수 있어도 아마 할슈타트 마을은 누구나 한 번쯤 들어보았을 것이다. 할슈타트 마을이 있는 그 일대가 바로 잘츠캄머구트 지역이라고 할 수 있다. 잘츠캄머구트 인근에는 히틀러가 그의 연인 에바 브라운과 밀회를 즐기며 자주 찾았던 나치들의 휴양지 베르히테스가덴이 자리 잡고 있다. 무소불위였던 히틀러와 그의 수하들이 그들의 별장지로 선택한 곳이니 얼마나 아름다운 곳일지는 충분히 짐작할 수 있을 것이다. 이곳에서 산꼭대기에 있는 독수리 요새와 독일에서 가장 깨끗한 호수로 정평이 난 쾨니히호수를 유람선으로 즐겨보자. 특히 이 호수의 유람선은 호수 중간에서 잠시 멈춘 후 선장의 트럼펫 연주를 들을 수 있으니 절대로 놓치지 말자.

이제 오스트리아 알프스를 만나보자. 이곳은 자동차 운전자들의 로망 중 하나로 손꼽히는 그로스글로크너를 달려볼 수 있다. 높이 2,576m의 산맥을 넘나드는 고갯길 드라이브는 웅장한 풍경을 선사해 준다. 하지만 이곳은 곧 만나볼 돌로미티에 비하면 잘 꾸며진 산악드라이브 테마파크 수준이라고 할 수 있다. 진짜는 따로 있는데 그곳이 바로 돌로미티다. 이탈리아 알프스인 돌로미티는 말이 필요 없을 정도로 웅장하고 장대한 곳. 3,000m가 넘는 산맥들이 줄지어 늘어선 환상적인 풍경을 품고 있다. 이곳을 자동차로 다녀보면 진정한 자동차 여행의 묘미가 바로 이런 것이라는 탄성이 절로 나온다.

롤러코스트 같은 스릴 넘치는 여행을 마쳤다면 이제 잠시 숨을 고를 수 있는 아름다운 알펜 가도를 만나보자. 이곳에는 디즈니성으로 유명한 노이슈반슈타인성과 아름다운 보덴호수를 즐길 수 있다. 마지막으로 독일 남부의 중심도시인 뮌헨에서 시원한 맥주 한잔으로 여행을 마무리한다. 이 코스를 다녀온다면 단언컨대 이 여행이 평생 가슴속에 남아 있게 될 것이라고 장담한다.

독일
프랑크푸르트
IN ➔ **○○○ 14박 16일** ➔ 독일
뮌헨
OUT

1일

독일 프랑크푸르트
입국(비행편에 따라
시내 구경 선택)

2일

프랑크푸르트
(렌터카 픽업)
↓
하이델베르크
↓
뷔르츠부르크

3일

뷔르츠부르크
↓
밤베르크
↓
로텐부르크
↓
뷔르츠부르크

4일

뷔르츠부르크
↓
뉘른베르크
↓
오스트리아 잘츠부르크

5일

잘츠부르크 전일

6일

잘츠부르크
↓
장크트길겐
↓
샤크베르크
↓
바트이슐

7일

바트이슐
↓
오버트라운
(파이브핑거스)
↓
할슈타트
고사우
↓
바트이슐

8일

바트이슐
↓
독일 베르히테스가덴
(쾨니그제호수,
독수리 요새)

9일

오스트리아 바트이슐
↓
첼암제
↓
그로스글로크너
↓
이탈리아 코르티나 담페초

10일

돌로미티 전일

11일

돌로미티 전일
(셀바 디 발 가데나)

12일

셀바 디 발 가데나
↓
오스트리아 인스부르크

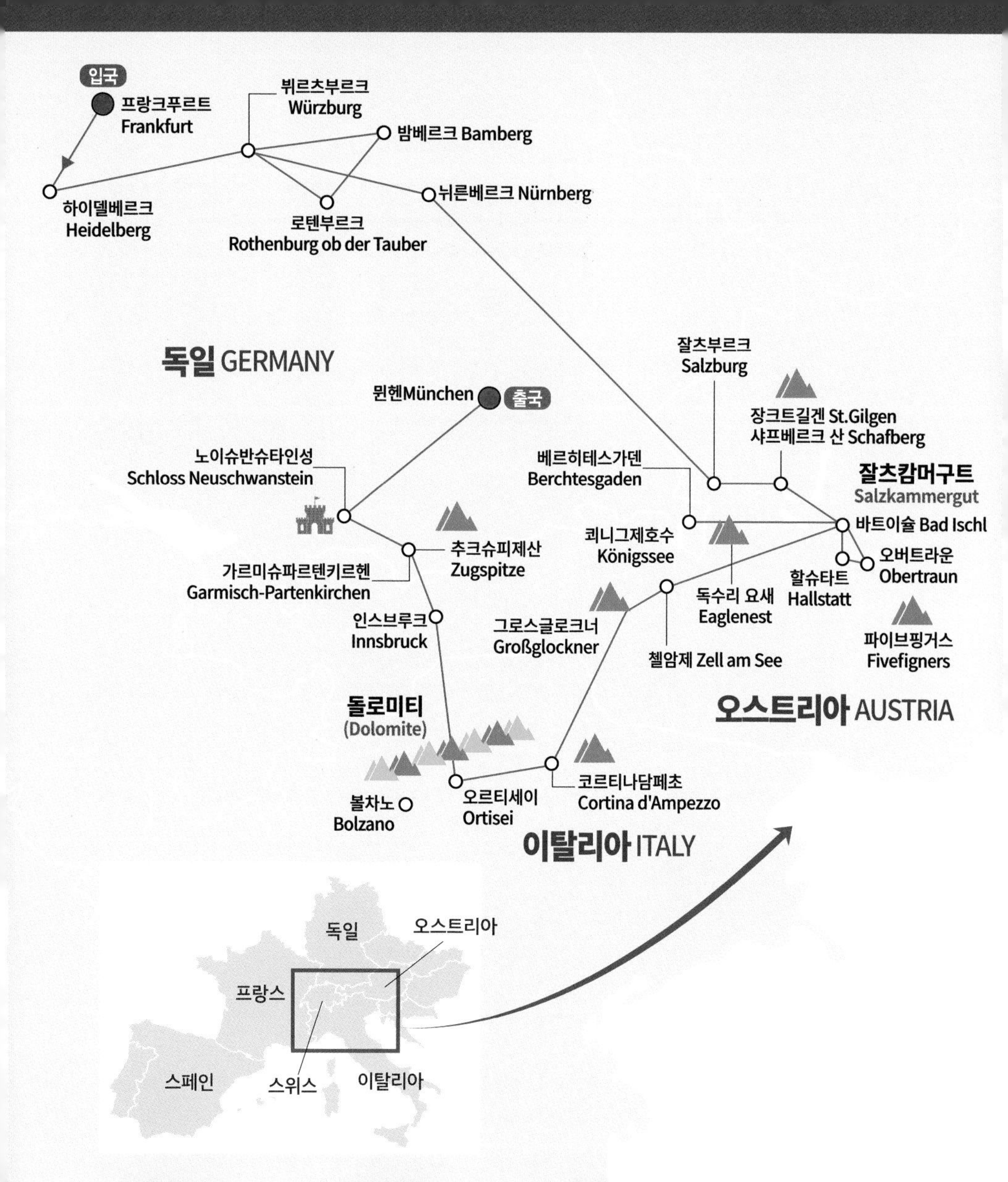

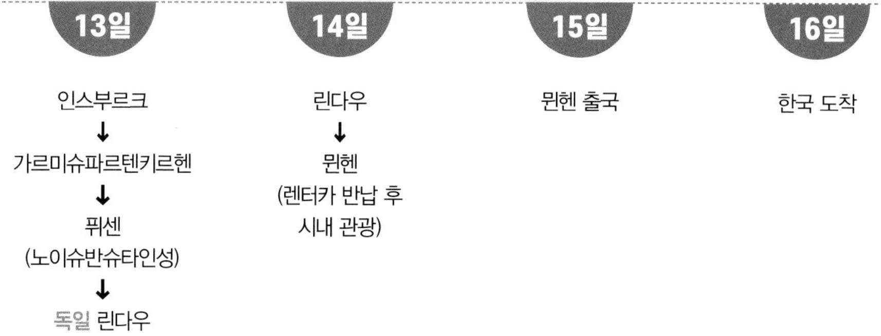

13일	14일	15일	16일
인스부르크 ↓ 가르미슈파르텐키르헨 ↓ 퓌센 (노이슈반슈타인성) ↓ 독일 린다우	린다우 ↓ 뮌헨 (렌터카 반납 후 시내 관광)	뮌헨 출국	한국 도착

▲
뷔르츠부르크 Würzburg, Germany

로맨틱 가도의 출발점인 뷔르츠부르크는 프랑크푸르트로 입국한 독일 여행자들이 대부분 거쳐 가는 유명 중세도시이다. 마리엔베르크 요새에서 바라보는 도시 전경이 아름답다. 구 마인교에서 마시는 프랑크 와인도 놓치면 안 될 명물. 2차 세계대전으로 초토화된 도시를 그대로 복원했다는 것이 믿기지 않는다.

▲
밤베르크 Bamberg, Germany

천 년이 넘는 역사를 지닌 밤베르크는 뷔르츠부르크와 달리 전쟁의 피해가 없어 옛 모습을 그대로 간직하고 있다. 도시 한가운데 흐르는 운하 때문에 작은 베네치아라는 이름으로 불리기도 한다. '슐렝케를라'라는 맛집이 유명하다.

뉘른베르크 Nürnberg

바이에른주 제2의 도시로 상공업이 발달한 공업도시이다. 테마파크 같은 성벽 안 구도심을 가지고 있어서 대표적인 중세도시로 손꼽히기도 한다. 과거 히틀러가 사랑한 도시로 나치의 수도가 되었던 아픈 역사를 지니고 있다. 크리스마켓과 손가락 소세지로 유명한 뉘른베르크 부어스트가 별미이다. ▼

그로스글로크너

Großglockner, Austria

오스트리아에서 만나는 알프스 산악 도로인 그로스글로크너 하이 알파인 로드Grossglockner High Alpine Road는 스위스 산악 패스와는 또 다른 절경을 선사하는 곳으로 환상적인 드라이브를 즐길 수 있는 코스이다.

린다우 Lindau, Germany

린다우는 독일 보덴호수의 동쪽 섬에 위치한 작은 도시이다. 항구 입구에는 사자상과 등대가 자리하고 있는데 그 모습이 인상적이다. 역사적인 중세 구도심과 보덴호수의 아름다운 풍경으로 매년 많은 관광객이 찾는 인기 있는 휴양지다. 인근에 미르스부르크, 프리드리히스하펜 등과 같은 도시들이 있고 스위스 쪽으로 이동하기에도 최적의 위치에 자리 잡고 있다.

돌로미티 Dolomites, Italy

이탈리아 알프스를 지칭하는 돌로미티는 최근 한국 자동차 여행자들에게도 가장 핫하게 떠오는 곳이 되었다. 3,000m 이상의 고봉이 18개, 빙하가 41개 있으며 수십 개의 아름다운 호수가 있다. 돌로미티는 한 번도 안 가본 사람은 있어도 한 번만 가는 사람은 없을 정도로 새로운 알프스의 매력에 흠뻑 빠질 수 있다.

독일+체코+오스트리아

14박 16일

렌터카 일정 13일

독일, 체코, 오스트리아를 여행하는 코스는 독일, 오스트리아, 이탈리아 코스와 거의 유사해 보이지만 돌로미티 대신 체코의 주요 포인트를 돌아본다는 점이 차이점이다. 여행 일정이 6월~9월 사이고 이탈리아를 방문하고 싶다면 독일, 오스트리아, 이탈리아 코스를 선택하는 것이 좋다. 하지만 그외 기간으로 간다면 독일, 체코, 오스트리아 코스를 선택하는 것이 더 나은 선택이다. 프랑크푸르트에서 출발하여 독일의 로맨틱 가도와 주변 아름다운 마을들을 둘러보고 체코의 유명한 온천마을 카를로비바리로 향한다. 이곳은 특이하게 몸을 담그는 온천보다는 온천수를 직접 음용하는 방식의 온천으로 더 유명한 곳이다. 작은 컵을 들고 다니며 곳곳에 자리한 원천에서 온천수를 마시는 재미가 쏠쏠하다. 맛이 고약하기 때문에 한 번 정도만 시도해 볼 것.

그다음 한국인들이 사랑하는 도시 중 하나인 프라하에서 3일간 머물며 프라하 곳곳을 둘러보자. 낭만과 감성이 넘치는 프라하에서 보고 듣고 마시고 먹는 오감 여행은 잊지 못할 추억을 안겨줄 것이다.

프라하 여행을 마친 후에는 체코의 동화마을인 체스키크룸로프를 방문할 차례다. 필자가 체스키크룸로프를 방문했을 때는 아쉽게도 비가 내렸지만, 이 도시는 비 오는 풍경도 한 폭의 그림같이 아름답다.

체코의 핵심 관광을 마치고 동유럽이지만 서유럽 감성이 물씬 느껴지는 오스트리아 잘츠부르크와 잘츠캄머구트를 돌아본 후 독일의 알펜 가도를 지나 다시 뮌헨으로 되돌아온다.

독일 프랑크푸르트 IN ➔ ○○○ 14박 16일 ➔ 독일 뮌헨 OUT

1일

독일 프랑크푸르트 입국
(비행편에 따라
시내 구경 선택)

2일

프랑크푸르트
(렌터카 픽업)
↓
뷔르츠부르크
↓
로텐부르크

3일

로텐부르크
↓
밤베르크
↓
뉘른베르크
↓
로텐부르크

4일

로텐부르크
↓
체코 카를로비바리

5일

카를로비바리
↓
프라하

6일

프라하 전일

7일

프라하 전일

8일

프라하
↓
체스키크룸로프

9일

체스키크룸로프
↓
오스트리아 잘츠부르크

10일

잘츠부르크
↓
장크트길겐
↓
샤크베르트
↓
바트이슐

11일

바트이슐
↓
할슈타트
↓
오버트라운
(파이브핑거스)
↓
고사우(장크트길겐)
↓
바트이슐

12일

바트이슐
↓
독일 베르히테스가덴
(쾨니그제호수,
독수리 요새)

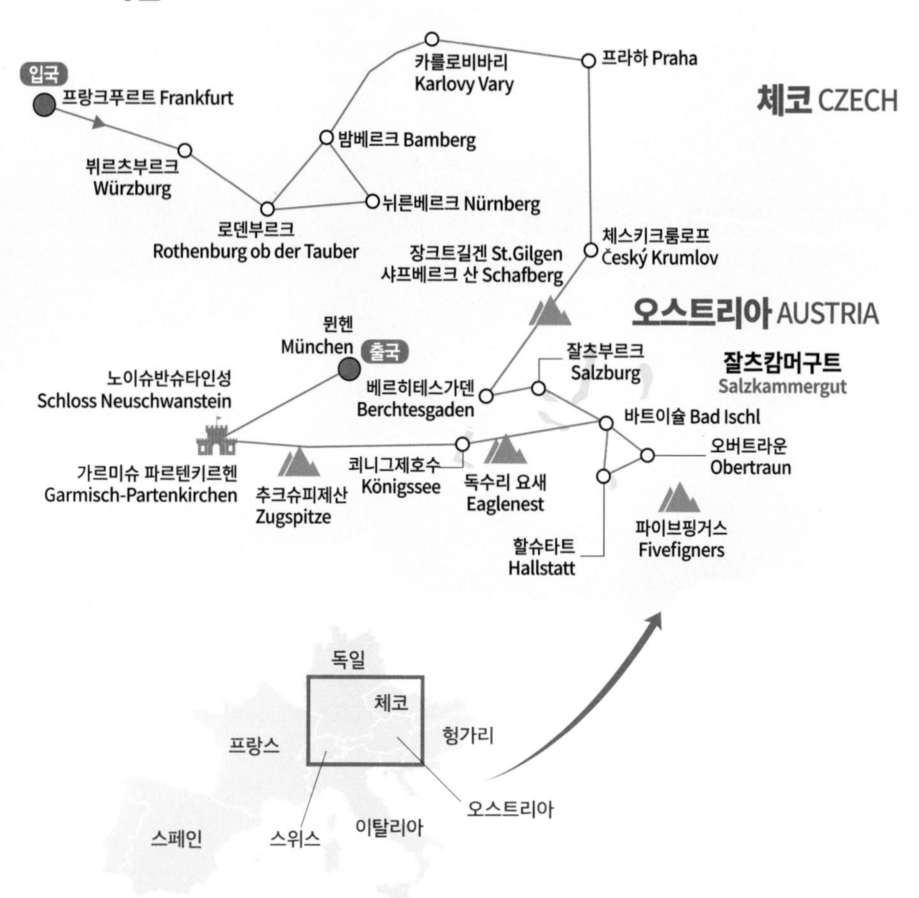

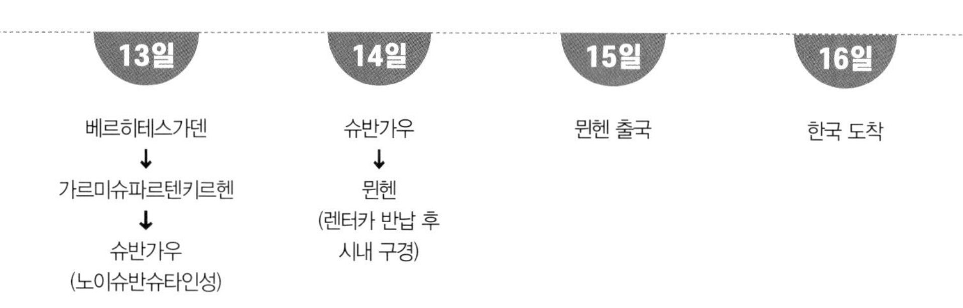

13일	14일	15일	16일
베르히테스가덴 ↓ 가르미슈파르텐키르헨 ↓ 슈반가우 (노이슈반슈타인성)	슈반가우 ↓ 뮌헨 (렌터카 반납 후 시내 구경)	뮌헨 출국	한국 도착

프라하 Praha, Czech Republic

체코의 수도이자 백 탑의 도시라 불리는 프라하는 체코 여행의 하이라이트다. 총 10개의 지구로 이루어져 있으며 관광 포인트가 무척 많기 때문에 3~4일은 머물러야 하고, 즐겨 찾는 5개 관광지 위주로 둘러보아도 최소 이틀은 할애해야 한다. 블타바강을 중심으로 하루는 동쪽, 하루는 서쪽으로 나누어 관광하는 것이 좋다.

체스키크룸로프 Český Krumlov, Czech Republic

체코의 유명한 동화마을로 아름다운 중세 풍경을 간직한 도시다. 블타바강과 언덕 위 체스키크룸로프성이 도시의 명소이고, 프라하 다음으로 꼭 방문해야 하는 곳이다.

잘츠부르크 Salzburg, Austria

모차르트의 고향이자 영화 <사운드 오브 뮤직>의 배경이 된 도시로 오스트리아에서 빈과 더불어 가장 유명한 도시다. 미라벨 궁전, 호엔 잘츠부르크성, 잘츠부르크 대성당이 있으며 오스트리아에서 가장 유명한 관광지인 잘츠캄머구트의 거점도시이기도 하다.

▲

할슈타트 Hallstatt, Austria

잘츠캄머구트의 수많은 호수와 호수마을 중 단연 진주로 손꼽히는 곳이 바로 할슈타트다. 소금 광산이 있던 호수마을은 지금은 한해 수많은 관광객이 방문하는 인기 명소가 되었다. 너무 많은 동양인 관광객으로 인해 호불호가 갈리지만 놓칠 수 없는 명소임은 분명하다.

베르히테스가덴 Berchtesgaden, Germany

베르히테스가덴은 독일의 아름다운 호수 중 하나인 쾨니그제Königssee와 히틀러의 별장으로 유명한 독수리 요새Das Kehlsteinhaus를 즐길 수 있는 곳이다. 쾨니그제호수의 유람선에서 듣는 선장의 트럼펫 소리는 여행의 피로를 잊게 만들어준다.

▶

◀

슈반가우 Schwangau, Germany

슈반가우에는 디즈니성의 모티브가 된 동화 같은 노이슈반슈타인성Neuschwanstein이 있다. 이 성이 위치한 지역을 퓌센으로 잘못 알고 있는 경우가 많은데, 실제 위치는 슈반가우이다. 성 맞은편에는 호엔슈반가우성도 있으니 같이 들러보자. 성 위쪽의 미라벨 다리에 가면 엽서에나 보았던 성의 전경을 한눈에 담을 수 있다.

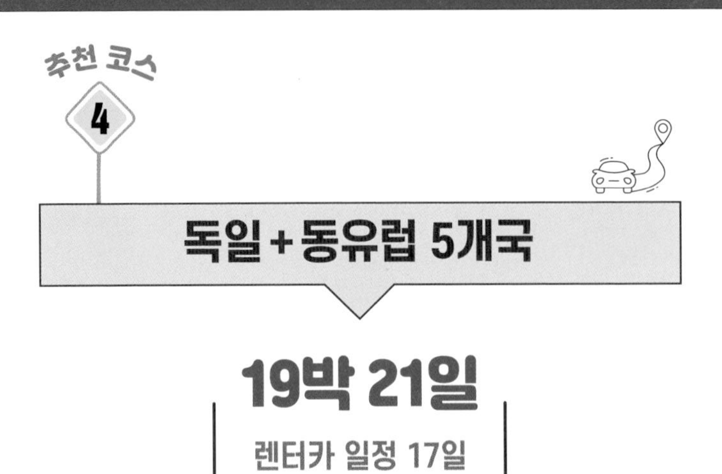

독일+동유럽 5개국

19박 21일

렌터카 일정 17일

독일과 동유럽 코스는 독일을 비롯하여 체코, 오스트리아, 헝가리, 크로아티아, 슬로베니아까지 총 6개국을 돌아보는 일정이다. 독일에서 차를 픽업해 체코 방향으로 이동하기 전에 뉘른베르크에서 하루 머물며 뉘른베르크의 명물인 손가락 소시지를 맛보고 가벼운 워밍업을 시작해 보자.

다음날 온천 도시 카를로비바리를 지나 프라하에서 약 3일간 프라하를 즐긴다. 그다음 체스키크룸로프를 지나 오스트리아 수도인 빈으로 이동한다. 빈에서 하루 반나절은 사실 매우 짧은 시간이다. 그래서 링도로 안쪽의 이너시티 정도만 관광할 수 있다. 하지만 핵심 관광지는 이너시티 안에 대부분 모여 있기 때문에 계획을 잘 세우면 짧고 굵게 빈을 즐길 수 있다. 살짝 아쉬움을 남겨야 다시 빈을 방문할 수 있으니, 약간의 아쉬움을 남기고 헝가리 부다페스트로 향하자.

부다페스트 역시 하루 반나절 일정이지만 알차게 보기에는 크게 나쁘지는 않다. 부다성, 이슈트반 대성당, 그레이트 마켓홀, 세체니 다리, 마차슈 성당을 비롯해 야경 명소인 어부의 요새, 국회의사당 야경을 즐길 수 있는 유람선 투어까지 도보와 트램을 이용하면 어렵지 않게 관광할 수 있다.

다음날 아침 일찍 세체니 온천에서 여행의 피로를 풀고 크로아티아가 자랑하는 요정이 나올 법한 국립공원 플리트비체로 향한다.

첫째 날은 무리하지 말고 국립공원 인근의 펜션에서 잠시 휴식의 시간을 가져도 좋다. 플리트비체 인근의 펜션들은 훌륭한 시설과 맛있는 석식을 제공하는 곳들이 많고 가격 또한 크게 부담되지 않아서 꽤 만족스러운 시간을 즐길 수 있다.

다음날은 플리트비체 국립공원을 온전히 탐험해 보자. 여러 가지 코스가 있지만 플리트비체를 온전하게 즐길 수 있는 C 코스와 H 코스를 추천한다.

이제 보석 같은 아름다움이 머무는 아드리드 해안의 아름다운 도시들을 방문해 보자. 크로아티아의 로비니와 슬로베니아의 피란 그리고 이탈리아의 트리에스테까지 3개국의 각기 다른 해안마을의 매력을 하루에 모두 즐길 수 있다.

그다음 슬로베니아의 포스토이나 동굴과 블레드호수를 탐방한다. 포스토이나 동굴은 세계에서 두 번째로 긴 동굴로 놀이동산에 있을 법한 기차를 타고 동굴로 들어가게 된다. 자연이 만든 놀라울 정도로 경이로운 동굴 안 세상은 잊지 못할 추억을 만들어줄 것이다. 그리고 알프스의 눈동자라는 별명을 가진 블레드호수의 풍경은 또 다른 힐링 포인트가 된다. 블레드섬은 말도 안 되는 물 색상을 지닌 푸른 호수 한가운데 자리 잡고 있다. 주말이면 신부를 안고 99계단을 오르는 신랑의 행복한(?) 얼굴을 마주할 수 있고 그들 위로 울려 퍼지는 성당의 종소리는 다양한 사람들의 소원을 담아 블레드호수 전체에 메아리친다.

이제 오스트리아 알프스인 그로스글로크너 고개를 넘어 베르히테스가덴을 거쳐 잘츠캄머구트로 향한다. 여행은 막바지를 향해가지만 그럼에도 지치지 않고 오히려 몸과 마음이 충전되는 느낌이 들 것이다. 평화로운 호수마을에서 한 폭의 그림 같은 풍경들을 보고 있으면 삶의 고달픈 무게가 한껏 덜어지는 기분이 들 것이다. 잘츠부르크와 뮌헨에서의 여정을 끝으로 20일간의 행복한 여행을 마무리하자.

독일
뮌헨
IN
19박 21일
독일
뮌헨
OUT

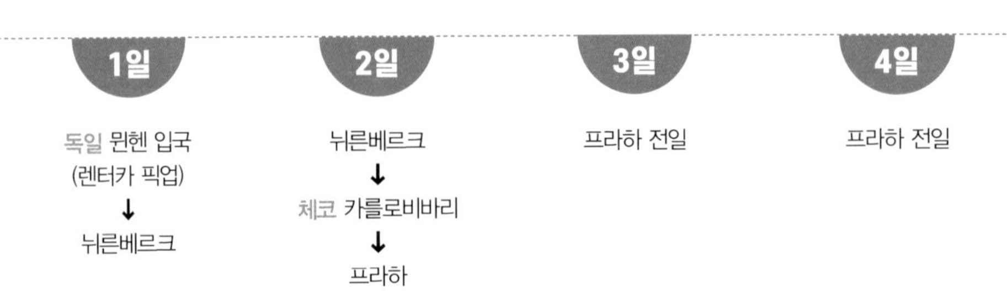
1일
독일 뮌헨 입국
(렌터카 픽업)
↓
뉘른베르크
2일
뉘른베르크
↓
체코 카를로비바리
↓
프라하
3일
프라하 전일
4일
프라하 전일

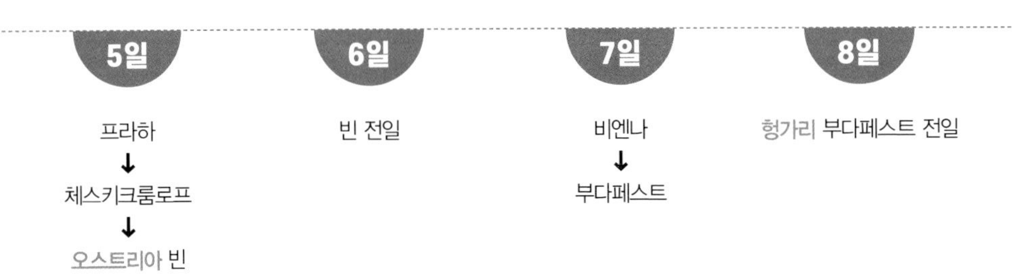
5일
프라하
↓
체스키크룸로프
↓
오스트리아 빈
6일
빈 전일
7일
비엔나
↓
부다페스트
8일
헝가리 부다페스트 전일

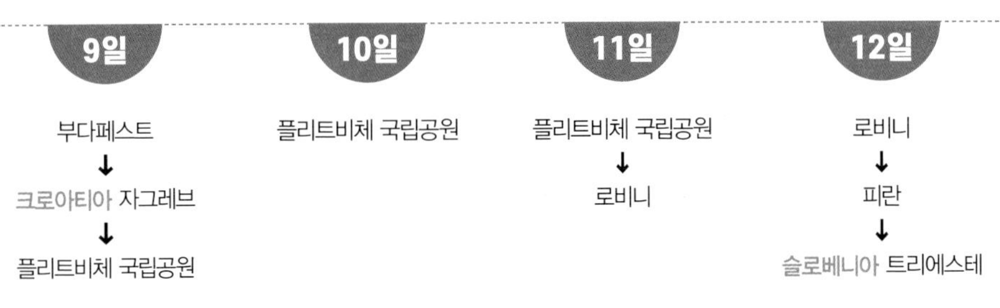
9일
부다페스트
↓
크로아티아 자그레브
↓
플리트비체 국립공원
10일
플리트비체 국립공원
11일
플리트비체 국립공원
↓
로비니
12일
로비니
↓
피란
↓
슬로베니아 트리에스테

13일
트리에스테
↓
포스토이나
↓
류블랴나
14일
류블랴냐
↓
블레드호수
↓
오스트리아 그로스글로크너
↓
첼암제
15일
첼암제
↓
베르히테스가덴
16일
베르히테스가덴
↓
할슈타트
↓
장크트길겐
↓
잘츠부르크

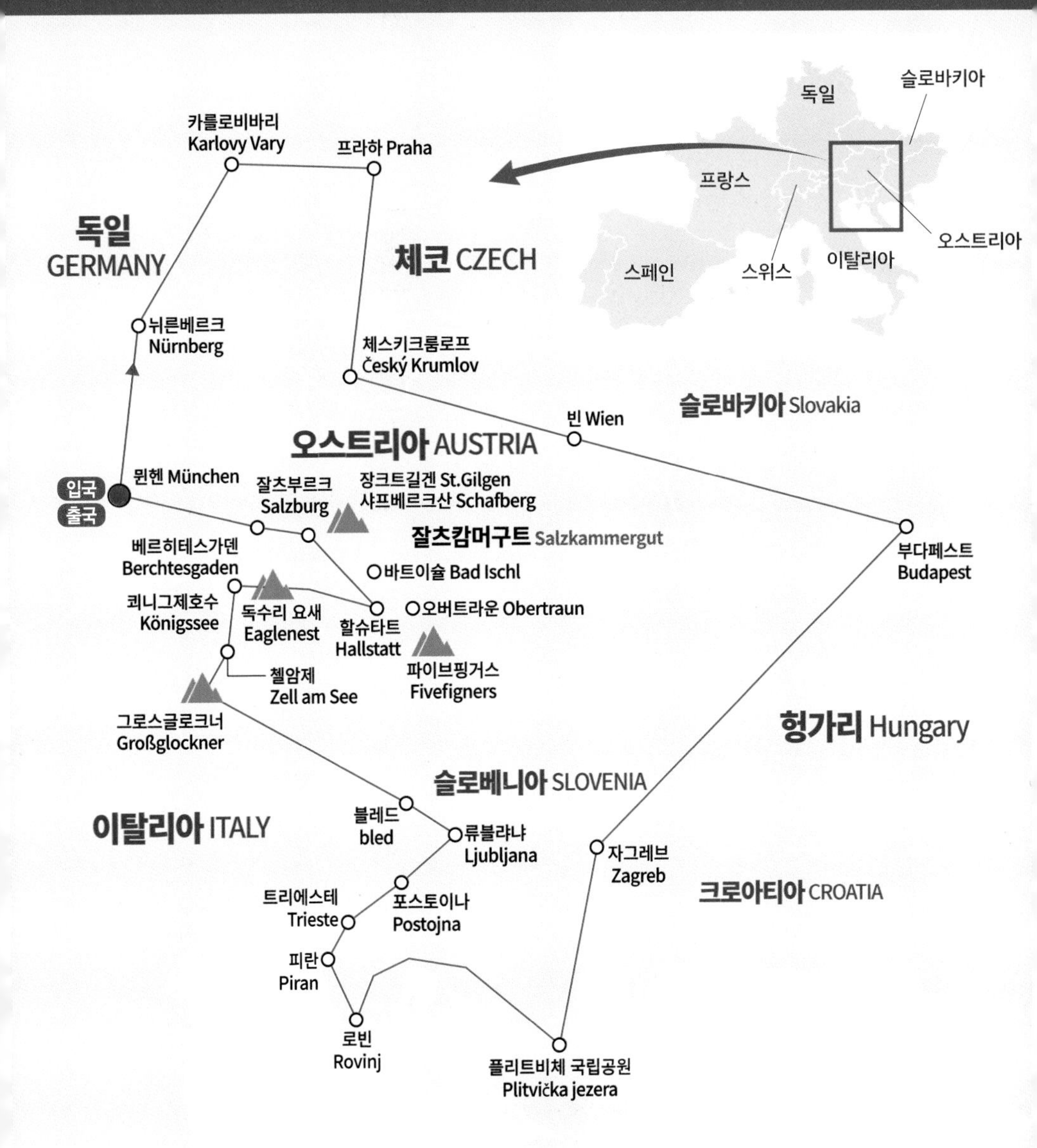
독일
슬로바키아
프랑스
오스트리아
스페인
스위스
이탈리아
카를로비바리
Karlovy Vary
프라하 Praha
독일
GERMANY
체코 CZECH
뉘른베르크
Nürnberg
체스키크룸로프
Český Krumlov
슬로바키아 Slovakia
빈 Wien
오스트리아 AUSTRIA
입국
출국
뮌헨 München
잘츠부르크
Salzburg
장크트길겐 St.Gilgen
샤프베르크산 Schafberg
잘츠캄머구트 Salzkammergut
베르히테스가덴
Berchtesgaden
바트이슐 Bad Ischl
부다페스트
Budapest
쾨니그제호수
Königssee
독수리 요새
Eaglenest
할슈타트
Hallstatt
오버트라운 Obertraun
파이브핑거스
Fivefigners
첼암제
Zell am See
그로스글로크너
Großglockner
헝가리 Hungary
슬로베니아 SLOVENIA
이탈리아 ITALY
블레드
bled
류블랴냐
Ljubljana
자그레브
Zagreb
크로아티아 CROATIA
트리에스테
Trieste
포스토이나
Postojna
피란
Piran
로빈
Rovinj
플리트비체 국립공원
Plitvička jezera

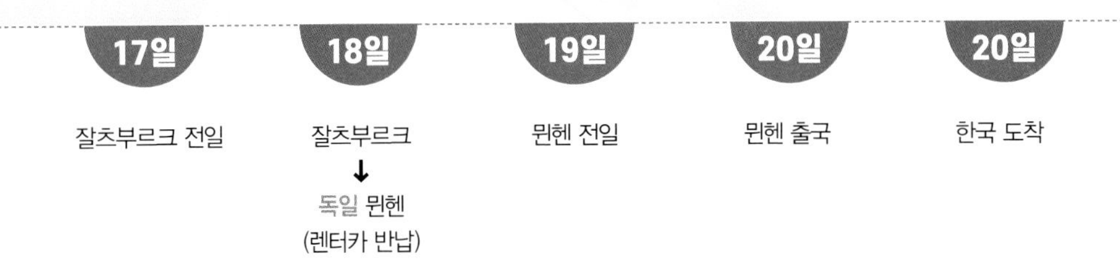
17일
18일
19일
20일
20일

17일	18일	19일	20일	20일
잘츠부르크 전일	잘츠부르크 ↓ 독일 뮌헨 (렌터카 반납)	뮌헨 전일	뮌헨 출국	한국 도착

▲

카를로비바리 Karlovy Vary, Czech Republic

체코의 대표적인 온천 휴양도시. 이곳에는 십여 개의 온천이 테플라강을 따라 멋진 외관인 콜로나다와 함께 자리 잡고 있다. 빨대가 달린 컵 라젠스키 포하레크을 구입하여 온천수와 명물 과자인 오플라트키와 함께 음용해 보자. 온천수의 맛은 형편없지만 특별한 경험이 된다.

부다페스트 Budapest, Hungary

헝가리 제1의 도시로, 부다와 페스트 지역으로 이루어져 있다. 두나강의 진주로 불릴 만큼 역사적인 도시이다. 부다페스트를 관통하는 두나강은 슬픈 역사를 간직하고 있기도 하다. 도시에는 세체니 온천을 비롯한 유명 온천과 부다 왕궁, 어부의 요새 등의 명소가 있고 국회의사당의 야경을 둘러보는 유람선 투어가 명물이다.

▶

◀

피란 Piran, Slovenia

슬로베니아 남서쪽에 위치한 피란은 아드리해의 진주와 같은 작은 휴양도시이다. 오래된 중세도시로 마을 곳곳에 중세 유적이 많이 자리 잡고 있다. 특별한 랜드마크가 있지는 않지만, 그 자체만으로 힐링이 되는 아름다운 도시다.

◀

류블랴나 Ljubljana, Slovenia

슬로베니아의 수도인 류블랴나는 매우 사랑스러운 도시다. 유럽의 수도 중 인지도는 가장 낮은 편이지만 그만큼 유니크한 멋이 있는 곳이다. 도시에는 류블랴나성과 용의 다리 그리고 트리플 다리 등의 명소가 있다.

▲

블레드호수 Bled, Slovenia

알프스의 눈동자 혹은 알프스의 진주라고 불리는 블레드호수는 그 풍광이 매우 아름답기로 유명하다. 블레드성에서 바라보는 블레드섬과 호수의 풍광은 탄성이 나올 만큼 아름답다. 호수 중앙에 위치한 블레드섬을 왕복하는 플레트나에 몸을 싣고 섬에 도착하여 소원의 종을 치며 소원을 빌어보자.

뮌헨 Munich, Germany

옥토버 페스티벌로 유명한 독일 제3의 도시. 독일 남부의 거점도시이자 관광도시인 만큼 제대로 관광하려면 이틀은 필요하다. 뮌헨 중심의 관광지와 시내 외곽의 님펜부르크 궁전과 BMW 박물관 등을 둘러보자.

▶

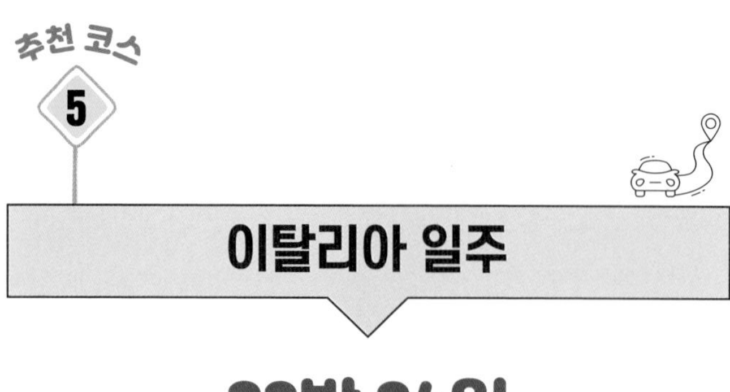

이탈리아 일주

22박 24일

렌터카 일정 18일

이탈리아 자동차 여행은 수많은 여행자가 로망으로 손꼽는 여행지다. 이탈리아는 유구한 역사와 찬란한 문화예술 그리고 미식과 아름다운 풍경까지 뭐 하나 빠질 게 없는 축복받은 나라다. 그렇기 때문에 이탈리아는 온전히 이탈리아만을 여행하는 계획을 세워도 후회 없는 선택이 될 수 있다. 이탈리아는 크게 북부, 중부, 남부로 나뉠 수 있는데 각각 한 달씩 살아본다고 해도 진하게 아쉬움이 남을 곳들이다. 하지만 그런 여유를 부릴 수 있는 사람은 많지 않다. 하지만 한 달이 조금 못 되는 기간에도 이탈리아 전역을 충분히 즐길 수 있다. 물론 어느 정도 수박 겉핥기 일정이 되는 것은 어쩔 수 없다. 필자도 이렇게 타이트한 여행을 추천하지는 않는다. 하지만 일생에 한 번뿐인 여행이 될지도 모르니 최대한 많은 곳을 돌아보고 싶다면 이 일정을 참고해 보도록 하자. 이탈리아 일주는 6월에 시작한다면 북쪽에서부터 아래로 내려가는 코스를 추천한다. 극성수기가 시작되기 전에 돌로미티를 조금이라도 여유 있게 보기 위해서다. 밀라노에서 시작한 여행은 가르다호수의 보석 같은 마을인 시르미오네를 지나 로미오와 줄리엣의 도시인 베로나로 향한다. 하루 정도 운전에 익숙해지면 이제 돌로미티로 들어가 보자. 돌로미티에서의 시간은 약 2일 정도로 길지 않다. 하지만 한국인들이 즐겨 찾는 유명 포인트들은 2일 정도면 충분히 즐길 수 있다. 물론 돌로미티를 즐겼다고 하기엔 맛보기에 불과할 것이다. 하지만 이틀간의 일정은 분명 언젠가 돌로미티에서만 일주일 이상 머물고 싶다는 소망을 품게 하고도 남을 것이다. 이제 돌로미티의 서쪽 관문인 코르티나 담페초를 지나 베네치아로 향해보자. 물의 도시 베네치아의 놀라운 풍경을 바라보며 곤돌라에 몸을 싣고 곤돌리에의 노랫소리와 더불어 베네치아 골목 구석구석을 돌아보자. 그다음 산마르코 광장에서는 한때 한 세대를 풍미했던 카사노바가 즐긴 커피도 마실 수 있을 것이다. 미식의 도시인 볼로냐를 거쳐 르네상스의 중심지인 피렌체로 넘어간다. 우피치 미술관에서 미켈란젤로, 라파엘로와 같은 거장들의 작품을 감상하고 피렌체 두오모에서 냉정과 열정 사이를 재현해 볼 수도 있을 것이다. 미켈란 광장에서는 피렌체의 아름다운 일몰을 바라보며 나지막한 탄성과 사람들의 박수 소리에 함께 취해볼 수도 있다. 이제 피렌체 근교의 토스카나로 넘어간다. 중부 지역의 핵심은 단연 토스카나다. 말로만 듣던 토스카나의 초록 풍경이 펼쳐지게 된다. 초록 물결의 토스카나는 정말 한 폭의 그림 같다. 물론 6월 이후의 토스카나는 초록빛을 잃은 채 황금색 들판으로 변했겠지만 그래도 토스카나의 풍경은 명불허전이라고 할 수 있다. 만일 초록의 토스카나의 풍경을 보고 싶다면 4~5월 사이에 방문 것이 가장 좋다. 토스카나 지역에는 피사, 친퀘테레, 시에나, 아시시와 같이 잘 알려진 도시들은 물론이고, 시비타디 바뇨레죠, 산지미냐노, 반뇨 비뇨비와 같이 보석 같은 도시들이 별처럼 널려있으니, 자신의 취향에 맞는 도시들을 선택해서 둘러보아도 좋다. 이제 듣기만 해도 마음이 설레는 이탈리아 남부를 방문해 보자. 소렌토, 아말피, 포지타노 등 당장이라도 싱그러운 레몬 냄새가 코끝에 맴돌 것 같은 아말피 해안의 풍경은 결코 잊지 못할 추억을 선사해 줄 것이다. 죽기 전에 꼭 가봐야 할 곳으로 선정된 아말피 해안도로를 드라이브하고 폼페이의 서사와 카프리섬의 낭만 그리고 원조 나폴리 피자도 빼놓지 말자. 남부 지방 내륙 안쪽으로 깊숙이 들어가면 가장 오래된 도시 중 하나인 마테라와 스머프 마을 같은 알베로벨로 그리고 동굴 레스토랑으로 유명한 폴리냐노 아마레도 즐길 수 있다. 이쯤이면 이 나라의 팔색조 매력에 혀를 내두르게 된다. 각각의 색채와 너무나 다른 풍경에 즐거운 비명을 지를지도 모른다. 이탈리아 대장정의 마무리는 단연 로마다. 차를 바리에 반납하고 로마로 입성한다. 누구나 한 번쯤 꿈꿔왔던 도시인 로마를 거닐며 콜로세움, 바티칸, 트레비 분수, 스페인 광장 등 책과 영화에서만 보던 풍경을 직접 보고 느껴보자. 그리고 트레비 분수에서 반드시 동전을 던지는 것을 잊지 말자! 그러면 이탈리아로 반드시 돌아오게 될 것이다.

이탈리아
밀라노
IN ➔ 22박 24일 ➔ OUT
이탈리아
로마

1일	2일	3일	4일	5일
이탈리아 밀라노 입국	밀라노 전일	밀라노 (렌터카 픽업) ↓ 시르미오네 ↓ 베로나	베로나 ↓ 오르티세이	돌로미티 전일

6일	7일	8일	9일	10일
코르티나 담페초 ↓ 베네치아	베네치아 전일	베네치아 ↓ 볼로냐 ↓ 피렌체	피렌체 전일	피렌체 ↓ 피사 ↓ 친퀘테레 ↓ 피렌체

11일	12일	13일	14일	15일
피렌체 ↓ 산지미냐노 ↓ 시에나 ↓ 피엔차	토스카나 주요 뷰포인트 관광 ↓ 아시시 ↓ 피엔차	피엔차 ↓ 시비타 디 바뇨레조 ↓ 오르비에토	오르비에토 ↓ 폼페이 ↓ 소렌토	소렌토 ↓ 카프리섬 ↓ 소렌토

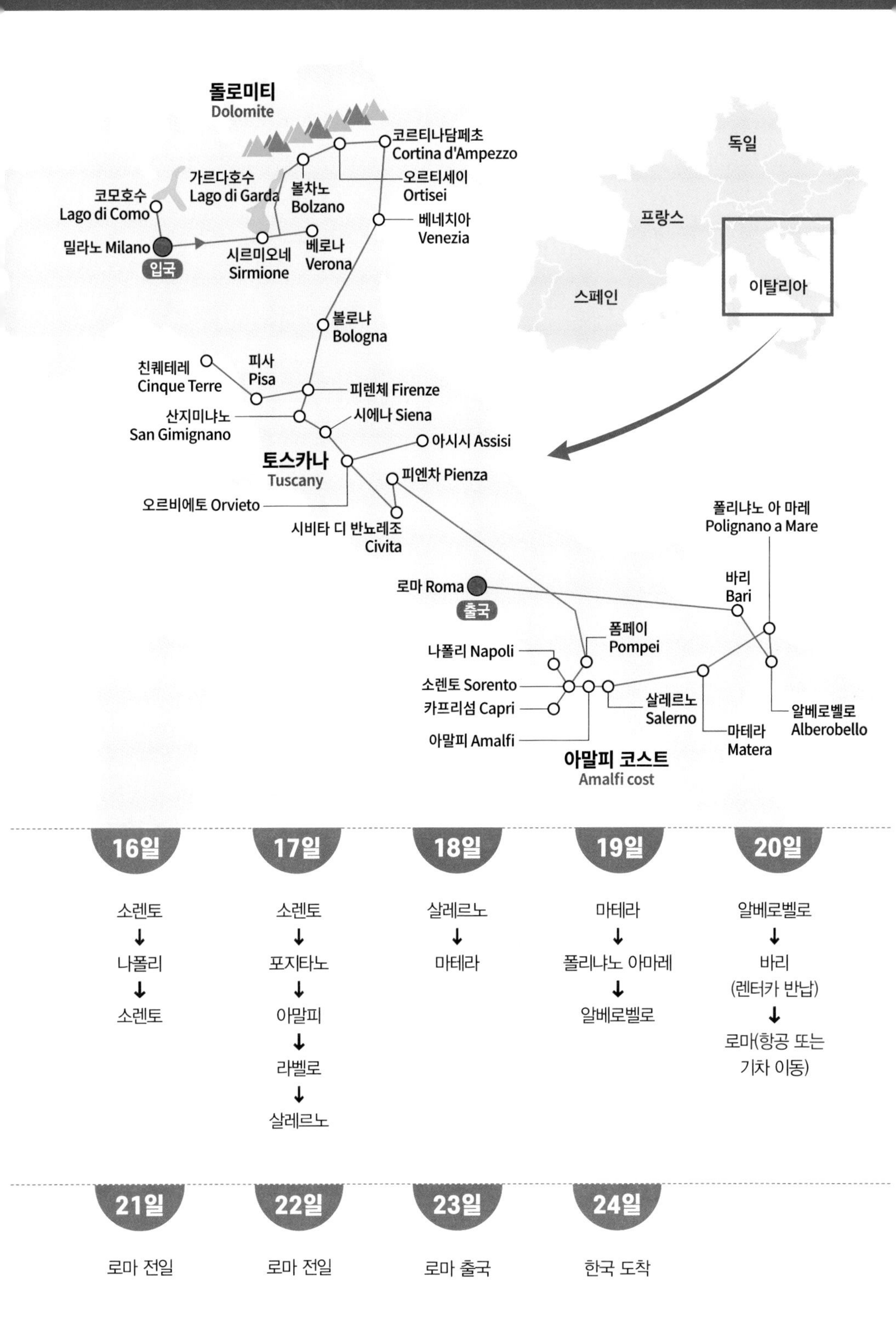

16일

소렌토
↓
나폴리
↓
소렌토

17일

소렌토
↓
포지타노
↓
아말피
↓
라벨로
↓
살레르노

18일

살레르노
↓
마테라

19일

마테라
↓
폴리냐노 아마레
↓
알베로벨로

20일

알베로벨로
↓
바리
(렌터카 반납)
↓
로마(항공 또는 기차 이동)

21일

로마 전일

22일

로마 전일

23일

로마 출국

24일

한국 도착

베로나 Verona

로미오와 줄리엣의 배경이 된 도시로 아디제강이 도시를 둥글게 감싸듯 흐르는 아름다운 도시이다. 도시 곳곳에 로마의 유적이 남겨져 있고 영화와 소설 속의 명소들로 인해 영화나 소설 속 배경에 들어와 있는 듯한 느낌을 받을 수 있다.

피렌체 Florence

르네상스의 본고장이자 영화 <냉정과 열정 사이>로 잘 알려진 예술의 도시이다. 매년 피렌체의 두오모 큐폴라, 우피치 미술관을 관람하기 위해 수많은 관광객이 방문한다.

토스카나 Tuscany

피렌체가 주도인 토스카나 지역은 유명한 와인 산지이자 그림 같은 풍광을 자랑하는 곳이다. 시에나, 몬테풀치아노 등의 아름다운 도시가 있고 인근으로 아시시, 페루자, 오르비에토 등의 도시도 있다.

아말피 해안 Amalfi Cost

이탈리아 남부의 해안마을로 마을들을 연결하는 해안도로인 아말피 코스트가 유명하다. 천 번의 굽잇길이라 불릴 만큼 굽어진 도로는 죽기 전에 꼭 가봐야 할 곳 1위로 선정된 곳이기도 하다.

▲

마테라 Matera

시간이 멈춘 도시이자 세계에서 세 번째로 오래된 도시이다. 샤시라 불리는 동굴주거지의 유적이 있으며 이를 개보수한 레스토랑과 숙소에서의 하룻밤은 잊지 못할 경험이 된다. 옛 모습과 가장 흡사하다는 야경도 마테라 여행의 빼놓을 수 없는 백미다.

나폴리 naple

이탈리아 남부를 대표하는 도시이자 세계 3대 미항으로 나폴리 피자로 유명하다. 마피아 이미지가 있고 치안도 녹록지 않지만 이탈리아 여행에서 빼놓을 수는 없는 도시이다. 푸니쿨라를 타고 산텔모성 전망대에 올라가 바라본 나폴리의 풍경은 왜 나폴리가 세계 3대 미항인지 잘 보여준다.

▼

◀

알베로벨로 Alberobello

실존하는 동화속 마을이라고 할 수 있는 알베로벨로는 트롤리라고 불리는 원뿔 형태의 집들이 모여 있는 곳이다. 트롤리가 모여 있는 구시가지 골목길 이곳저곳을 걸어다니다 보면 동화 속에 들어와 있는 듯한 착각에 빠진다.

로마 Roma

모든 길은 로마로 통한다고 할 만큼 서양문명의 중심지이자 기독교의 중심지다. 수천 년의 역사를 간직하고 있으며, 도시 자체가 박물관이라고 할 만큼 수많은 유적이 자리한 도시로 파리와 더불어 유럽 전역에서 손꼽히는 대표적인 관광도시다.

▶

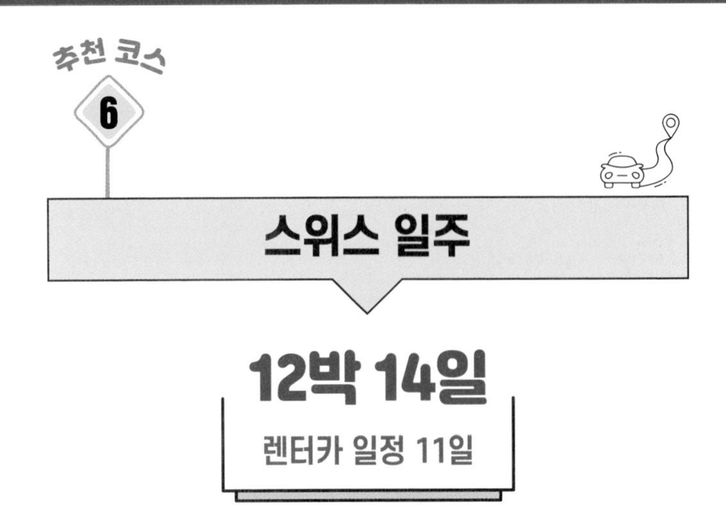

추천 코스
6
스위스 일주
12박 14일
렌터카 일정 11일

스위스는 유럽 여행 1순위 여행지로 손색이 없다. 예로부터 철도가 잘 발달한 덕분에 스위스 여행 수단은 기차가 주를 이루었지만, 사실 스위스는 자동차 여행이 더 적격인 여행지라고 할 수 있다. 스위스 정부에서도 그랜드투어라는 프로그램을 만들어 스위스 자동차 여행을 적극 권장하고 있는 것만 보아도 알 수 있다. 스위스 자동차 여행은 기차로도 갈 수 없는 스위스의 속살까지 들여다볼 수 있다는 점에서 꽤 매력적이다.

스위스 자동차 여행은 취리히에서부터 시작한다. 인근에 있는 유럽 최대 폭포인 라인 폭포와 작은 소도시인 슈타인 암라인을 둘러보자. 그리고 세상에서 가장 멋진 도서관이 있는 장크트 갈겐과 절벽 산장인 애셔 산장도 멀지 않다.

스위스에서 한군데만 갈 수 있다면 꼭 선택해야 한다는 루체른에서는 리기, 티틀리스, 필라투스산들을 올라가 구름 아래 펼쳐진 세상을 내려다볼 수도 있다. 그다음 한국인에게 친숙한 인터라켄을 거쳐 그린델발트와 라우터브루넨 마을에 머물며 융프라우요흐 또는 피라스트를 올라보자. 자동차 여행자만이 누릴 수 있는 스릴과 쾌감인 스위스 3대 산악 패스 드라이브도 빼놓을 수 없는 즐거움이다.

그다음에는 영화 파라마운트사의 로고로 유명한 체르마트에서 산봉우리를 붉게 밝히는 일출을 바라보고 로이커바트 온천마을에서는 알프스산맥을 바라보며 노천 온천을 즐긴다.

이제 레만호수가 있는 라보 지구로 가보자. 아름다운 호수와 그 위로 펼쳐진 포도밭을 트레킹하고 전망 좋은 레스토랑에서 와인을 곁들인 식사를 하자. 여행의 피로가 단번에 풀릴 것이다. 마지막으로 곰의 도시이자 스위스의 수도인 베른을 거쳐 다시 취리히로 돌아가 짧지만 알찬 스위스 여행을 마무리하면 된다.

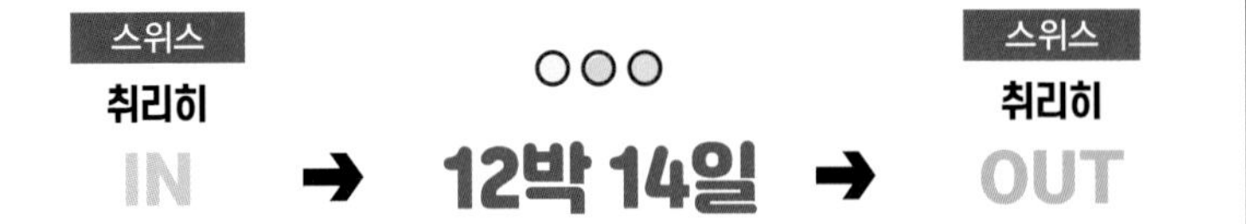
스위스
취리히
IN
12박 14일
스위스
취리히
OUT

1일
스위스 취리히 입국
2일
취리히(렌터카 픽업)
↓
샤프하우젠
(라인 폭포)
↓
슈타인 암라인
↓
취리히
3일
취리히
↓
장크트길렌
↓
아펜첼
↓
에베날프(애셔 산장)
↓
루체른
4일
루체른
(리기, 티틀리스,
필라투스 중
택1 또는 택2)
5일
루체른
↓
룽게른(전망대)
↓
인터라켄(브리엔츠&
튠호수 드라이브)
↓
그린델발트
6일
융프라우요흐 또는
인터라켄 유람선
또는 라우터브루넨
↓
뮤렌
↓
그린델발트
7일
피르스트
↓
스위스 3대 패스
드라이브
↓
그린델발트
8일
그린델발트
↓
태쉬(체르마트)

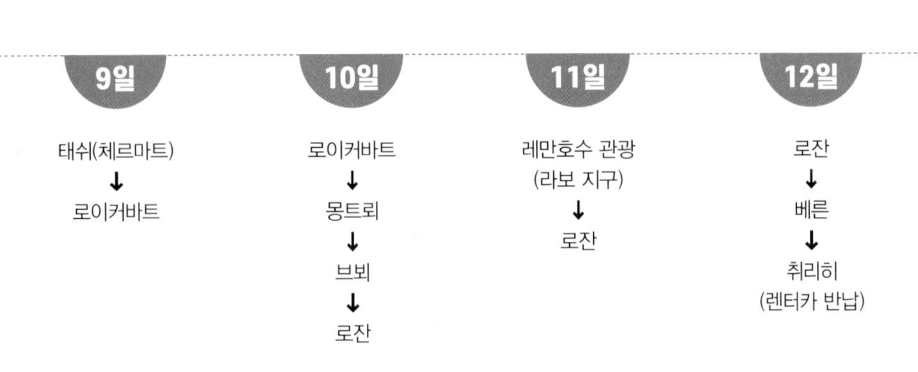
9일
태쉬(체르마트)
↓
로이커바트
10일
로이커바트
↓
몽트뢰
↓
브뵈
↓
로잔
11일
레만호수 관광
(라보 지구)
↓
로잔
12일
로잔
↓
베른
↓
취리히
(렌터카 반납)

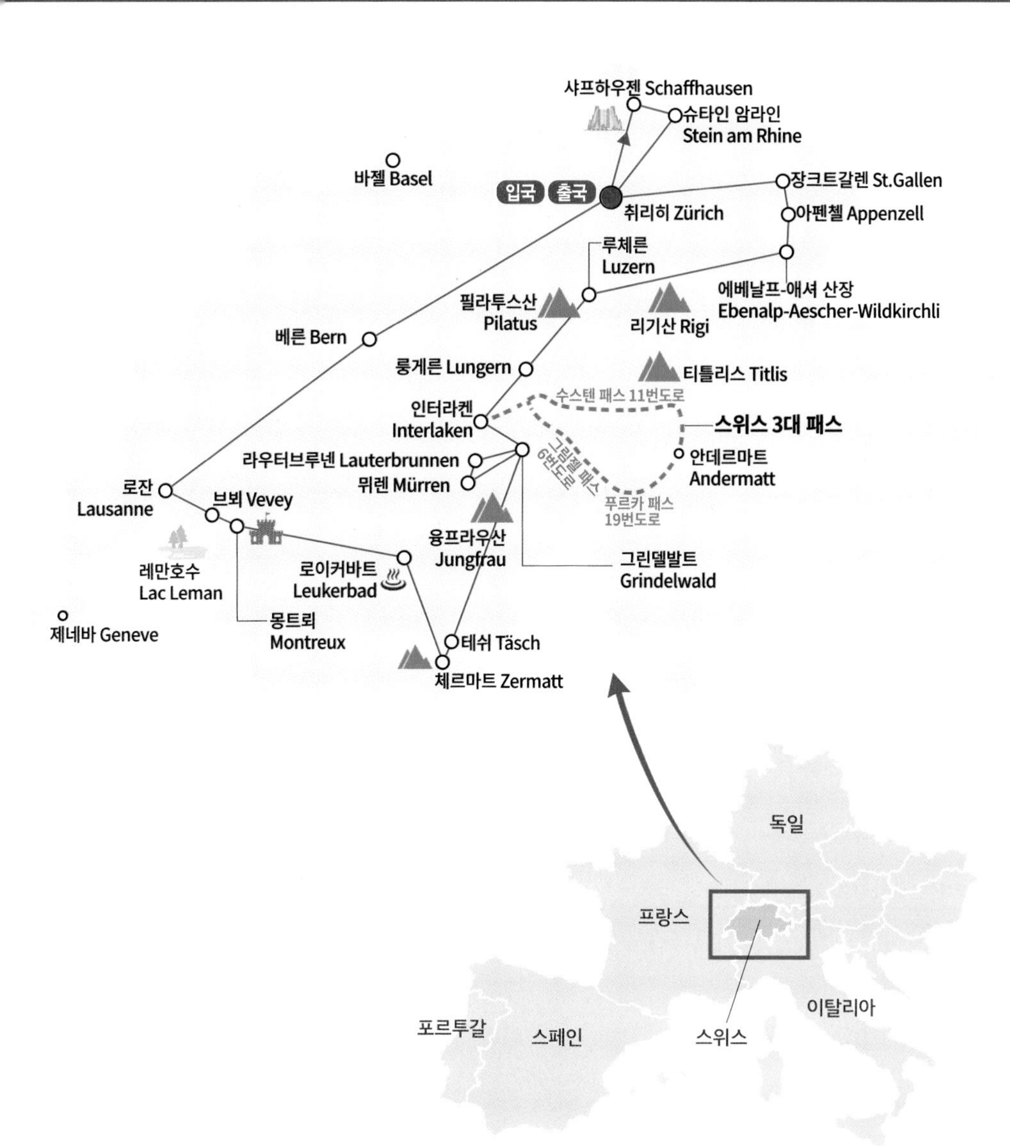

샤프하우젠 Schaffhausen
슈타인 암라인 Stein am Rhine
바젤 Basel
입국 출국
취리히 Zürich
장크트갈렌 St.Gallen
아펜첼 Appenzell
루체른 Luzern
에베날프-애셔 산장 Ebenalp-Aescher-Wildkirchli
필라투스산 Pilatus
리기산 Rigi
베른 Bern
룽게른 Lungern
티틀리스 Titlis
수스텐 패스 11번도로
인터라켄 Interlaken
스위스 3대 패스
그림젤 패스 6번도로
안데르마트 Andermatt
라우터브루넨 Lauterbrunnen
뮈렌 Mürren
푸르카 패스 19번도로
로잔 Lausanne
브뵈 Vevey
융프라우산 Jungfrau
그린델발트 Grindelwald
레만호수 Lac Leman
로이커바트 Leukerbad
제네바 Geneve
몽트뢰 Montreux
테쉬 Täsch
체르마트 Zermatt
독일
프랑스
이탈리아
포르투갈
스페인
스위스

13일

취리히 출국

14일

한국 도착

취리히 Zürich

스위스에서 최대 인구를 자랑하는 제1의 도시. 스위스 경제의 중심이자 아름다운 자연과 대도시의 분위기를 동시에 느낄 수 있는 곳이다.

▶

인터라켄 Interlaken

'호수 사이'라는 뜻을 가진 인터라켄은 이름 그대로 브리엔츠와 툰이라는 아름다운 호수 사이에 위치한 도시다. 브리엔츠호수와 툰호수를 따라 드라이브하는 코스도 매우 아름답다.

▶

◀

그린델발트 Grindelwald

드넓은 목초지로 이루어진 그린델발트는 주변을 알프스 고봉들이 둘러싸고 있어 한 폭의 그림 같은 곳이다. 융프라우요흐 산악열차의 중간역이자 피르스트 곤돌라를 탈 수 있는 승강장도 있다.

융프라우요흐 Jungfrau

스위스 하면 융프라우요흐를 가장 먼저 떠올릴 정도로 유명한 관광지. 인터라켄에서 등산 열차를 타고 세계에서 가장 높은 철도역인 융프라우요흐역에 도착하면 거대한 설원을 만날 수 있다.

▶

▲

스위스 3대 패스 Grimsel Pass

스위스 3대 패스는 그림젤Grimsel, 푸르카Furka, 수스텐Susten으로 알프스산맥을 가로지르는 아름다운 산악도로이다. 난이도가 높고 심장이 쫄깃한 운전경험을 할 수 있지만 절경만큼은 비할 데가 없다. 인터라켄에서 출발하면 모두 즐길 수 있다.

◀

체르마트 Zermat

파라마운트사의 로고로 알려진 마터호른을 볼 수 있는 필수 관광지(실제로 이 로고는 페루 아르테손라후가 모델이지만). 고르너그라트 전망대 카페테라스에서 마터호른을 바라보며 마시는 차 한 잔과 일출로 붉게 물든 모습은 잊지 못할 것이다.

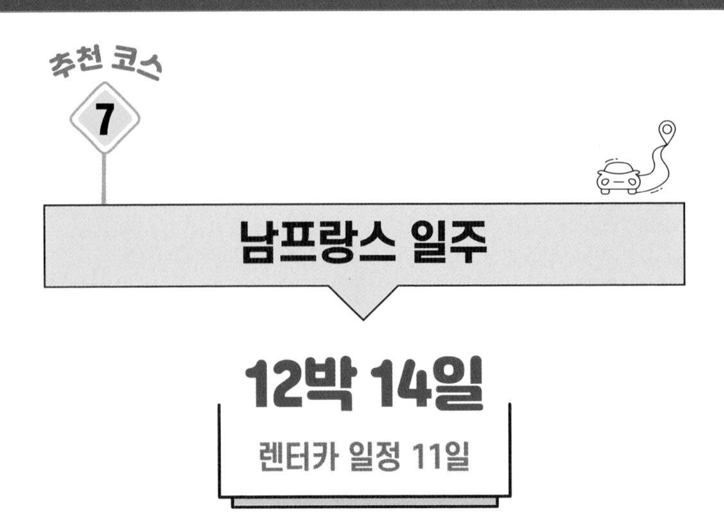

추천 코스
7
남프랑스 일주
12박 14일
렌터카 일정 11일

프랑스 자동차 여행이라고 하면 주로 남프랑스를 여행하는 것을 의미할 만큼 남프랑스는 자동차 여행의 핵심 관광지다. 프랑스는 매우 큰 나라로 전국을 한 번에 돌아보기란 쉽지 않다. 하지만 남프랑스는 아름다운 소도시들이 모여 있고 맛있는 음식과 연중 화창한 날씨 덕분에 여행하기 좋은 조건을 지녔다. 그래서 프랑스 자동차 여행은 남프랑스 일대가 여행의 중심이 된다.

남프랑스 자동차 여행의 출발지는 남프랑스의 대표 도시인 니스로부터 시작한다. 니스를 천천히 돌아보고 난 후 인근에 모나코 왕국과 영화제로 유명한 칸 그리고 아름다운 해변이 인상적인 안티베는 기차로 여행하자. 이곳들은 기차로 쉽게 오고 갈 수 있어서 기차가 더 편리하다. 특히 모나코 같은 경우 운전이 어렵고 자칫하면 교통법규 위반 스티커를 받을 가능성이 높다. 따라서 굳이 무리해서 운전할 필요는 없다.

다음날 차를 빌려 본격적인 남프랑스 탐험을 시작한다. 우선 첫 번째 목적지는 언덕 정상에 선인장 정원으로 유명한 에즈부터다. 이곳에서 탁 트인 바다 전망을 감상하고 레몬 축제로 유명한 멍똥과 샤갈이 사랑한 생폴드방스 등 코트다쥐르 마을들을 둘러보자.

그다음 유럽의 그랜드캐니언이라고 부르는 베르동 협곡으로 이동한다. 굽이굽이 절벽 길을 운전해야 하지만 생각만큼 위험하지는 않으니 너무 걱정하지 말자. 입이 딱 벌어지는 협곡들을 감상하며 한참을 달리다 보면 에메랄드빛 생쿠르와 호수가 나타난다. 이곳에서 보트를 타고 협곡을 돌아보는 경험은 잊지 못할 추억을 선사해 줄 것이다. 호수유람을 마치면 하늘에 별이 매달려 있는 무스티에 생트마리 마을에서 하루를 마무리한다.

다음날은 드넓은 라벤더밭의 향연에 빠져볼 순간이다. 7월에 남프랑스를 방문한다면 끝없이 펼쳐진 보라색 라벤더를 눈에 원 없이 담을 수 있다. 혹시라도 수확이 끝난 시점에 방문한다고 해도 아쉬워 말자. 보라색 라벤더밭은 볼 수 없지만 라벤더 향은 언제든 남프랑스 곳곳에서 느낄 수 있을 것이다.

라벤더와 해바라기밭들을 지나며 아름다운 남프랑스 소도시 마을들을 돌아보자. 황토마을로 유명한 루시옹과 마을보다 마을 전경이 더 멋진 고르드, 요정이 살고 있을 것 같은 강이 흐르는 퐁텐느 드 보클뤼즈는 남프랑스 소도시 여행의 진수를 느끼게 해줄 수 있다. 예술과 분수의 도시인 엑상프로방스를 거쳐서 고흐가 영면하기 전까지 머물렀던 생 폴 드 모졸 수도원을 지나 빛의 채석장으로 유명한 레보드 프로방스를 방문해 보자. 그리고 고흐의 숨결이 살아 숨 쉬는 아를을 거쳐 마르세유까지 가보자. 남프랑스 소도시들은 어느 하나 우리를 실망시키지 않을 것이다. 이제 프랑스에 왔으니 귀국 전에 파리의 낭만도 즐겨 보자. 아비뇽에서 TGV를 타고 파리로 돌아가 잠시나마 파리지엥으로 살아보고 아쉬운 여행을 마무리한다.

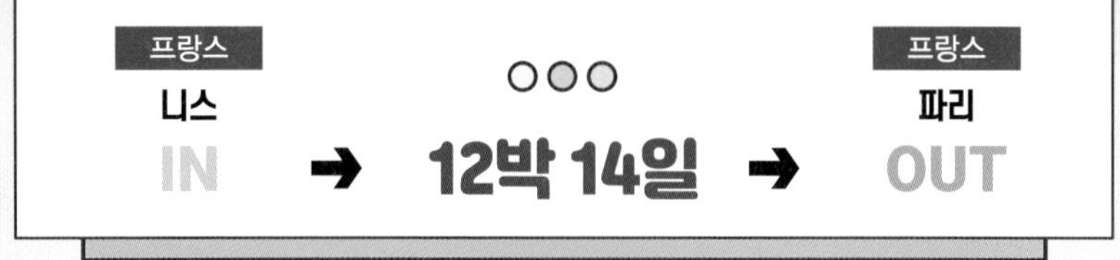

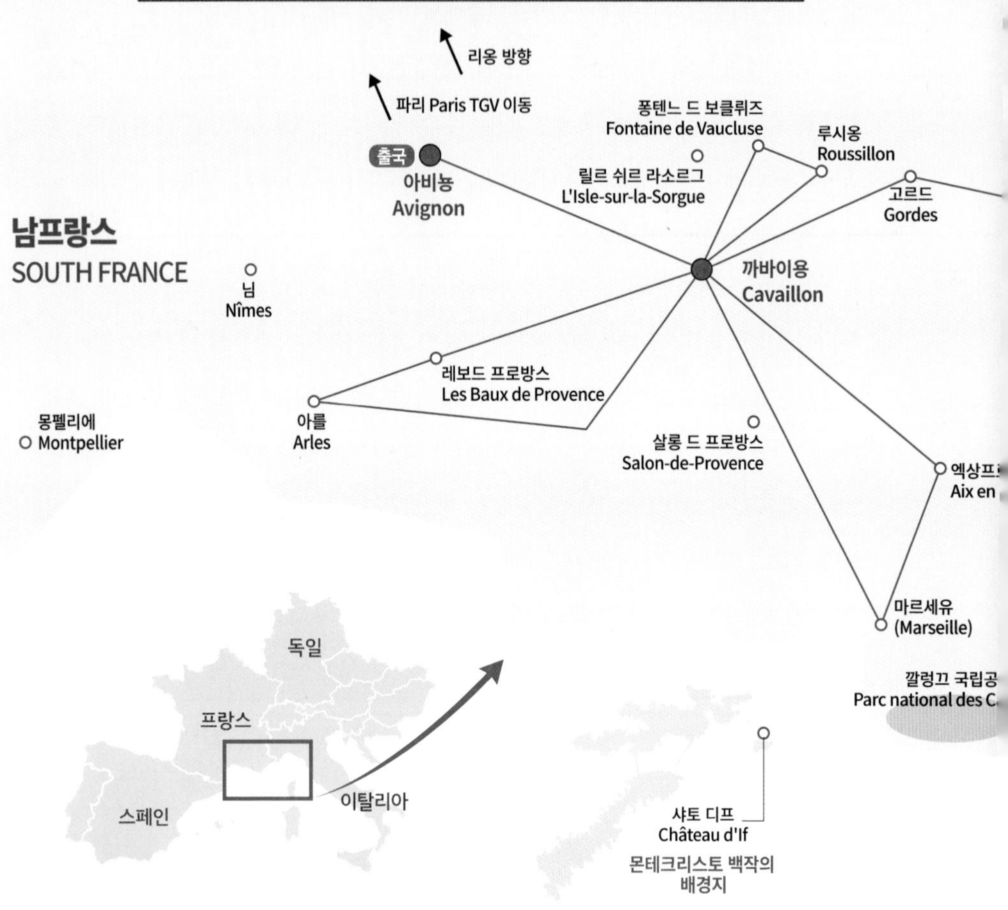

1일	2일	3일	4일	5일	6일
프랑스 파리 도착 ↓ 니스 이동	니스 전일	니스 ↓ 모나코 ↓ 앙티브 ↓ 칸 ↓ 니스	니스 (렌터카 픽업) ↓ 에즈 ↓ 망통 ↓ 생폴드방스 ↓ 니스	니스 ↓ 베르동 협곡 ↓ 무스티에 생트마리	무스티에 생트마리 ↓ 발랑솔 ↓ 루시옹 ↓ 까바이용

농 Banon
샤모니 방향
레만호수 방향

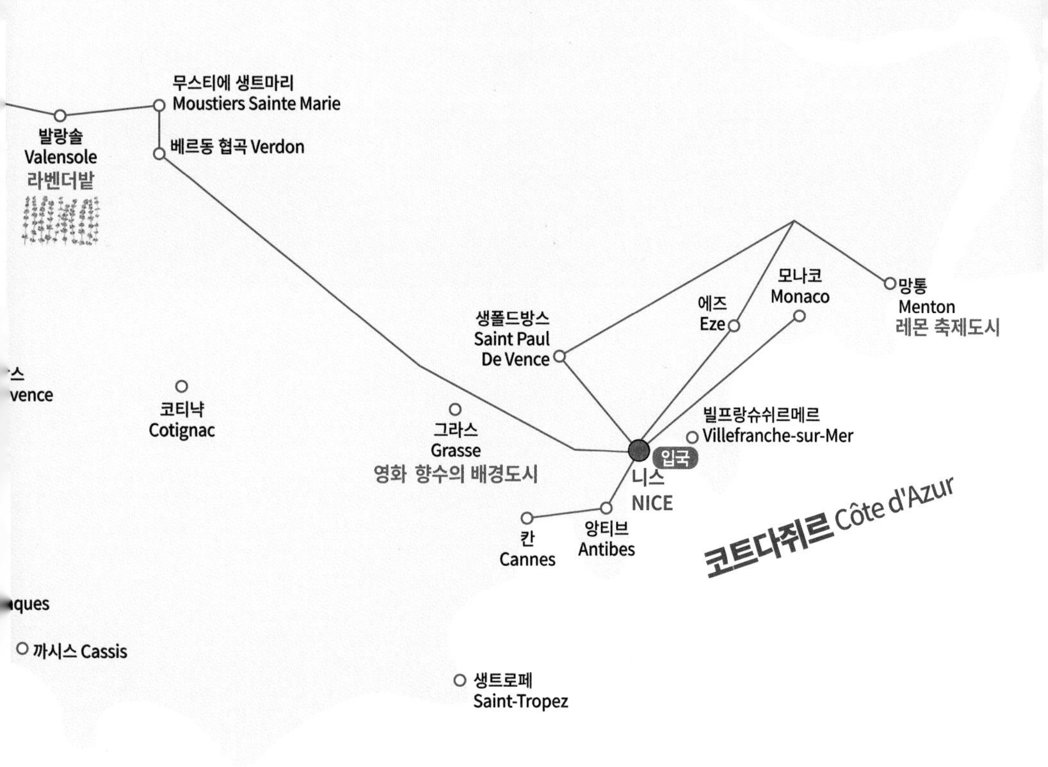

이탈리아 ITALY
무스티에 생트마리
Moustiers Sainte Marie
발랑솔
Valensole
라벤더밭
베르동 협곡 Verdon
모나코
Monaco
망통
Menton
레몬 축제도시
에즈
Eze
생폴드방스
Saint Paul
De Vence
vence
코티냑
Cotignac
그라스
Grasse
영화 향수의 배경도시
빌프랑슈쉬르메르
Villefranche-sur-Mer
입국
니스
NICE
코트다쥐르 Côte d'Azur
칸
Cannes
앙티브
Antibes
ques
까시스 Cassis
생트로페
Saint-Tropez

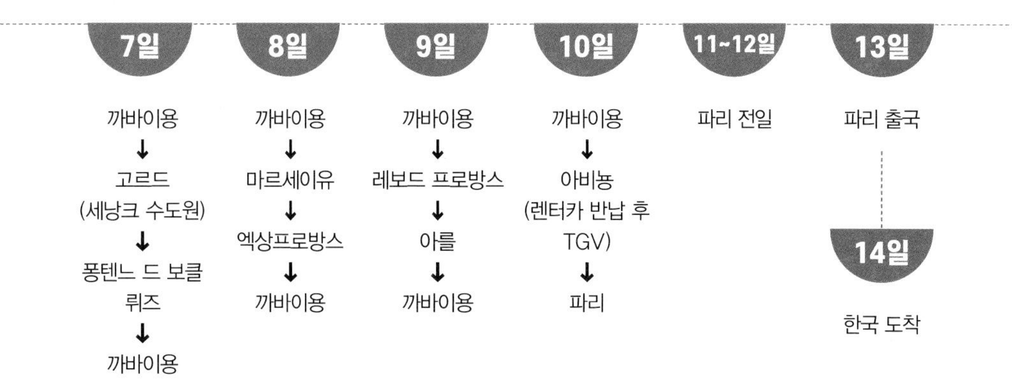

7일
까바이용
고르드
(세낭크 수도원)
퐁텐느 드 보클
뤼즈
까바이용
8일
까바이용
마르세이유
엑상프로방스
까바이용
9일
까바이용
레보드 프로방스
아를
까바이용
10일
까바이용
아비뇽
(렌터카 반납 후
TGV)
파리
11~12일
파리 전일
13일
파리 출국
14일
한국 도착

▲

니스 Nice

코트다쥐르의 꽃이라 불리는 니스 해변은 영국인의 산책로로 유명하며 모래사장이 아닌 자갈로 이루어진 독특한 해변이다.

◀

에즈 Eze

에즈는 바위산 꼭대기에 만들어진 요새 같은 마을이다. 코트다쥐르의 예쁜 중세마을 중 가장 인기가 많다. 마을 꼭대기에 오르면 열대 정원이 있고 이곳에서 바라보는 지중해의 풍경은 누구나 로맨틱함을 꿈꾸기에 부족함이 없다.

베르동 협곡 Verdon

유럽의 그랜드캐니언이라 불리는 유럽 최대 협곡인 베르동 협곡은 장쾌한 자연을 선사한다. 에메랄드 물빛의 생트 크루아 호수 Sainte-Croix-du-Verdon는 여름이면 보트와 카누를 타는 사람들로 북적인다.

▶

◀

무스티에 생트마리 Moustiers-Sainte-Marie

도자기 마을로 유명한 곳이다. 베르동 협곡을 병풍 삼아 숨어 있는 보석 같은 마을로 프랑스에서 가장 아름다운 마을이라 불리기도 한다.

엑상프로방스 Aix-en-Provence

분수의 도시이자 예술의 도시로 폴 세잔의 고향으로도 유명하다. 도심을 가로지르는 미라보 거리는 노천 카페와 부티크들이 들어선 번화한 거리로 엑상프로방스의 상징과도 같다. 일요일이면 열리는 벼룩시장에서 프로방스의 특산물들을 구경하는 재미도 쏠쏠하다.

▶

라벤더 평원 Valensole

매년 7월 초에서 중순까지 2주간만 즐길 수 있는 풍경으로 고르드 세낭크 수도원의 라벤더밭과 발렌솔Valensole 라벤더 평원이 유명하다. 특히 발렌솔 북동쪽 D8번 국도를 따라가면서 보는 풍경이 으뜸이다.

▼

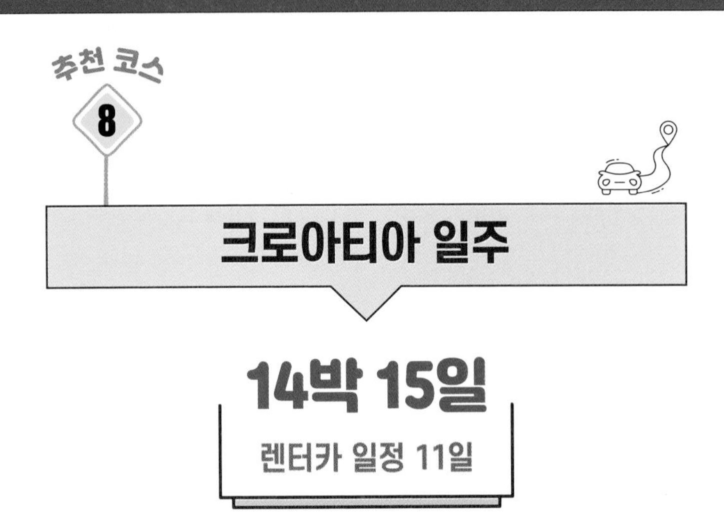

추천 코스 8

크로아티아 일주

14박 15일

렌터카 일정 11일

유럽에서 자동차로 일주할 만한 나라는 의외로 많지 않다. 너무 넓어서 어렵거나 작아서 메리트가 없는 경우가 많기 때문이다. 이탈리아와 스위스 정도가 일주하기 좋고 한 나라를 더 추가한다면 바로 크로아티아다. 크로아티아는 동유럽에 위치하지만 기후 조건이 좋다. 국토도 이탈리아처럼 길게 이어진 형태라 짧은 기간 일주 코스로 적당하다. 운전이 쉽고 풍광이 빼어나며 음식도 꽤 맛있다. 자동차 여행을 하기 좋은 나라 중 하나라고 할 수 있다. 특히 2022년에 새롭게 개통된 펄예사츠 다리 덕분에 더 이상 보스니아 헤르체고비나를 경유하지 않아도 된다. 이전에는 두브로브니크로 가려면 중간에 보스니아를 경유해야 하므로 번거로움이 있었다. 하지만 이제 그런 걱정도 사라져서 전국 일주를 하기에 더 적합한 여행 환경이 조성되었다.

크로아티아 자동차 여행의 시작은 수도인 자그레브부터다. 자그레브는 수도이지만 큰 볼거리가 있지는 않다. 여행을 마친 후 출국 전 잠시 둘러보자.

자그레브에서 곧바로 아스트라 반도로 향한다. 애니메이션 <천공의 성 라퓨타>의 모티브가 된 도시 중 하나인 모토분에서 이곳 명물인 트러플 파스타를 먹어보자. 저렴한 가격에 트러플이 잔뜩 올라간 가성비 만점의 트러플 파스타를 맛볼 수 있다.

이후 아름다운 해변마을인 로빈과 포레치 노비그라드를 살펴보고 플라까지 이동하면 아스트라 반도 여행이 마무리된다. 오파티야부터는 본격적인 크로아티아의 자랑인 아드리안 해안도로를 타고 이동하게 된다. 푸르른 아드리아 바다를 옆에 두고 드라이브하는 낭만은 왜 크로아티아가 자동차 여행의 천국인지 직접 느낄 수 있다. 비슷하지만 다른 매력을 지닌 해변 도시들을 지나다 자다르에 도착하면 인근에 크루카 국립공원을 만날 수 있다. 크로아티아 하면 플리트비체 국립공원만을 생각하기 쉽지만, 크르카 국립공원도 매우 유명한 국립공원이다. 플리트비체에서는 눈으로만 감상할 수 있었다면 이곳에서는 에메랄드 물에 수영도 즐길 수 있으니 참고할 것.

크로아티아 중간쯤에 위치한 유명한 스플리트는 돌아오는 길에 들르기로 하고 곧바로 가장 유명한 두브로브니크로 향한다. 두브로브니크에서 성벽을 거닐며 푸른 아드리아해를 감상하고 해안도로를 산책하고 구시가를 맘껏 즐겨보자. 이제 두브로브니크를 떠나 거꾸로 거슬러 올라가 흐바르섬으로 이동한다. 이곳도 라벤더가 가득한 섬으로 보랏빛 향연의 아름다움을 즐길 수 있다.

그다음 낭만의 도시인 스플리트로 이동한다. 이곳은 관광, 휴양, 쇼핑의 3박자가 잘 어우러진 곳이다. 여기에 고대 로마 황제의 궁전까지 잘 보존되어 있어서 역사적인 가치까지 갖추고 있다. 이제 크로아티아 일주의 화룡점정인 플리트비체 국립공원을 만나보자. 영화 아바타 촬영지로도 유명한 이곳은 신비롭고 매혹적인 곳이다. 이곳을 거닐다 보면 왜 이곳이 아바타의 촬영지가 되었는지 쉽게 수긍이 된다. 마지막 아쉬움은 플리트비체 인근의 작은 마을 일명 요정마을로 불리는 라스토케에서 달래보자.

자그레브로 돌아가 자그레브 대성당, 레고 블록 같은 모양의 성 마르카 교회, 반 예라 치지 광장도 둘러보자. 다음날 이곳의 명물인 돌리치 시장까지 구경하는 것으로 크로아티아 일주 여행을 마무리하면 된다.

크로아티아 자그레브 IN → 14박 15일 → 크로아티아 자그레브 OUT

1일

크로아티아 자그레브
↓
모토분
↓
로빈 1박

2일

로빈
↓
포레치
↓
노비그라드
↓
로빈 2박

3일

로빈
↓
풀라
↓
오파티아 1박

4일

오파티야
↓
리예카
↓
센
↓
자다르 1박

5일

자다르
↓
크르카 국립공원
↓
쉬베닉
↓
자다르 2박

6일

자다르
↓
트로기르
↓
오미스
↓
마카르스카 1박

7일

마카르스카
↓
두브로브니크 1박

8일

두브로브니크
전일 1박

9일

두브로브니크
↓
스톤
↓
코르출라
↓
트르판지
↓
플로체 1박

10일

플로체
↓
드르베니크
↓
스크라지
↓
흐바르섬 1박

11일

흐바르섬
↓
스플리트 1박

12일

스플리트
↓
플리트비체 국립공원
1박

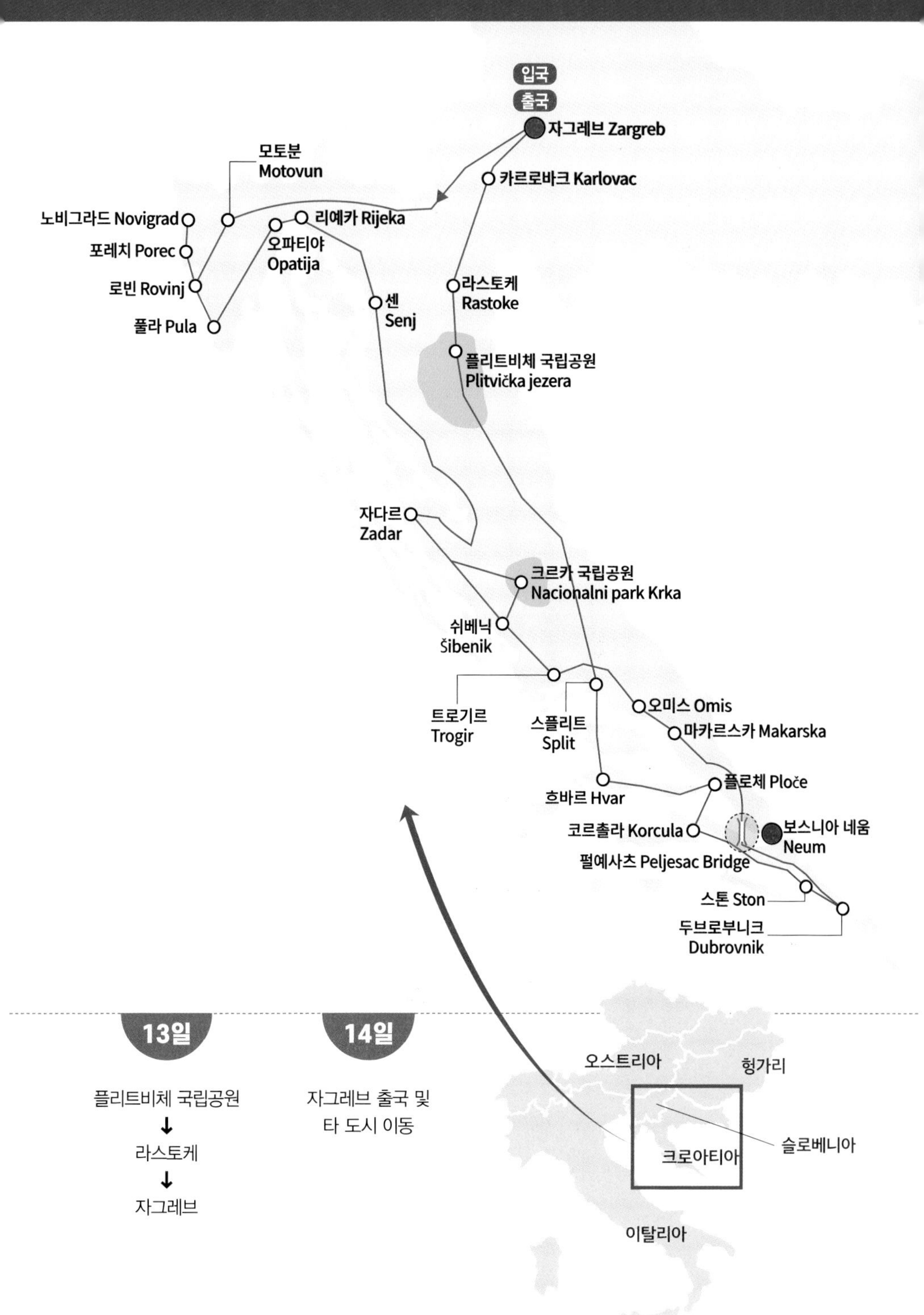

13일

플리트비체 국립공원
↓
라스토케
↓
자그레브

14일

자그레브 출국 및
타 도시 이동

자그레브 Zagreb

크로아티아의 수도로 크로아티아 여행의 출발지이다. 도시는 작지만, 레고 성당이라 불리는 성 마르코 성당과 자그레브 대성당 그리고 스톤 게이트 등의 명소가 있다. 매일 오후 3시까지 열리는 돌라치 시장 방문도 잊지 말자.

로빈 Rovinj

무명 화가들이 저렴한 임대료를 찾아 모여든 도시로 예술적 감성이 물씬 묻어나는 곳이다. 풍부하고 싱싱한 해산물로 유명하다. 예로부터 이탈리아의 영향을 많이 받은 미식의 도시이기도 하다. 아드리아해의 아름다운 일몰과 일출 풍경도 덤으로 즐길 수 있다.

플리트비체 국립공원

Nacionalni park Plitvička jezera

크로아티아의 최대 국립공원이자 유럽에서도 손꼽히는 천혜의 자연환경을 가진 국립공원. 카르스트 지형과 에메랄드빛 푸른 호수는 요정이 살고 있을 듯한 신비로운 분위기를 풍긴다.

스플리트 Split

로마 황제 디오클레티아누스가 매료된 도시로 로마 유적이 잘 보존된 곳이다. 1979년 세계문화유산에 등재되었으며 디오클레티아누스 궁전이 대표적인 볼거리다.

▶

◀

흐바르섬 Hvar Island

따뜻한 기후와 아름다운 풍경으로 수많은 관광객이 방문하는 인기 여행지. 특히 6월에는 라벤더가 섬을 가득 채워 아름다운 라벤더밭을 볼 수 있다.

▲

두브로브니크 Dubrovnik

아드리아해의 진주로 불릴 만큼 아름다운 해안풍경을 자랑하는 크로아티아의 가장 유명한 관광도시. 유고 내전 당시 도시의 상당수가 파괴되었던 아픈 역사가 있기도 하다. 버나드 쇼가 진정한 낙원을 원한다면 찾아가야 할 곳이라고 극찬하기도 했다.

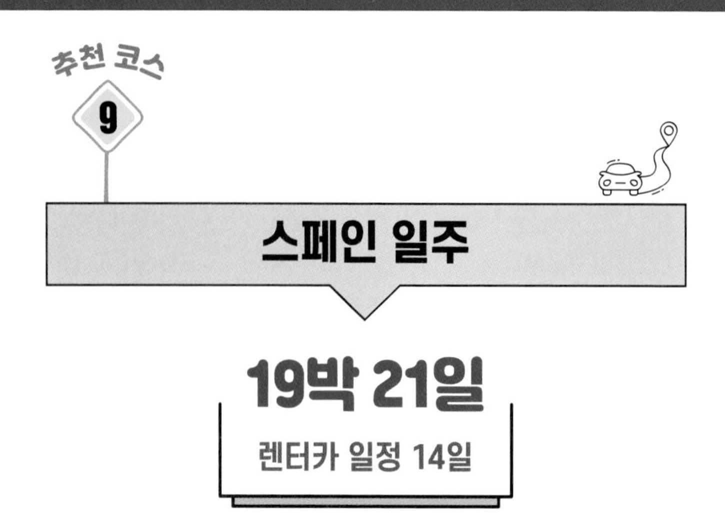

추천 코스
9
스페인 일주
19박 21일
렌터카 일정 14일

스페인은 프랑스와 마찬가지로 자동차 여행 일주가 쉽지 않다. 그래서 많은 사람들이 스페인 남부인 안달루시아 부근만 자동차 여행을 하는 경우가 많다. 마치 남프랑스 인근만을 자동차로 여행하는 것과 비슷한 셈이다. 하지만 20일 정도 일정으로 스페인 자동차 일주가 불가능한 것은 아니다. 물론 일정이 타이트하기 때문에 깊이 있는 여행은 어렵다. 하지만 짧은 시간에 스페인을 두루두루 보고 싶은 사람이라면 이 일정이 계획을 잡는 데 참고가 될 수 있을 것이다.

여행의 시작은 바르셀로나다. 낭만적인 도시이지만 자동차 여행자와 관광객에게는 소매치기와 차량털이 범죄로 명성이 자자한 곳이다. 그러니 자동차를 공항에서 빌려 바로 출발하는 것이 좋다.

우선 바르셀로나 근교 도시인 타라고나에서 로마 수도교와 원형 경기장을 보는 것으로 여행을 시작한다. 첫날 숙박지인 사라고사는 필라르 성모 대성당이 유명하다.

다음은 스페인 북부를 지나 예술의 도시로 변모한 빌바오를 지나 산티아고 순례길의 큰 도시 중 하나인 부르고스로 향한다. 그다음은 세고비아다. 이곳은 로마 시대의 뛰어난 건축물인 로마 수도교가 유명하며 알카사르와 세고비아 대성당이 주요 볼거리다. 세고비아를 지나 스페인의 수도인 마드리드에 여정을 푼다. 늦은 밤까지 여흥을 즐기는 스페인 사람들과 함께 밤 문화를 즐기며 추로스를 맛보도록 하자. 마드리드에 머물며 하루는 근교 도시인 톨레도와 아란후에스를 둘러볼 것. 천년고도인 톨레도는 특별한 경험이 될 것이다. 특히 꼬마기차를 타고 톨레도를 돌아보며 멋진 전망 포인트에서 톨레도 전경을 보는 체험은 꼭 해볼 것.

다음날은 돈키호테의 풍차마을을 둘러본다. 콘수에그라, 캄포 데 크립타나는 멋진 풍차들로 유명한 곳들이다. 광활한 벌판에 하얀색 풍차들이 모여 있는 모습은 멋진 인스타그램 인증샷을 만들 수 있다. 이제 이슬람문화의 색채가 물씬 풍기는 코르도바를 지나 세비야로 가보자. 세비야 광장에서 펼쳐지는 플라멩코 무료 공연을 잠시 맛보고, 저녁에는 제대로 된 극장에서 감상해 보는 것을 추천한다. 세비야 대성당에서 영면하고 있는 콜럼버스를 만나고 알카사르에서는 과거 이슬람 제국의 번영을 엿볼 수도 있다.

세비야를 지나면 본격적인 안달루시아 여행이 시작된다. 해산물 천국인 카디즈, 벼랑 아래 집을 짓고 사는 독특한 풍경의 세티넬 마을을 지나서 왕의 오솔길을 거닐고 론다로 향한다. 마치 판타지 영화에서나 볼 법한 론다의 누에보 다리에서 보는 멋진 전망은 두고두고 기억에 남을 것이다. 아프리카 모로코로 갈 수 있는 지브롤터 해협에선 하나의 땅에 영국과 스페인이 공존하는 신기한 경험을 하고 짖궂은 원숭이들도 만날 수 있을 것이다.

안달루시아를 대표하는 하얀 마을인 미하스, 프리질리아나와 해변이 일품인 말라가를 모두 만나면 이젠 알람브라 궁전으로 유명한 그라나다로 이동한다. 화려함과 섬세함이 돋보이는 알람브라 궁전을 보고 있으면 인간의 능력에 새삼 감탄하게 된다. 그라나다 여행을 마치면 스페인 일주가 거의 마무리된다. 차는 그라나다에 반납하고 항공편으로 바르셀로나로 이동한다. 바르셀로나는 천재 건축가인 가우디의 숨결이 살아 숨쉬는 곳이다. 사그라다 파밀리아 대성당, 구엘 공원, 까사바트요 등 어느 하나 그의 흔적이 닿지 않는 곳이 없다. 또한 람블라 거리, 보케리아 시장, 바르셀로나 대성당까지 셀 수 없이 많은 관광명소가 우리를 반겨준다. 2박 3일간 바르셀로나에서 온전히 시간을 보내도 되고, 근교인 몬세라트 수도원이나 헤로나를 방문해 봐도 좋다. 마지막으로 바르셀로네타 해변을 즐기고 귀국길에 오르자.

스페인
바르셀로나
IN
➔
○○○
19박 21일
➔
스페인
바르셀로나
OUT

1일

스페인 바르셀로나
도착

2일

바르셀로나
(렌터카 픽업)
↓
타라고나
↓
사라고사

3일

사라고사
↓
산세바스티안
↓
빌바오

4일

빌바오
↓
산티아나 델마르
↓
부르고스

5일

부르고스
↓
세고비아
↓
마드리드

6일

마드리드 전일

7일

마드리드
↓
톨레도
↓
아란후에스
↓
마드리드

8일

마드리드
↓
콘수에그라
↓
캄포 데 크립타나
↓
코르도바

9일

코르도바
↓
세비야

10일

세비야 전일

11일

세비야
↓
카디스
↓
자하라
↓
세티넬

12일

세티넬
↓
왕의 오솔길
↓
론다

13일

론다
↓
지브롤터
↓
마르베야

14일

마르베야
↓
미하스
↓
말라가
↓
마르베야

15일

마르베야
↓
네르하
↓
프리질리아나
↓
그라나다
(렌터카 반납)

16일

그라나다 전일

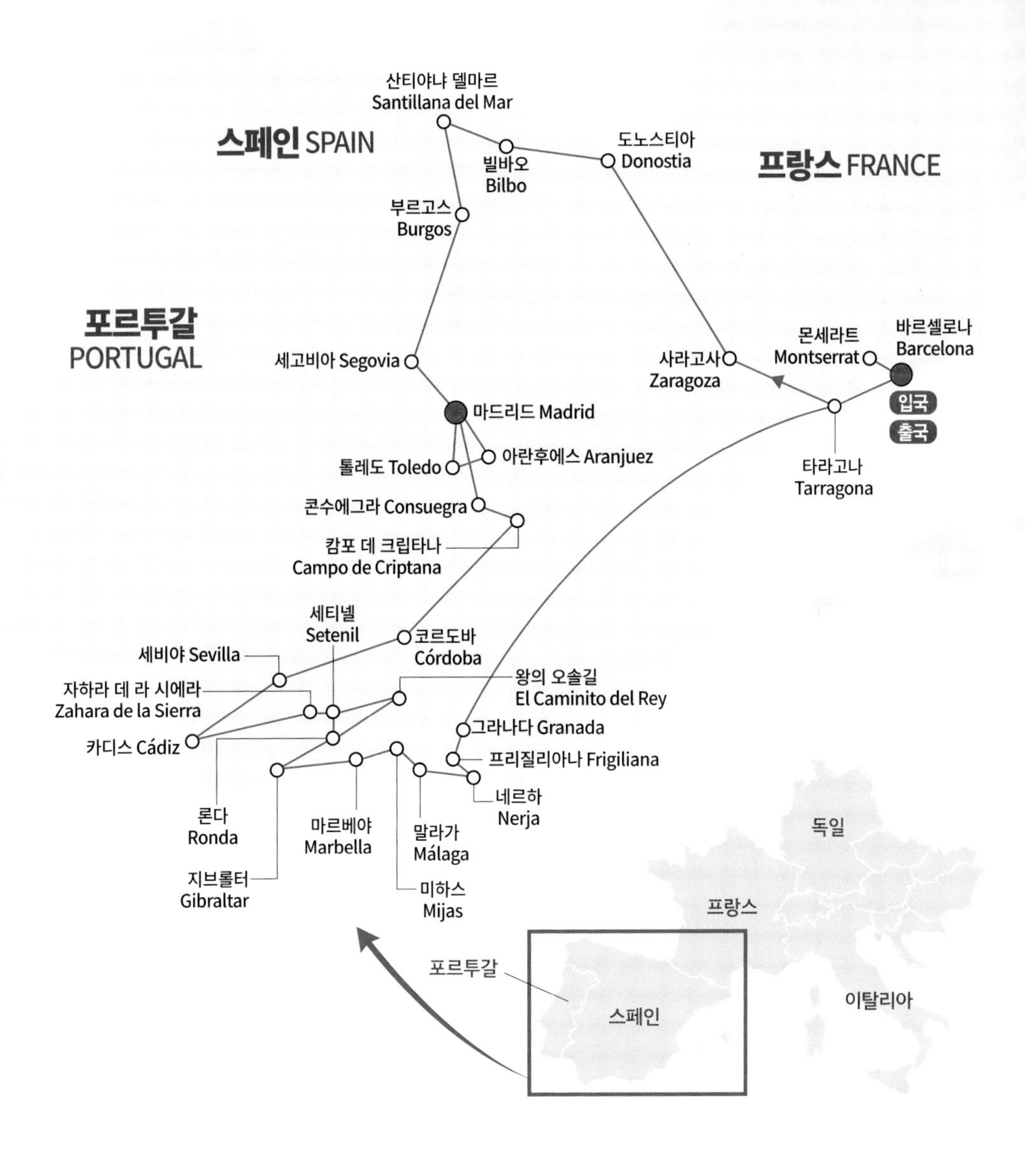
산티아나 델마르
Santillana del Mar
스페인 SPAIN
빌바오
Bilbo
도노스티아
Donostia
프랑스 FRANCE
부르고스
Burgos
포르투갈
PORTUGAL
세고비아 Segovia
사라고사
Zaragoza
몬세라트
Montserrat
바르셀로나
Barcelona
입국
출국
마드리드 Madrid
아란후에스 Aranjuez
톨레도 Toledo
타라고나
Tarragona
콘수에그라 Consuegra
캄포 데 크립타나
Campo de Criptana
세티넬
Setenil
코르도바
Córdoba
세비야 Sevilla
자하라 데 라 시에라
Zahara de la Sierra
왕의 오솔길
El Caminito del Rey
그라나다 Granada
카디스 Cádiz
프리질리아나 Frigiliana
네르하
Nerja
론다
Ronda
마르베야
Marbella
말라가
Málaga
독일
지브롤터
Gibraltar
미하스
Mijas
프랑스
포르투갈
스페인
이탈리아

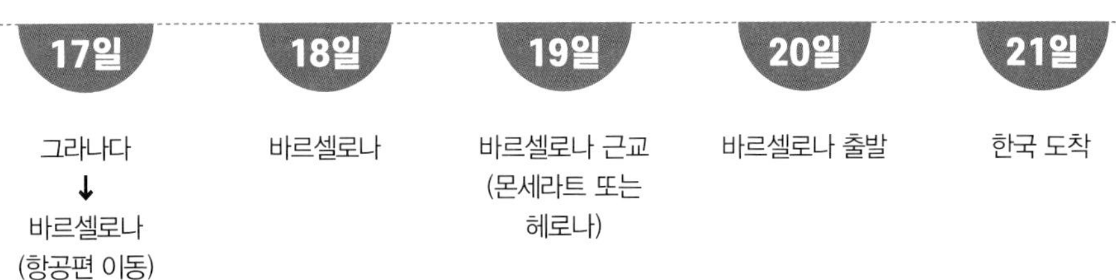
17일
18일
19일
20일
21일

그라나다
↓
바르셀로나
(항공편 이동)

바르셀로나

바르셀로나 근교
(몬세라트 또는
헤로나)

바르셀로나 출발

한국 도착

▲

사라고사 Zaragoza

사라고사는 스페인 북동부에 위치한 역사적인 도시로 아라곤 지역의 수도이다. 이 도시는 에브로강 유역에 위치한 바실리카 델 필라르Basílica del Pilar를 포함하여 멋진 건축물로 유명하다. 사라고사는 또한 중세 이슬람 궁전인 알하페리아Aljafería와 수많은 역사적 명소가 있는 곳이기도 하다. 또한 일 년 내내 여러 활기찬 축제를 개최하며 특히 다양한 전통 스페인 요리가 유명하다.

마드리드 Madrid

스페인의 수도이자 스페인 정치, 경제, 문화의 중심지이다. 세계 3대 미술관 중 하나인 프라도 미술관이 있고 마요르 광장과 왕궁 등의 볼거리가 있다. 산 미구엘 시장에서 다양한 타파스와 함께 상그리아를 맛보는 즐거움도 놓치지 말자.

▼

빌바오 Bilbao

빌바오는 스페인 북부 바스크 지방에 위치한 활기찬 도시이다. 빌바오에는 여러 가지 조형물들이 있는데 특히 프랭크 게리Frank Gehry가 설계한 멋진 티타늄 클래드 구조물인 빌바오 구겐하임 미술관Guggenheim Museum Bilbao이 유명하다. 과거 산업도시에서 문화도시로 탈바꿈한 빌바오는 문화 예술 애호가들에게 인기 있는 목적지가 되었다. 빌바오는 또한 좁은 거리, 매력적인 광장, 핀초스 바Pintxos Bar 라고 하는 전통적인 바스크 선술집, 카스코 비에호Casco Viejo로 알려진 그림 같은 구시가지를 자랑한다. 이곳에서 맛있고 다양한 바스크 요리와 신선한 해산물 요리를 맛볼 수 있다.

▲

톨레도 Toledo

천년의 고도라 불리는 톨레도는 마을 전체가 하나의 역사박물관이다. 중세 시대 원형이 보존되어 있어 옛 정취를 고스란히 느낄 수 있다. 명물 과자 '마자판'이 유명하다. 꼬마기차를 타고 마을 전체를 한 바퀴 돌아보고 전망대에서 톨레도 전경 사진을 찍어보도록 하자.

코르도바 Cordova

스페인 남부에 위치한 역사적인 도시로 한때 이슬람 문화의 중심지였다. 모스크에서 성당으로 변모한 건축물인 메스키타Mezquita가 특히 유명하다. 도시의 좁은 거리, 흰색으로 도배된 건물, 매력적인 마당이 그 매혹적인 분위기를 더해준다. 코르도바는 패티오 페스티벌Fiesta de los Patios 같은 축제로도 유명하다. 코르도바는 역사, 문화, 요리가 매력적인 여행지라고 할 수 있다.

▶

세비야 Seville

안달루시아 지방의 수도인 세비야는 열정의 도시라 불린다. 투우와 플라멩코의 본고장이자 영화 <카르멘>, <세비야의 이발사>의 무대로도 유명한 곳이다. 4월에 방문한다면 세비야의 대표 축제인 페리아 축제를 즐길 수 있다.

론다 Ronda

푸에블로스 블랑코스 '하얀 마을'이라는 뜻의 대표적인 마을이다. 험준한 절벽 꼭대기에 있으며 천연 요새와 같은 지형 때문에 과거 기독교 세력에 밀려난 이슬람 세력 최후의 보루였던 곳이다. 북쪽의 신시가지와 남쪽의 구시가지를 연결하는 누에보 다리가 명물이다.

▼

네르하 Nerja

스페인 남부 코스타 델 솔Costa del Sol 지역에 위치한 아름다운 해안도시다. 이곳이 유명한 이유는 지중해의 발코니라고 불리는 발콘 데 유로파Balcón de Europa가 있기 때문. 이곳에 서면 지중해의 파노라마 전망을 감상할 수 있다. 구시가는 하얀색으로 채색된 집들, 좁은 거리, 상점, 레스토랑, 카페가 가득하여 특유의 매력을 뽐낸다. 네르하에는 유명한 동굴인 네르하 동굴Caves of Nerja도 만나볼 수 있다.

그라나다 Granada

오랫동안 이슬람 왕국의 수도로서 번영을 누렸던 곳이라 이슬람과 기독교 문화가 공존하는 독특한 도시이다. 알람브라 궁전이 가장 중요한 관광 포인트로, 일찍 예매하지 않으면 티켓을 구하기 쉽지 않을 정도로 인기가 많다.

바르셀로나 Barcelona

스페인 최대의 관광도시이자 스페인 제2의 도시. 백년 넘게 건설되고 있는 사그라다 파밀리아 성당과 구엘 공원 등 천재 건축가인 가우디의 작품들이 곳곳에 있다. 또한 바르셀로네타 해변과 몬주익 공원 그리고 환상적인 일몰을 볼 수 있는 벙커도 놓치지 말자.

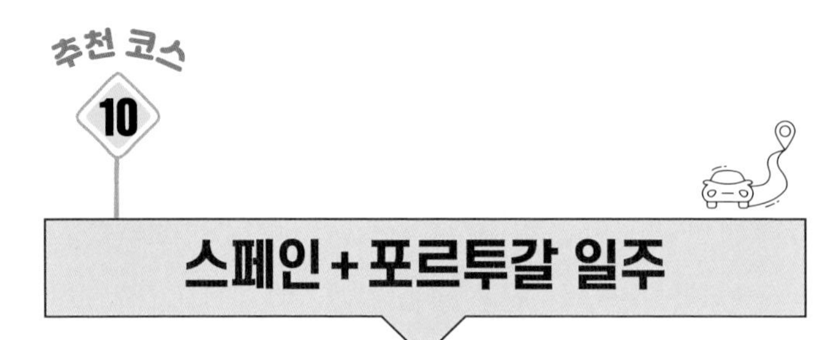

20박 22일

렌터카 일정 15일

스페인에 다소 가려진 느낌이 있지만 포르투갈은 스페인 못지않은 인기를 누리는 관광국가다. 최근 포르투갈의 인기는 계속 높아지고 있다. 스페인 바로 옆에 있기 때문에 두 나라를 한 번에 볼 수 있는 코스를 선택하는 경우도 많다. 스페인 단독 일주보다는 포르투갈도 함께 보기를 희망하는 사람들은 다음 코스를 참고하면 된다.

여행은 마드리드에서 시작된다. 마드리드와 근교 도시인 콘수그레아와 톨레도를 둘러보고 세고비아, 살라망카를 지나 포르투갈의 제2의 도시인 포르투로 향한다. 세상에서 가장 아름다운 기차역이라는 상벤투역에서 멋진 아줄레주를 즐기고, 동루이스 다리에서 포르투 와인 한잔과 함께 멋진 일몰을 즐겨보자. 포르투 근교에도 멋진 소도시들이 있다. 바로 이베이루와 코스타노바. 특히 코스타노바는 줄무늬로 채색한 집들을 보는 재미가 쏠쏠하다.

그다음 날은 대학도시 코임브라로 간다. 이곳에서는 해리포터의 마법 학교에서 입는 망토 교복을 실제 볼 수 있다. 그리고 전 세계 서퍼들의 성지인 나자레를 지나 왕이 여왕에게 선물했다고 알려진 예쁜 소도시 오비두스까지 돌아본다.

이후 포르투갈 여행의 하이라이트인 리스본으로 이동한다. 리스본에서는 코메루시우 광장에서부터 여행이 시작된다. 다시 벨렘지구로 이동하여 벨렘 탑과 제르니무스 수도원을 방문한다. 근처의 에그타르트 유명 맛집인 파스테이트 드 벨렝도 잊지 말자.

노란 트램을 타고 도심의 좁은 거리를 한 바퀴 돌아보자. 리스본 투어를 마치면 근교 도시 탐방이 이어진다. 아름다운 궁전이 있는 신트라, 세상의 끝이라 불리는 호카곶에서 대서양을 향해 나아가던 선구적 탐험자들의 뱃길을 눈에 담아보자. 이제 포르투갈 남부지방인 알가르브로 떠난다. 멋진 기암괴석과 짙푸른 바다가 절경을 이루는 라고스, 알부페이라, 포르티망과 같은 멋진 해안가 소도시에서 여유를 만끽해 보자. 이곳에는 환상적인 풍경을 지닌 베나길 동굴 투어가 핵심 이벤트다.

이렇게 포르투갈 남부 여행을 끝으로 다시 스페인 안달루시아 지방으로 넘어간다. 플라멩코의 도시인 세비야부터 안달루시아 핵심 도시들을 둘러보고 그라나다에 렌터카를 반납한다. 바르셀로나로 이동하여 스페인 포르투갈의 다채로운 여정을 마무리하면 된다.

스페인
마드리드
IN ➔ **20박 22일** ➔ OUT
스페인
바르셀로나

1일

스페인 마드리드
도착

2일

마드리드
(렌터카 픽업)
콘수에그라
↓
톨레도
↓
마드리드

3일

마드리드
↓
세고비아
↓
살라망카

4일

살라망카
↓
포르투갈 포르투

5일

포르투 전일

6일

포르투
↓
이베이루
↓
코스타노바
↓
포르투

7일

포르투
↓
코임브라
↓
나자레

8일

나자레
↓
오비두스
↓
리스본

9일

리스본 전일

10일

리스본
↓
신트라
↓
호카곶
↓
카스카이스
↓
리스본

11일

리스본
↓
에보라
↓
알부페이라

12일

알부페이라
↓
라고스
↓
포르티망
↓
알부페이라

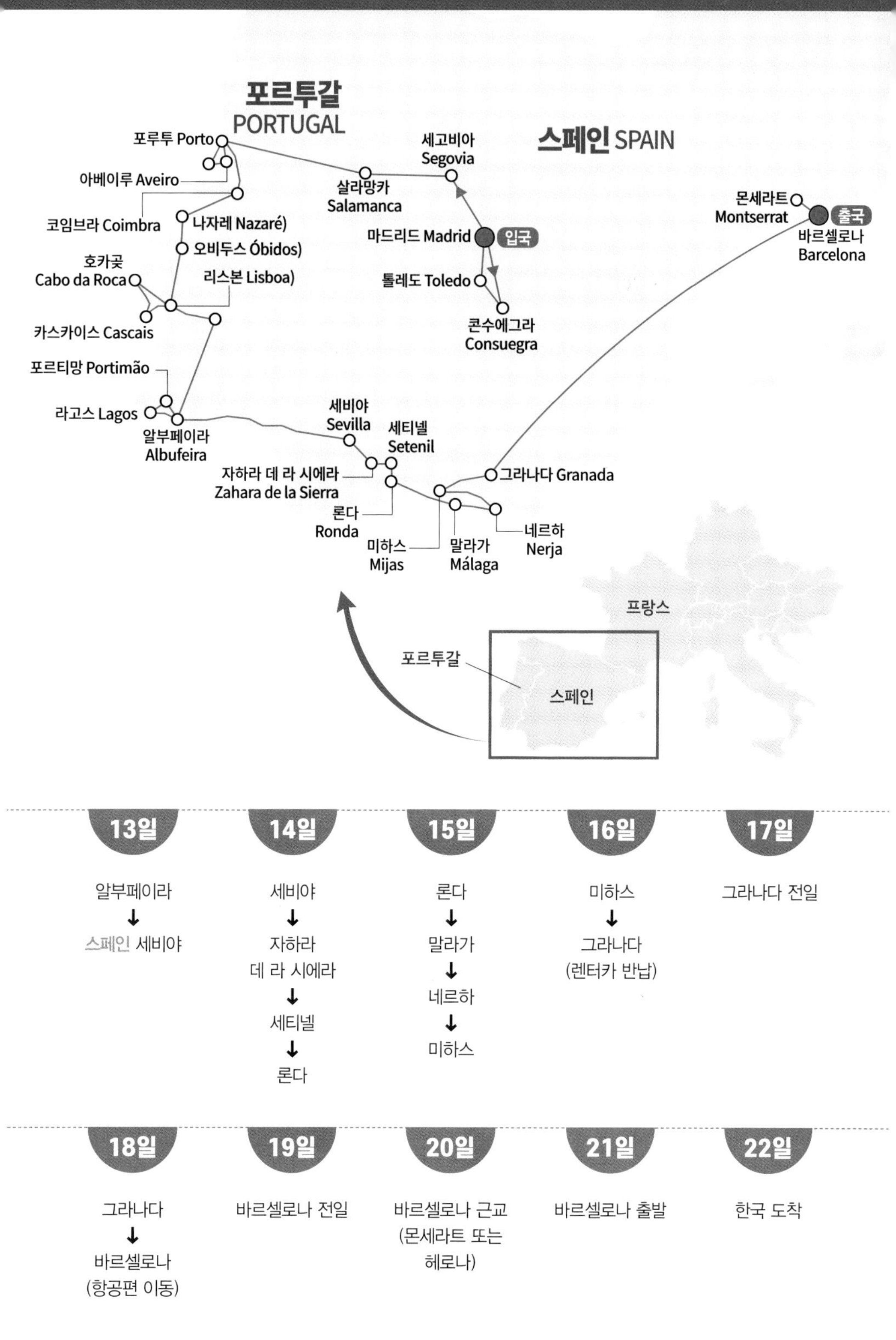

13일

알부페이라
↓
스페인 세비야

14일

세비야
↓
자하라
데 라 시에라
↓
세티넬
↓
론다

15일

론다
↓
말라가
↓
네르하
↓
미하스

16일

미하스
↓
그라나다
(렌터카 반납)

17일

그라나다 전일

18일

그라나다
↓
바르셀로나
(항공편 이동)

19일

바르셀로나 전일

20일

바르셀로나 근교
(몬세라트 또는
헤로나)

21일

바르셀로나 출발

22일

한국 도착

◀
세고비아 Segovia

도시 곳곳에 로마인이 세운 수도교와 알카사르, 대성당 등의 역사 유적이 가득한 곳이다. 특히 로마 수도교가 압권이다. 고딕 성당인 대성당은 신데렐라성의 모델이 된 것으로 유명하다.

포르투 Porto

포르투갈 제2의 도시로 도우로강 하구에 위치한 항구도시다. 도시에는 동루이스 1세 철교와 해리포터에 나온 서점으로 유명한 렐루 & 이르마우 서점이 있다. 아줄레즈 장식이 멋진 가장 아름다운 역인 상벤투역과 포르투의 전경을 볼 수 있는 대성당에서 일몰도 잊지 말 것.

▶

◀
오비두스 Óbidos

리스본 근교에 있는 동화 같은 성벽 마을이다. 1282년 오비두스 마을에 반한 디니스왕이 그의 왕비에게 선물하여 왕비의 마을로 불린 곳이다.

리스본 Lisbon

포르투갈의 수도이자 제1의 도시 포르투갈어로는 리스보아라고 불린다. 1755년 대지진으로 폐허가 된 도시를 재건한 아픈 역사가 담겨 있기도 하다. 저렴한 물가와 다채로운 해산물 요리 그리고 독특한 역사적 건물 등이 어우러진 리스본은 유럽 최고의 멋진 도시 중 하나로 손색이 없다. 노란색 트램으로 상징되는 28번 트램과 에그타르트는 리스본의 빼놓을 수 없는 명물이기도 하다.

▶

◀

알부페이라 Albufeira

포르투갈의 남쪽 해안 지역 일대를 알가르브라고 칭하는데 이곳은 연중 따뜻하고 온화한 기후로 아주 멋진 휴양도시들이 즐비한 곳이다. 이 중 가장 번화한 도시가 바로 알부페이라다. 여름에는 늦은 밤까지도 활기가 넘친다.

베나길 동굴 투어 The Benagil Cave Tour

베나길 동굴 투어는 포르투갈 알가르브 지역에서 인기 있는 관광명소 중 하나다. 이 동굴은 멋진 자연의 아름다움과 독특한 암석 구조로 유명하다. 방문객들은 동굴의 내부를 구경할 수 있고 황금빛 모래, 맑은 물, 특이한 모양의 절벽들을 감상할 수 있다.

▶

◀

미하스 Mijas

스페인 남부 안달루시아의 멋진 관광도시이다. 마을 전체가 온통 하얀 외벽으로 채색되어 있어 매우 아름다운 전경을 자아낸다. 안달루시아 인근은 이렇게 하얀 마을들이 곳곳에 자리 잡고 있는데 이 중 가장 아름다운 마을이라 하여 안달루시아의 에센스라고 불린다.

2 유럽 자동차 여행 테마 코스

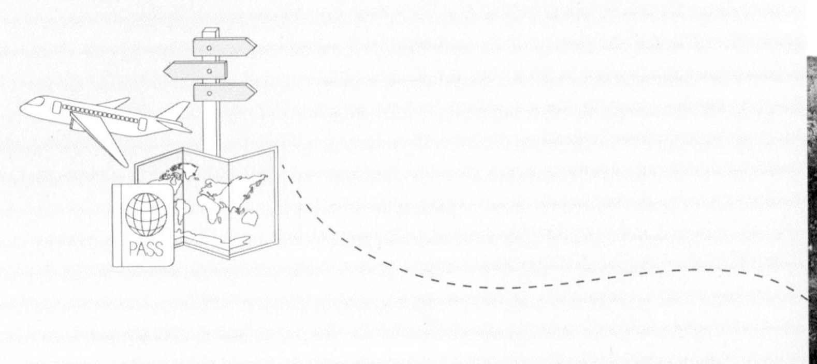

1 와인 가도

2 루아르 고성지대

3 프랑스 & 이탈리아 리비에라

4 그레이트 돌로미티

5 토스카나

6 아말피 해안

7 로맨틱 가도

8 알펜 가도

9 오스트리아 잘츠캄머구트

10 스페인 안달루시아

11 **특별부록** : tvN <텐트 밖은 유럽> 남프랑스 편 코스 따라가기

30

와인 가도

Alsace Wine Route, France

알자스 와인 가도는 마를렌하임Marlenheim에서부터 탄Thann까지 170km에 이르는 길을 말한다. 이 길은 양쪽으로 드넓은 포도밭이 펼쳐져 있고, 지나는 마을은 모두 와인 양조업을 하고 있다. 자동차를 타고 와인 가도를 달리다 와이너리를 방문해 보자. 멋진 와이너리에서 시음도 하고 와인도 구매할 수 있다. 와인을 좋아하는 사람만이 이 길에 매력을 느끼는 것은 아니다. 마을들은 모두 동화마을처럼 아기자기하고 예쁜 풍경이라 와인을 즐기지 않는 여행객들의 마음도 사로잡는다. 와인 가도에는 수많은 마을이 있지만, 추천 마을은 오베르네Obernai, 리보빌레Ribeauvillé, 리퀘위르Riquewihr, 에기셰Eguisheim 등이다.

주변에는 <꽃보다 할배>의 관광지로 유명세를 탄 스트라스부르와 미야자키 하야오 감독의 <하울의 움직이는 성>의 배경인 콜마르 등 우리에게도 잘 알려진 도시들이 있으니, 이곳을 거점으로 주요 마을들을 둘러보면 된다.

추천 방문 시기 8월 말부터 10월 초

추천 사이트

- • www.wineroute.alsace
- •• www.visit.alsace/route-des-vins-alsace/

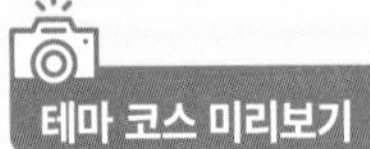

○
아름다운 오베르네 마을 전경. 중세 시대의 건물과 골목길, 아름다운 광장으로 유명하다. 중세의 매력과 현대의 편의 시설을 두루 갖췄다.

와인 가도 곳곳에 위치한 마을 풍경. 마을들은 대부분 이런 포도밭을 끼고 있고 꽃들로 장식되어 있어 동화 같은 풍경을 선보인다.

콜마르의 독특한 테라코타색 조각들로 장식된 건축물이 돋보인다. 와인 가도의 중심도시로서 특히 크리스마스마켓으로 유명하다.

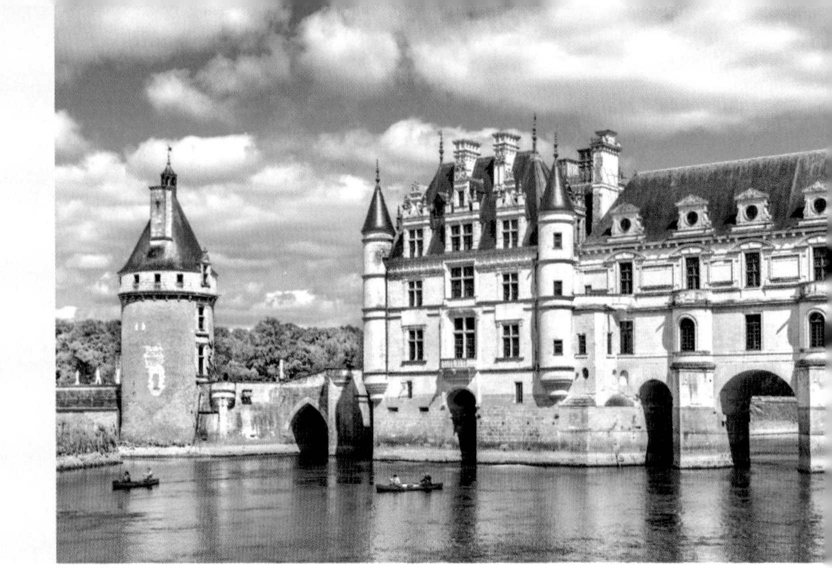

루아르 고성지대 (파리 근교)

Val De Loire, France

프랑스 중서부 루아르 지방의 루아르강 주변은 수많은 고성이 모여 있는 곳이다. 이곳에는 중세와 르네상스 시대에 건축된 아름다운 고성 약 300여 개가 있다. 이 중 유네스코 세계문화유산으로 지정된 구역만 해도 80여 곳. 이곳의 성들은 동화나 영화에서 봤을 법한 화려하고 아름다운 성의 모습을 아직도 그대로 간직하고 있다. 주변의 자연과 잘 어우러져 환상적인 모습을 자랑한다. 각 성에는 성을 지배했던 다양한 인간 군상들의 암투 및 역사적인 사건이 함께 남아 있다. 루아르 고성 투어는 워낙 많은 성이 있기 때문에 이 모든 성을 돌아보는 것은 불가능하고, 이 지역을 대표하는 성을 중심으로 코스를 구성하면 된다.

꼭 방문해 보면 좋은 추천 성들은 샹보르성Château de Chambord, 슈농소성Château de Chenonceau, 슈베르니성Château de Cheverny, 클로 뤼세성 Château de Clos-Lucé, 앙부아즈성ChâteauRoyal d'Amboise, 쇼몽성Domaine de Chaumont-sur-Loire, 블루아성Château Royal de Blois 등이다. 프랑스 관광청에서는 2박 3일 루아르 고성지대 성 투어 추천 일정을 소개하고 있는데, 이 코스를 따라 둘러보는 것도 좋은 방법이다.

루아르 고성지대
Val De Loire, France

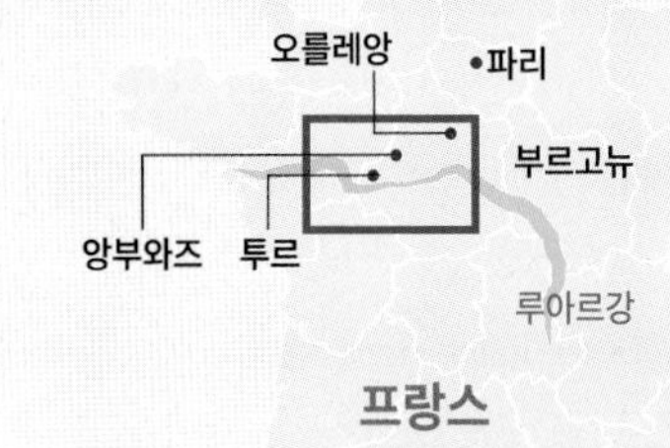

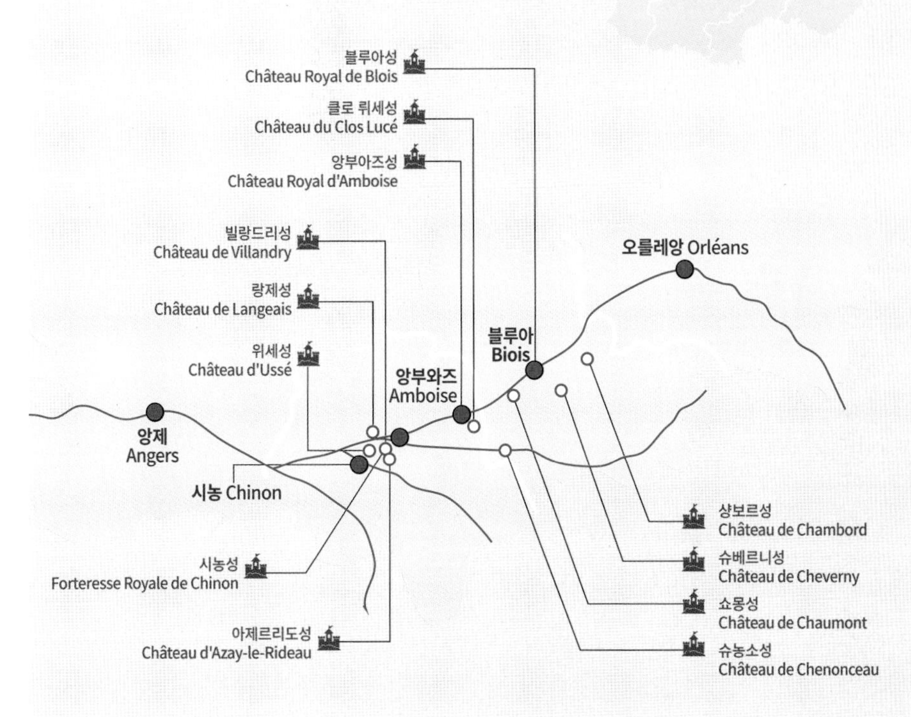

추천 방문 시기 4월~6월, 9월~10월
여행 정보 사이트 www.my-loire-valley.com/actualite-chateaux-loire/

○

샹보르성 Château de Chambord

세계에서 가장 널리 알려진 궁전 중 하나로 뚜렷한 르네상스 스타일의 성이다. 프랑스와 이탈리아 양식이 혼합되어 웅장하다. 프랑스 국왕 프랑수아 1세가 16세기에 건축을 시작했고, 이후 국왕들의 휴가지로 사용되었다. 꼭 방문해야 할 성이다.

○

슈베르니성 Château de Cheverny

17세기에 건립된 성으로 특이한 파란색 지붕과 화려한 정원으로 유명하다. 프랑스 국왕 루이 14세의 휴가지로도 알려져 있다.

○

쇼몽성 Domaine de Chaumont-sur-Loire

쇼몽성은 성의 꼭대기에 작은 탑인 터렛과 타워가 있어 특이하며, 아름다운 정원으로 둘러싸여 있다. 매년 여름에 샤몽-쉬르-루아르 국제 정원축제가 열린다.

프랑스 & 이탈리아 리비에라

Riviera, France & Italy

리비에라는 해안가를 뜻하는 말이다. 유럽에는 수많은 리비에라가 있지만 이 중에서 프랑스 남부 코트다쥐르의 리비에라에서부터 이탈리아 서부 리비에라까지 이어지는 코스가 세계적으로 인기가 높다. 이 코스는 프랑스 칸부터 시작해 이탈리아 친퀘테레의 도착점인 라스페치아까지 이어지는 약 400km의 구간을 의미한다. 이 구간에는 칸Canne, 앙티브Antibe, 니스Nice, 모나코Monaco, 망통Menton 등의 코트다쥐르의 대표적 휴양도시와 이탈리아의 산레모Sanlemo, 제노바Genova, 포르토피노Portofino, 친퀘테레Cinque Terre, 라스페치아La Spezia 등의 특색 있는 도시들이 있다. 해안가를 따라 굽이굽이 이어지는 해안 도로들은 다소간의 스릴이 있지만 잊지 못할 절경을 감상할 수 있다.

또한 프랑스 이탈리아 리비에라 지역은 다양한 풍경과 환상적인 음식으로 가득 차 있는 멋진 여행지이다. 신선하고 풍미가 감도는 맛있는 해산물 요리의 천국으로 프랑스와 이탈리아의 훌륭한 요리들을 경험할 수 있다.

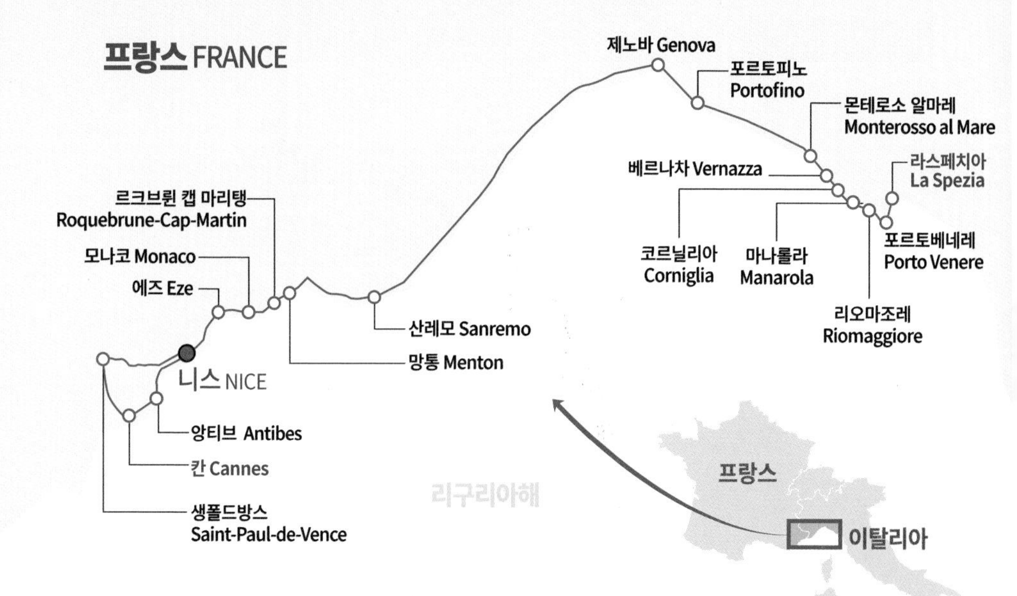

프랑스 & 이탈리아 리비에라
Riviera, France & Italy

칸 Canne

프랑스 리비에라의 고급스러운 중심도시로 지중해 해안에 위치해 있다. 사람들에게는 칸 국제영화제로 잘 알려진 곳. 세계 각지의 영화 관계자와 스타들이 모이는 곳인 만큼 럭셔리한 호텔과 부티크 상점, 훌륭한 레스토랑이 즐비하다. 올드타운의 매력도 넘치는 곳.

친퀘테레 Cinque Terre

다섯 개의 땅을 의미하는 친퀘테레는 다섯 개의 아름다운 어촌 마을로 이루어진 유명 관광지. 아름다운 해안선과 다채로운 색으로 지은 집이 눈길을 사로잡는다. 매년 수많은 사람들이 아름다운 마을에서 트레킹과 산책, 수영을 즐기기 위해 이곳을 방문한다.

추천 방문 시기 2월~6월
여행 정보 사이트 frenchriviera.travel/

○

모나코 Monaco

세계에서 가장 작은 나라 중 하나인 모나코. 카지노로 명성 높은 몬테카를로와 함께 프랑스 리비에라 지역에서 가장 럭셔리한 도시 중 하나이다. 럭셔리 브랜드의 부티크 상점이 가득하고 세계적인 모터 레이싱 이벤트인 몬테카를로 랠리와 F1 몬테카를로 그랑프리로 유명하다.

○

망통 Menton

프랑스와 이탈리아 국경에 위치한 작은 도시. 프랑스 남부 중에서도 따뜻한 기후와 아름다운 풍경으로 유명하다. 최고의 레몬 생산지이기도 해서 매년 2월 레몬축제가 열린다.

○

포르토피노 Portofino

이탈리아의 럭셔리 휴양지인 포르토피노는 아름다운 항구에 고급 요트들이 즐비하게 정박해 있는 곳. 세계 각지의 셀럽들이 요트를 타고 자주 방문한다. 명품숍들이 동네 구멍가게처럼 형성되어 있는 것도 재미난 볼거리다.

그레이트 돌로미티

Great Dolomites Road, Italy

알프스 산맥의 일부인 돌로미티는 이탈리아 북부의 웅장한 산맥을 말한다. 3,000m 이상의 봉우리가 18개, 빙하가 41개 있으며, 총 면적이 141,903ha에 이르는 방대한 지역이다. 보통 이곳을 여행하는 거점도시는 서쪽의 볼차노와 동쪽의 코르티나 담페초다. 볼차노에서 시작하여 코르티나 담페초로 이동하거나 그 반대로 이동하는 코스로 자동차 여행을 하게 된다. 돌로미티 지역을 자동차로 여행하는 대표적인 구간을 그레이트 돌로미티 로드라고 부른다. 이 두 도시 사이에는 파소Passo라 불리는 여러 개의 고갯길과 웅장한 암봉, 그리고 아름다운 호수들이 곳곳에 자리 잡고 있다. 드라이브만 한다면 3~4시간이면 완주할 수 있지만, 이곳의 거점 마을에서 최소 3~4박은 하면서 돌로미티의 명소들을 탐방해 보자. 단언컨대 인생 최고의 절경과 감동을 느낄 수 있을 것이다. 돌로미티 자동차 여행에 대한 좀 더 자세한 내용은 필자의 저서 『이탈리아 자동차 여행』을 참고하도록 한다.

친퀘 토리 Cinque Torri

다섯 개의 봉우리라는 뜻. 크고 작은 다섯 개의 암석 봉우리가 장관을 이룬다. 신의 조각품이라고 부를 정도로 트레치매와 더불어 돌로미티의 대표적인 명소다.

알페 디 시우시 Alpe di Siusi

이탈리아 돌로미티 지역에 있는 대규모 고원으로 아름다운 자연 풍경과 넓은 초원으로 유명하다.

카레자호수 Lago di Carezza

돌로미티의 수많은 호수 중에서도 가장 아름다운 호수로 손꼽힌다. 주변에 병풍처럼 둘러쳐진 소나무와 자작나무는 호수와 환상적인 조화를 이룬다.

세체다 오들레 Seceda Odle

오르티세이 마을에서 갈 수 있는 세체다는 장엄한 풍경이 일품. 비스듬히 깎인 듯한 독특한 모양이 눈길을 끈다. 정상에 예수 십자가상이 인상적이다.

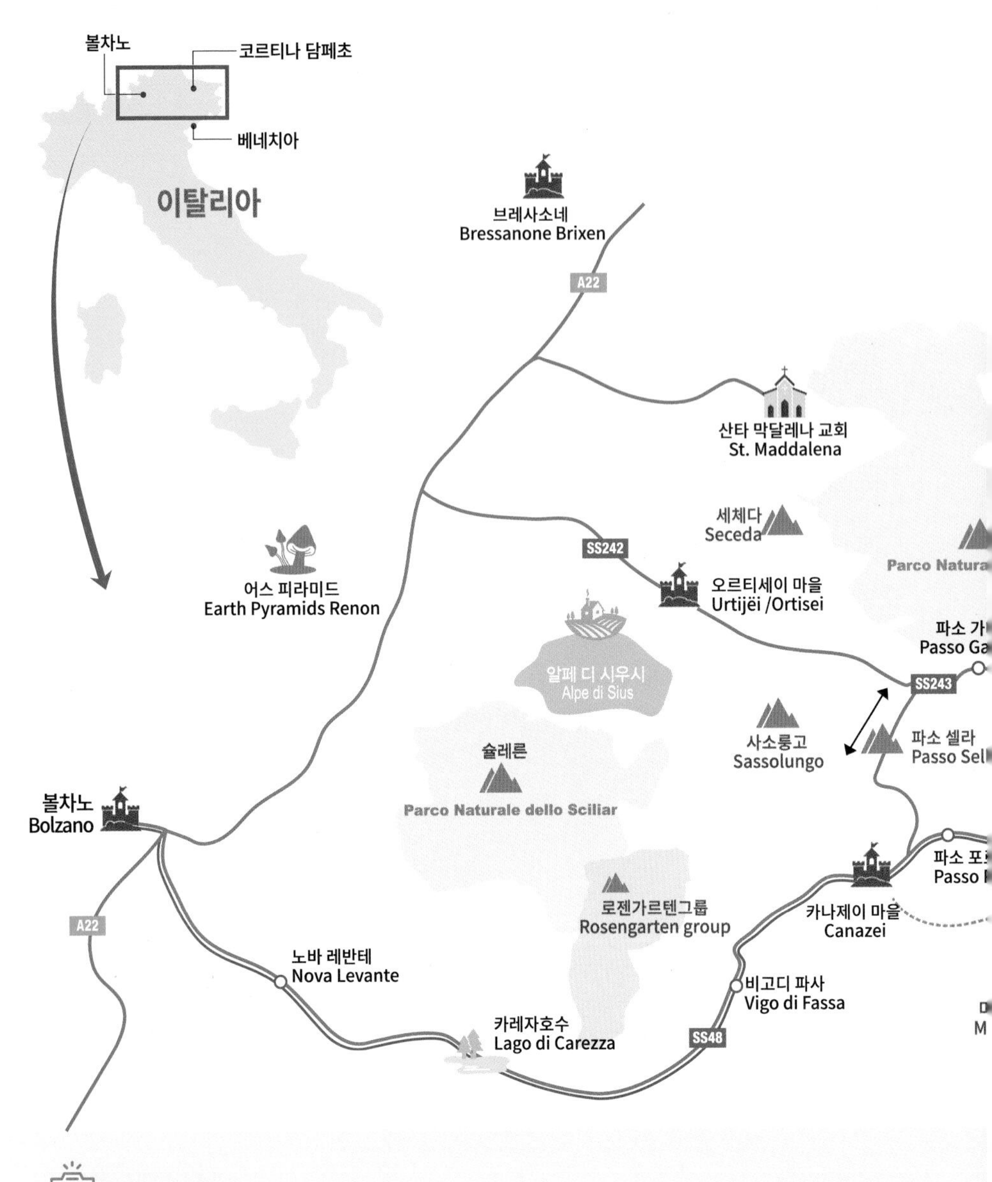

○

트리치메 디 라바레도 Tre Cime di Lavaredo

돌로미티에서 가장 유명하고 상징적인 명소로 세 개의 암봉이 웅장한 자태를 선보이는 곳이다. 약 2,999m에 달하는 세 개의 독특한 산봉우리를 중심으로 아우론조 산장에서부터 로카텔리 산장까지 이어지는 트레킹이 매우 유명하다. 돌로미티의 필수 방문지이다.

추천 방문 시기 6월 말~9월
여행 정보 사이트
www.guidedolomiti.com/

○

파소 포르도이 Passo Pordoi

돌로미티 산악도로 중 가장 길이 험하다. 고갯길 정상에서 테라자 델레 돌로미티*Terrazza Delle Dolomiti*에 케이블카로 오를 수 있다.

○

브라이에스호수 Lago di Braies

카레자호수와 더불어 돌로미티 3대 호수로 불리는 아름다운 호수다. 해발 1,500m에 위치해 있으며 배를 타고 호수를 둘러볼 수 있다.

토스카나

Tuscany, Italy

토스카나Tuscana 지역은 이탈리아 중부의 아펜니노산맥과 티레니아해 사이에 있다. 여행자들은 토스카나 지역의 아름다운 전원 풍경을 즐기기 위해 이곳을 찾는다. 수많은 구릉지대와 평원으로 이루어진 토스카나 지역은 올리브나무, 포도밭, 밀밭 그리고 사이프러스 나무 등이 어우러져 있다. 그림엽서에서나 나올 듯한 풍경이 눈앞에 펼쳐지기 때문에 마치 영화의 한 장면 속으로 뛰어든 것 같은 기분이 든다. 우리가 자주 접한 초록색 밀밭과 사이프러스 길이 있는 유명한 지역은 바로 발도르차 평원이다. 토스카나 지역 중 여행객들이 가장 많이 찾는 곳으로 유명하다. 피엔차Pienza, 산 퀴리코 도르차San Quirico d'Orcia, 몬탈치노Montalcino 등 중세 시대 모습을 그대로 간직한 마을이 곳곳에 자리 잡고 있어 더욱 매력적인 곳이다. 토스카나의 푸른 밀밭을 보려면 4월~5월 중에 방문해야 한다. 6월 이후부터는 추수가 끝나서 더 이상 볼 수 없다.

채플 비탈레타 뷰포인트

Chapel Vitaleta Viewpoint

토스카나 배경과 어우러진 예쁜 교회. 직접 찾아가도 좋지만 멀리서 봐야 더 예쁜 사진을 찍을 수 있다.

사이프러스 가로수길 Viale di cipressi

많은 사람들에게 영화 <글래디에이터> 막시무스의 집으로 잘못 알려진 곳이다. 멀리서부터 독특한 사이프러스 나무가 펼쳐진 길이 보이기 때문에 금세 찾을 수 있다.

치프레시 디 산 퀴리코 도르차

Cipressi di San Quirico d'Orcia

산 퀴리코 도르차에서 시에나 방면으로 가다 보면 유명한 포토 스폿인 치프레시 디 산 퀴리코 도르차를 만날 수 있다.

글래디에이터 영화 촬영지

Gladiator Shooting Spot

영화 <글래디에이터> 엔딩 씬에서 등장한 곳이다. 꽤 인상적인 사진을 찍을 수 있는 장소다.

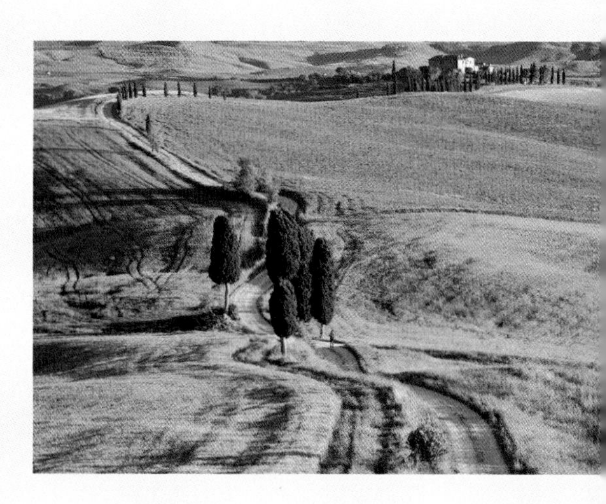

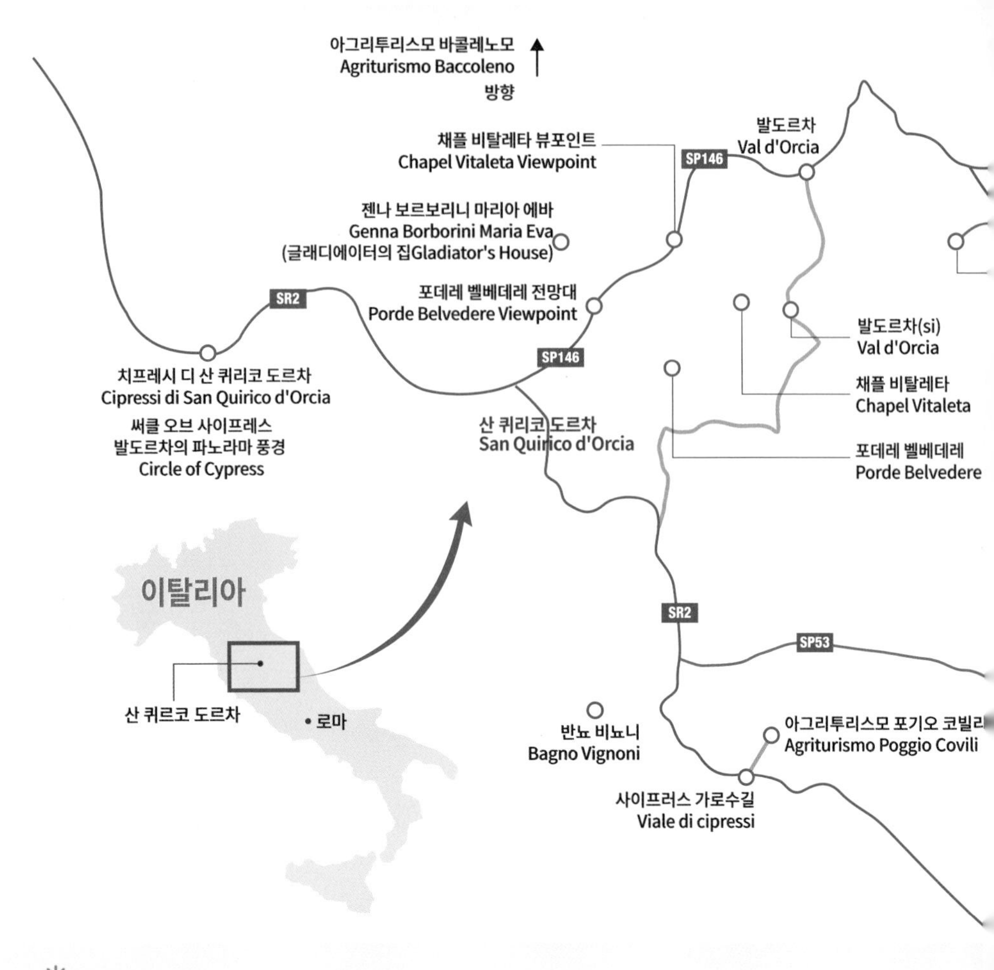

테마 코스 미리보기

○

'S' 로드 뷰포인트

S자 형태로 구부러진 길을 따라 심어진 사이프러스 나무들이 멋진 경치를 선사하는 곳이다. 피엔차에서 몬티키엘로Monticchiello로 이어진 SP88 도로를 달리다보면 만날 수 있다.

○

포데레 벨베데레 발도르차

Podere Belvedere Val D'orcia

포데레 벨베데레는 토스카나를 대표하는 가장 유명한 포토 스폿 중 하나이다.

토스카나
Tuscany, Italy

SP146
피엔차 Pienza

글래디에이터 영화 촬영지
Gladiator Shooting Spot

Monticchiello

'S' 로드 뷰포인트
'S' Road Viewpoint

'Z' 로드 뷰포인트
'Z' Road Viewpoint

추천 방문 시기 5월~9월
여행 정보 사이트 www.visittuscany.com/en/

○
'Z' 로드 뷰포인트

Z자 모양의 길을 따라 사이프러스 나무가 심어진 멋진 길이다. 아침에 방문해야 역광을 피할 수 있다.

○
젠나 보르보리니 마리아 에바

Genna Borborini Maria Eva

영화 <글래디에이터>의 막시무스 장군의 집으로 등장한 곳이다.

아말피 해안

Amalfi Coast, Italy

아말피 코스트Amalfi Coast는 이탈리아 남부의 해안도로로, 넓게는 소렌토Sorento 인근부터 살레르노Salerno까지를 말한다. 서쪽의 포지타노Positano에서부터 동쪽의 비에트리 술 마레Vietri sul Mare까지 이어지는 약 40km 구간의 SS163 해안 도로는 아말피 코스트의 핵심이다. 해안선을 따라 굽이굽이 이어지는 해안도로 너머에는 푸른 티레니아해Tyrrhenian Sea라는 이름의 망망대해가 펼쳐져 있다. 바다와 절묘하게 어우러진 절벽에 형성된 마을들은 환상적인 절경을 자아낸다. 아말피의 풍경은 내셔널 지오그래픽에서 죽기 전에 꼭 가봐야 할 곳 1위로 선정되기도 했다. 세계적으로 손꼽히는 드라이브 코스로 자동차 여행자에게는 꿈의 드라이브 코스로도 유명하다. 이곳에는 소렌토Sorento, 포지타노Positano, 아말피Amalfi 등과 같이 익숙한 곳은 물론, 라벨로Ravello, 아트라니Atrani, 마이오리Maiori, 비에트리 술 마레Vietri sul Mare와 같은 잘 알려진 곳은 아니지만 멋진 마을들이 많이 있다.

라벨로 Ravello

아말피 해안도로를 벗어나 산 중턱에 위치한 마을. 아름다운 아말피 해안 전체를 조망할 수 있는 굉장한 전망 포인트다.

소렌토 전망대 Belvedere di Sorrento

소렌토를 한눈에 조망할 수 있는 전망 포인트. 소렌토를 소개하는 사진에 많이 등장하는 곳이라 인증샷 찍기 좋다.

프라이아 바닷가 전망대 Marina di Praia

포지타노에서 아말피 해안도로를 타고 아말피 방향으로 가다 보면 프라이아노Praiano 마을 바닷가 전망대를 만날 수 있다.

비에트리 술 마레 Vietri sul Mare

아말피의 첫 번째 진주라고 불리는 마을이다. 소렌토 방향에서 오면 아말피 해안도로의 마지막 마을이고 살레르노에서 출발하면 첫 번째 마을이 된다.

추천 방문 시기 5월~9월
여행 정보 사이트 www.amalficoast.com/

칼라 디 푸오레 Cala di Furore

프라이아 해변 전망대에서 조금만 더 가면 작은 다리가 하나 나온다. 이 다리 밑에 아주 아름답고 작은 해변이 숨어 있다.

아트라니 Atrani

아말피 마을 바로 옆에 위치한 작은 마을이다. 아말피에 가려 저평가되어 있지만 뛰어난 풍광을 자랑한다.

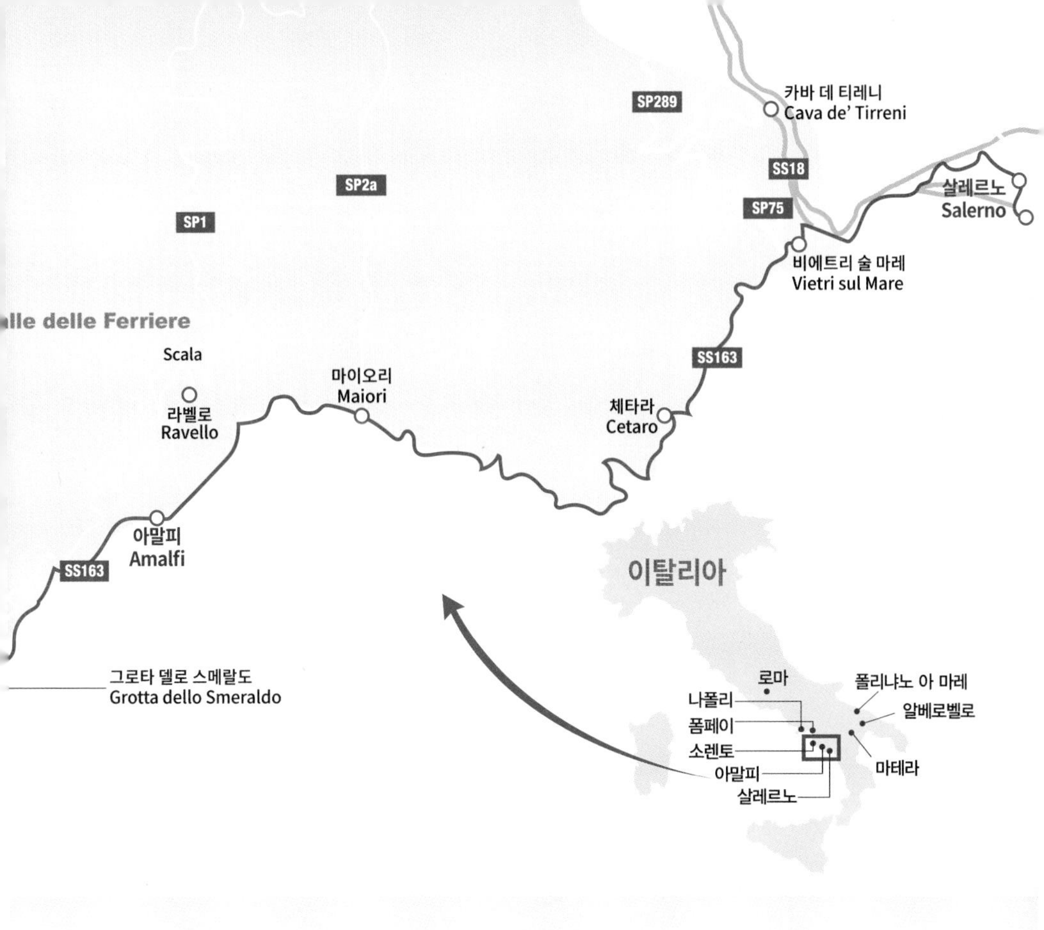

○

아말피 Amalifi

아말피 해안도로를 대표하는 휴양마을인 아말피는 두말할 나위 없이 아름답다. 이국적인 느낌을 만끽하기에 충분하다.

○

포지타노 Positano

아말피 해안마을 중에서도 가장 아름답기로 손꼽힌다. 포지타노 전망대보다 마을 안 콜롬보 거리 전망대에서 바라보는 모습이 더 멋지다.

로맨틱 가도

Romantic Road

로맨틱 가도는 독일 중부 뷔르츠부르크에서부터 남부 퓌센까지 이어지는 약 350km의 구간이다. 로맨틱이라는 명칭 때문에 낭만적인 도로라 생각하기 쉽지만 이 도로 명칭의 유래는 고대 로마 시대에 로마인들이 만든 도로라는 뜻이다. 그렇다고 이 길이 낭만적인 길이 아니라는 뜻은 아니다. 이 구간에 속한 독일의 소도시들은 무척 아름답다. 성곽이 잘 보존된 중세 도시에서는 오래된 역사를 엿볼 수 있다. 동화 속의 고성 그리고 아름다운 산과 호수를 감상할 수 있고, 중간중간 들르는 마을에서는 다양한 축제와 이벤트를 경험할 수 있다. 사계절 어느 기간에 방문하더라도 아름다운 절경을 즐길 수 있다.

로맨틱 가도 코스는 수많은 마을들을 지나가는데 이 중 추천할 만한 곳은 뷔르츠부르크Würzburg, 로텐부르크Rothenburg ob der Taube, 딩켈스뷜Dinkelsbuhl, 뇌르틀링겐Nördlingen, 아우크스부르크Augsburg, 퓌센Füssen 등이 있다.

로맨틱 가도
Romantic Road, Germany

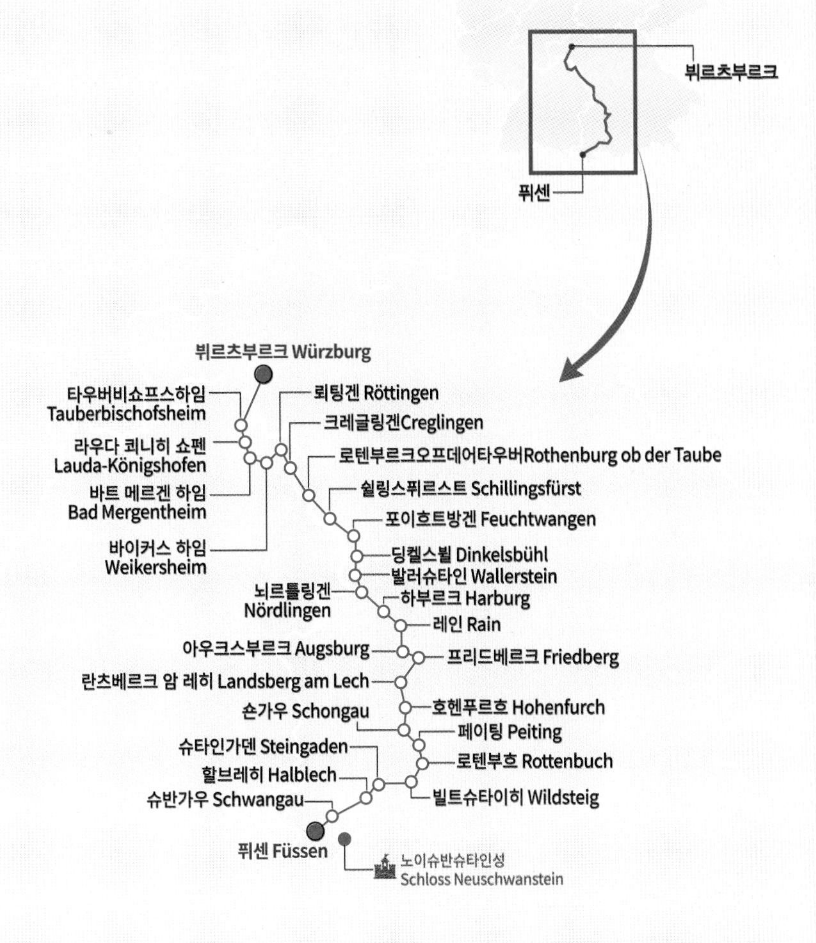

추천 방문 시기 5월~10월
여행 정보 사이트 www.romanticroadgermany.com/

아우크스부르크 Augsburg

로마인들이 2000년 전에 건설한 도시로 독일에서 가장 오래됐다. 모차르트의 아버지인 레오폴트 모차르트의 출생지로 알려졌다.

뇌르틀링겐 Nördlingen

1,500만 년 전 직경 1.5km의 운석이 충돌하면서 만들어진 분화구에 세워진 도시이다. 공중에서 보면 원형의 모습을 그대로 간직하고 있으며 성벽도 원형을 따라서 건축하여 천혜의 요새 같은 모습을 하고 있다. 만화영화 <진격의 거인> 배경지로 거론되는 도시이다.

○

딩켈스뷜 Dinkelsbühl

독일에서 가장 아름다운 구시가를 가진 것으로 알려진 로맨틱 가도 핵심 관광지 중 한 곳이다. 놓치지 말 것.

○

퓌센 Füssen

독일 남부 바바리아주에 위치한 아름다운 마을. 오스트리아와 국경을 맞대고 있고, 인근에 디즈니성으로 유명한 노이슈반슈타인성이 있다.

○

프리드부리크 Friedberg

아름다운 중세 분위기를 한껏 내뿜는 작은 도시. 독일에서 가장 오래된 성벽 중 하나를 갖고 있어 고풍스럽다.

알펜 가도

Alpine Road, Germany

독일 남서쪽 국경지대인 린다우Lindau에서 시작해 남동쪽 끝 국경지대인 베르히테스가덴Berchtesgaden까지 약 480km가 이어지는 아름다운 구간이다. 이 지역은 오스트리아 티롤 지역과 마주하고 있어서 호수와 산 그리고 동화 같은 마을로 풍광이 무척 수려하고 아름답다.

독일은 로맨틱 가도, 고성 가도, 동화 가도, 알펜 가도 등 아름다운 드라이브 코스들이 있지만 자연 풍경으로만 보면 알펜 가도가 가장 아름답다고 할 수 있다. 그래서 자동차 여행자에게는 잘 차려진 진수성찬을 한꺼번에 먹듯이 다양한 매력을 한 번에 맛보는 여행지가 될 것이다.

알펜 가도에는 린다우Lindau, 퓌센Füssen, 오버아머가우oberammergau, 가르미슈 파르텐키르헨Garmisch-Partenkirchen, 킴제Prien am Chiemsee, 베르히테스가덴Berchtesgaden과 같은 아름답고 멋진 마을들과 노이슈반슈타인성, 프레스코 벽화마을, 독수리 요새 같은 명소들이 자리 잡고 있다.

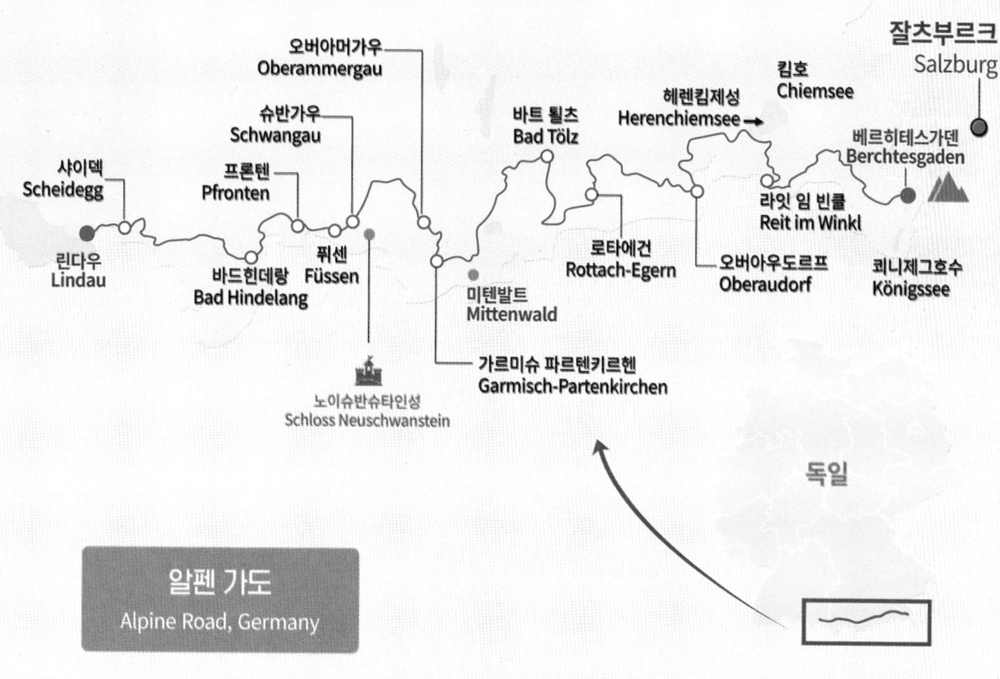

알펜 가도
Alpine Road, Germany

오버아머가우 Oberammergau

마을의 메탈 거리에 있는 헨젤과 그레텔의 집

추크슈피체 Zugspitze

독일 최고봉 알프스다. 가르미슈 파르텐키르헨Garmisch-Partenkirchen 마을 근처에서 올라갈 수 있다.

추천 방문 시기 5월~10월
여행 정보 사이트 www.deutsche-alpenstrasse.de/

린더호프성 Schloss Linderhof

루트비히 2세가 건축한 세 개의 성 중 두 번째로 건축된 성이다. 작은 베르사이유성에 영감을 받아 건설되었다.

람사우 세바스티안 교회 Parish Church of St. Sebastian

베르히테스가덴에서 가까운 람사우 Ramsau 마을의 유명 포토스폿이다.

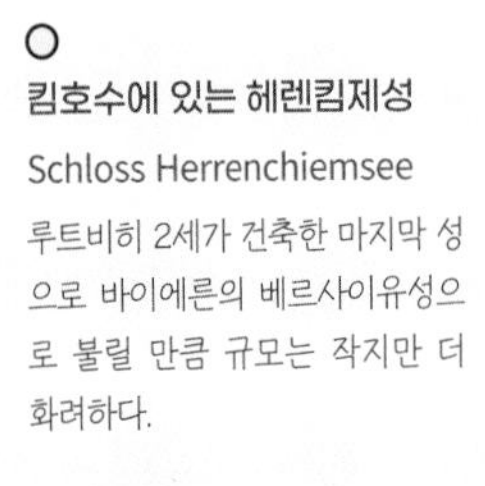

킴호수에 있는 헤렌킴제성

Schloss Herrenchiemsee

루트비히 2세가 건축한 마지막 성으로 바이에른의 베르사이유성으로 불릴 만큼 규모는 작지만 더 화려하다.

쾨니그제 Königssee

호수 남쪽에 있는 오버제*Obersee* 호수에 놓여 있는 보트 오두막*berühmtes Bootshaus*

바트 툴츠 Bad Tölz

유럽에서 가장 아름다운 도시 중 하나로 꼽히며, 청정한 공기와 아름다운 산책로도 유명한 웰니스 도시이다. 맥주 축제와 같은 다양한 이벤트가 많이 개최된다.

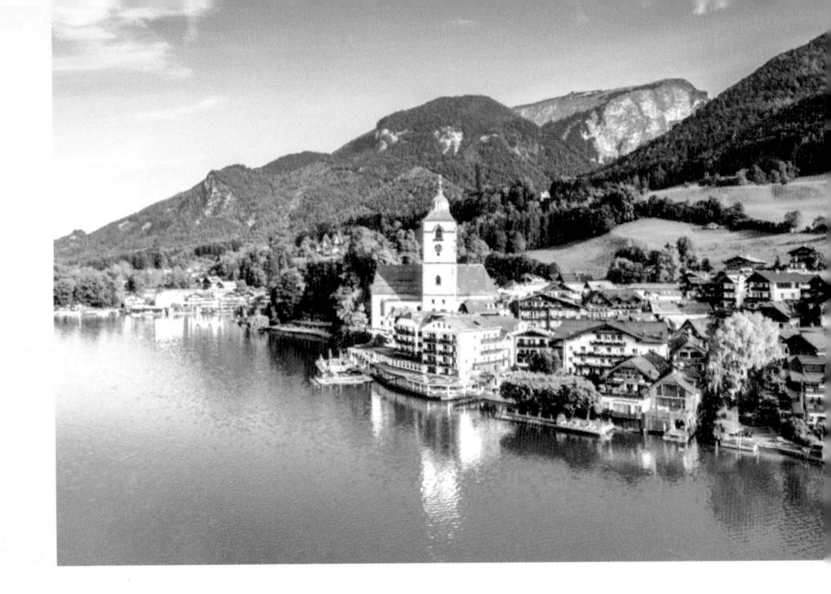

오스트리아 잘츠캄머구트

Salzkammergut, Austria

오스트리아에서 단 한 군데만 자동차 여행을 해야 한다면 바로 이곳 잘츠캄머구트를 선택하면 된다. 합스부르크 왕가의 휴양지였던 곳으로, 뛰어난 풍광과 아름다운 호수는 여행 내내 편안함을 주어 힐링하기에 좋은 곳이다. 이곳은 해발 2,000m 이상 되는 산과 유명한 볼프강호, 할슈타트호를 비롯한 76개의 아름다운 호수가 있다. 또한 호수에는 할슈타트Hallstatt, 고사우Gosau, 장크트길겐Sankt Gilgen, 바트이슐Bad Ischl, 그문덴Gmunden과 같은 아름다운 호수 마을들이 여행자를 반갑게 맞이해 준다. 이 지방은 영화 <사운드 오브 뮤직>의 배경지로도 유명하다.

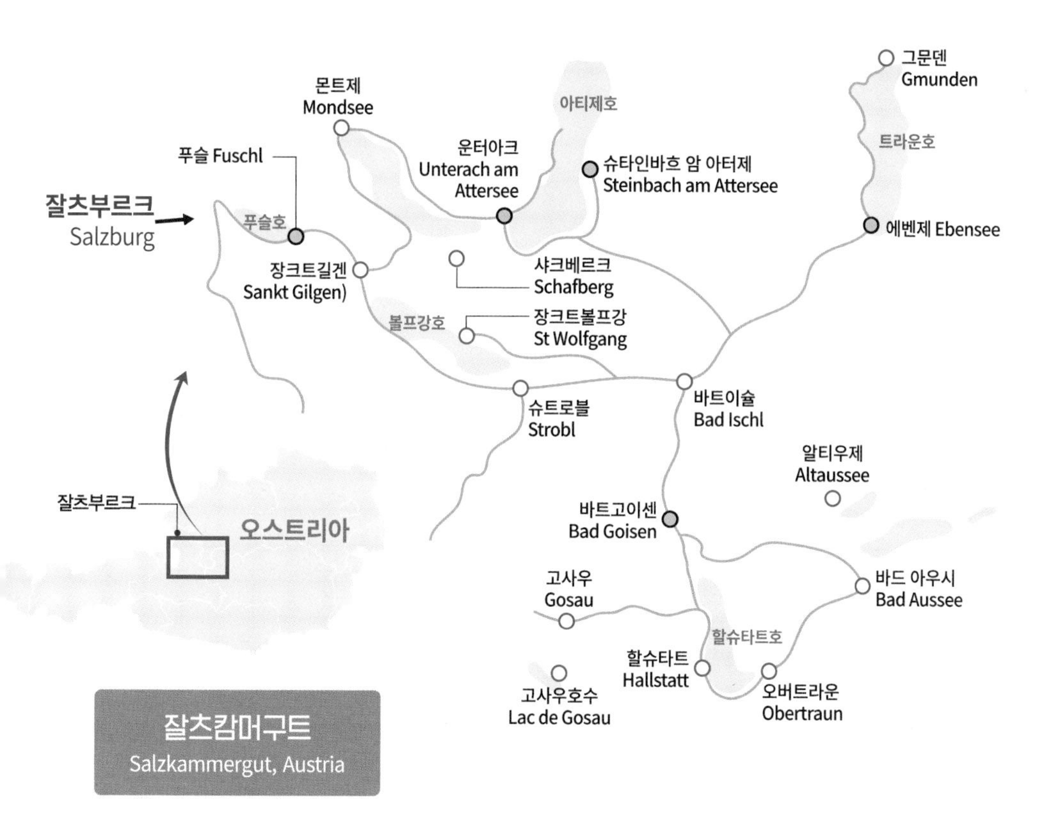

잘츠캄머구트
Salzkammergut, Austria

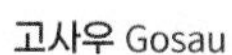

테마 코스 미리보기

고사우 Gosau

할슈타트와 인접한 마을로 뛰어난 풍광을 자랑하는 고사우제호수를 놓치지 말자.

바트이슐 Bad Ischl

오스트리아의 대표적인 온천도시. 프란츠 요제프 황제의 카이저빌이 유명한 잘츠캄머구트의 대표적인 거점도시다.

추천 방문 시기 5월~10월
여행 정보 사이트 www.salzkammergut.at/en/

○
장크트볼프강 St. Wolfgang **샤크베르크** Schafberg **산 풍경**
빨간 증기기관차를 타고 정상에 오르면 잘츠캄머구트의 절경이 시원하게 펼쳐진다.

○
츠뵐퍼호른 케이블카 Zwölferhorn Seilbahn
케이블카를 타고 정상에 오르면 계란까지 넣은 신라면을 맛볼 수 있다.

○
몬트제 Mondsee **성미카엘 대성당**
사운드 오브 뮤직의 마리아와 트랩 대령 결혼식이 열린 장소로 유명하다.

○
파이브 핑거스 Five fingers

다흐슈타인 관광의 하이라이트. 다섯 개 손가락 모양의 전망대가 절벽 밖으로 돌출된 형태로 되어 있으며, 잊지 못할 전경을 감상할 수 있다.

○
할슈타트 Hallstatt

잘츠캄머구트를 대표하는 가장 유명한 관광도시. 동화같은 마을로 유네스코 세계 문화유산이다.

스페인 안달루시아

Andalusia, Spain

스페인은 면적이 넓다 보니 한 번에 자동차 여행을 끝내는 것은 쉽지 않다. 그래서 스페인을 여행하는 사람들 대부분은 안달루시아 지역에서만이라도 자동차로 여행하려고 하는 경우가 많다. 안달루시아는 세비야Seville와 론다Ronda, 코르도바Cordoba, 그라나다Granada와 같은 역사적인 도시들이 있고, 태양의 해안이라고 불리는 코스타 델 솔Costa del Sol의 멋진 해안 도로 드라이브를 즐길 수 있다. 코스타 델 솔에는 말라가Malaga, 미하스Mijas, 네르하Nerja, 지브롤터Gibraltar 등 하얀 마을 도시들도 만나볼 수 있다.
과거 이슬람 세력의 지배를 받았던 곳이라 이슬람 문화도 진하게 남았다. 특히 그라나다의 알함브라 궁전Alhambra Palace은 세계적인 문화 유산이다. 맛있는 음식, 연중 온화한 기후는 언제가도 마음을 편안하게 해준다. 무엇보다 스페인 남부 사람들의 정열을 느낄 수 있는 플라멩코Flamenco를 즐길 수 있다는 것은 안달루시아 여행에서 빼놓을 수 없는 행복이기도 하다. 꼭 한 번은 가봐야 할 자동차 여행지다.

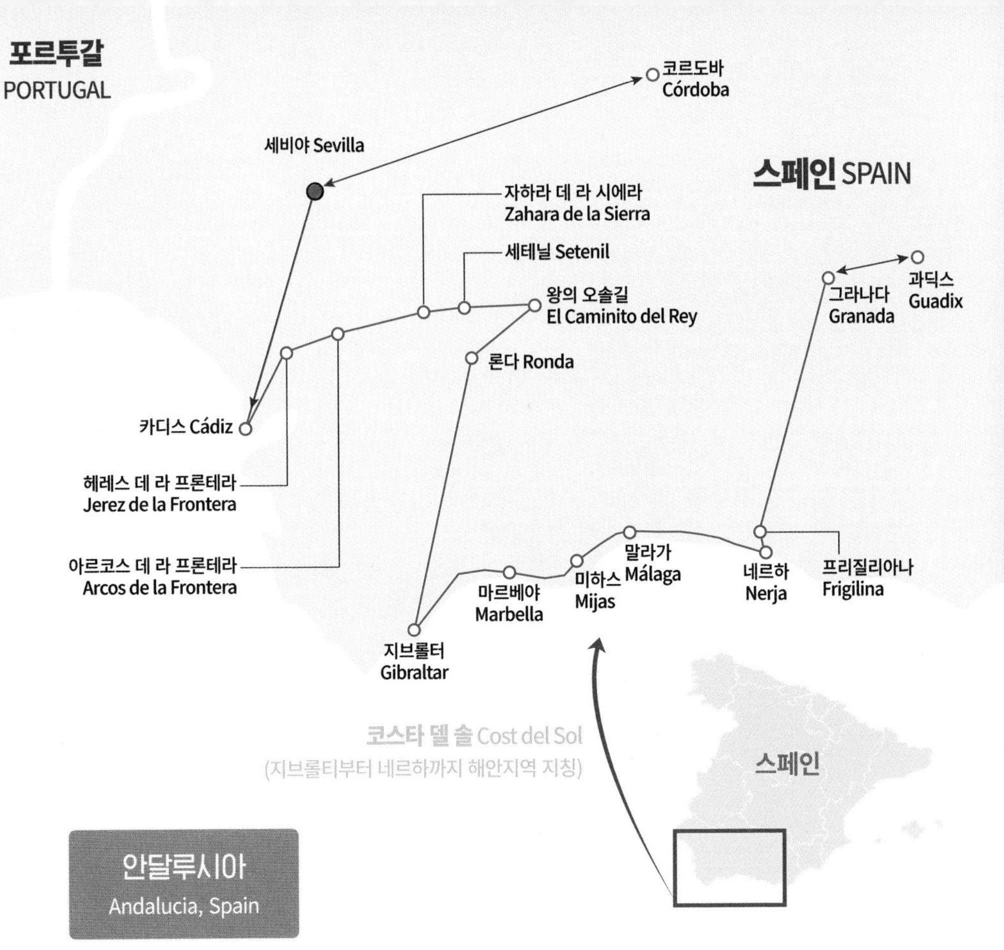

테마 코스 미리보기

그라나다 알함브라 궁전의 아름다운 야경

추천 방문 시기
4월~5월, 9월~11월
여행 정보 사이트
www.andalucia.org/en/home

테마 코스 미리보기

○

세비야 Sevilla **스페인 광장** Plaza de Espa

세비야 중심부에 위치한 아름다운 광장으로 세비야의 가장 상징적인 명소이다.

○

말라가 Málaga **말라가 요새에서 바라본 풍경**

안달루시아 지중에 해안에 자리한 도시로 아름다운 해변, 다양한 문화 이벤트, 맛있는 음식과 와인까지 고루 갖추었다. 피카소의 고향이기도 하다.

○

왕의 오솔길 El Caminito del Rey

말라가와 알로라 사이에 위치한 국립공원이다. 아름다운 절경을 감상할 수 있으며, 모험심도 자극하는 특별한 장소이다.

○

자하라 데 라 시에라 Zahara de la Sierra

시에라 데 그라치아 국립공원 내에 위치한 마을. 자연의 아름다움을 만끽하고자 하는 사람들에게 특히 인기다.

tvN 예능 <텐트 밖은 유럽> 남프랑스 편

10박 11일 코스 따라가기

여행 예능 프로그램이 넘쳐나지만, 여자들끼리만 자동차 여행을 떠나는 콘셉트로 만들어진 프로그램은 <텐트 밖은 유럽>이 최초라고 한다. 그만큼 남프랑스 지역이 여성들에게 특히 사랑받는 지역이기도 하고, 여성들끼리 여행을 하기에도 안전하기 때문일 것이다. 여행 로망을 한껏 자극하는 여배우들의 남프랑스 여행! TV를 시청할 때마다 아름답고 흥미진진한 그들의 여행에 매료될 수밖에 없을 것. 그렇다면 그들의 여행 코스는 과연 어떤 루트인지 살짝 따라가 보도록 하자.

배우 라미란과 일행들은 무려 40시간에 걸쳐 우여곡절 끝에 남프랑스 대표 휴양도시 니스에 도착한다. 그들 여행의 시작점이다. 니스를 거쳐 압도적인 대자연을 뽐내는 '베르동 협곡'에서 첫 캠핑을 한 뒤, 이어 남프랑스 시골 향기를 뿜뿜 내뿜는 몽 에귀유로 간다. 그리고 리옹을 지나 알프스 최고봉 몽블랑에 도착한다. 샤모니 몽블랑에서 즐기는 산행과 액티비티는 특별한 추억이 될 것이다. 그런 다음, 레만호수에서 패러글라이딩도 하고 와인 명가 부르고뉴에서 낭만을 즐긴다. 그녀들의 마지막 코스는 프랑스 파리. 가장 아름답고 우아한 도시라 여행의 엔딩으로서는 부족함이 없다.

남프랑스는 프랑스에서 가장 사랑받는 관광지역이 몰려 있다. 특히 <텐트 밖은 유럽>에 등장한 베르동 협곡은 유럽의 그랜드캐니언이라 불리는 곳이며 드넓게 펼쳐진 라벤더밭 또한 남프랑스 여행에서 꼭 놓치지 말아야 할 핵심 코스이다.

특히, 자동차 여행자라면 니스Nice, 에즈Eze, 모나코Monaco, 칸Cannes, 앙티브Antibes 등 도시의 해안선을 따라 드라이브하는 것도 좋겠다. 코트다쥐르 해변 여행도 남프랑스 여행의 진수를 느끼게 해준다.

추천 방문 시기 덥지만 라벤더를 즐기려면 6월 중순~7월 중순
여행 정보 사이트 www.lelongweekend.com/provence-travel-guide/

니스 Nice

코트다쥐르 지방의 주도인 니스는 프랑스 리비에라 지역의 세계적인 휴양도시이다.

베르동 협곡 Verdon Gorge

유럽의 그랜드캐니언이라고 부를 만큼 웅장한 풍광을 자랑한다. 스릴 넘치는 드라이브와 생크로호수 Sainte-Croix Lake에서 즐기는 보트 투어는 잊지 못할 경험을 선사한다.

무스티에 생트마리 Moustiers Sainte Marie

프랑스에서 가장 아름다운 마을 중 하나로 베르동 협곡 바로 인근에 있어 함께 방문하기 좋다. 하늘에 걸린 별 조형물을 찾아보는 것이 특히 인기 만점.

몽 에귀유 Mont Aiguille

프랑스 알프스 산맥에 위치한 독특한 모양의 산. 평원 한가운데 거대한 석회암 봉우리가 웅장하게 솟아 있어 특이하다. 이 멋진 석회암 절벽을 오르려는 암벽 등반가들이 꽤 많다.

샤모니 몽블랑

Chamonix-Mont-Blanc

프랑스 알프스 산맥에 위치한 마을로 유럽 최고봉인 몽블랑을 오르는 거점도시이다. 케이블카를 타고 해발 4,000m 에귀유 디 미디 봉우리 전망대까지 올라 몽블랑을 감상할 수 있다.

부르고뉴 Bourgogne

크기는 작지만 프랑스의 가장 유명한 부르고뉴 와인 생산지다. 아름다운 자연경관과 역사적인 마을, 그리고 귀족들의 멋진 성과 저택 등이 즐비하다.

레만호 Lac Léman

스위스와 프랑스 국경에 있는 호수다. 생수로 유명한 에비앙 마을도 레만호수 주변에 있다.

리옹 Lyon

리옹은 프랑스에서 세 번째로 큰 도시로 문화, 역사, 미식의 도시로 유명하다. 유럽에서 가장 큰 영화 및 조리학교가 있다.

N A D A
Hudson Bay
Baffin Bay
Baffin Island
D STATES
NORT
Gulf of Mexico
Caribbean Sea
COLOMBIA
B R A Z
BOLIVIA
PARAGUAY
ARGENTINA
FINLAND
FRANCE
SPAIN
MOROCCO
ALGERIA
LIBYA
MAURITANIA
MALI
NIGER
CHAD
ANGOLA
NAMIBIA
Antarctic Peninsula
Bellingshausen Sea

03

쫀쫀하게 **실전처럼 여행 준비하기**

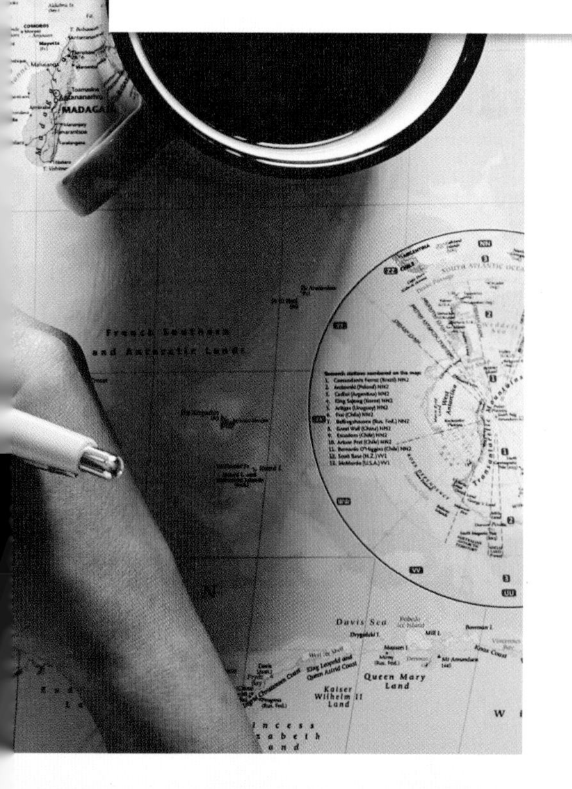

1  예약 전 고민하는 3대 질문

이제 항공권, 자동차, 숙소 예약을 알아봐야 한다. 이 세 가지 예약은 얼핏 보면 별개의 예약으로 보이지만 자동차 여행에서는 서로 긴밀하게 연결되어 있다. 항공권만 먼저 예약해두고 자동차를 알아보는 것보다 차량의 예약 조건들을 먼저 확인해 보고 항공권을 결정해야 한다. 차량의 픽업, 반납 장소에 맞추어 숙소 위치도 결정하는 것이 좋다. 따라서 이 세 가지 예약은 별개의 예약이 아니라 하나의 예약이라는 생각으로 접근해야 한다. 여기 많은 사람이 질문하는 3대 고민거리가 있다.

01 항공권 먼저? 렌터카 먼저?

항공권을 먼저 예약하는 게 맞는지 아니면 렌터카를 먼저 예약하는 것이 맞는지 고민하는 경우가 많다. 당연히 항공권 먼저 예약하는 것이 우선인 것 같지만 항상 그런 것은 아니다. 항공권 예약은 렌터카 예약을 고려하여 결정해야 하기 때문이다. 예를 들어 독일과 체코가 포함된 동유럽 여행을 하려는 사람이 있다고 가정해 보자. 항공권을 검색해 보니 체코 프라하로 입국하는 비행편이 가장 저렴하게 나온 것을 발견했다. 그러면 프라하 입국으로 항공권을 예약하기 쉽다. 그다음 프라하에서 차를 빌리려고 알아보니 매우 비싸다는 사실을 알게 된다. 혹시나 해서 독일 프랑크푸르트에서 빌리는 것으로 조회하니 훨씬 저렴한 가격이 나온다. 독일로 입국해도 상관없었다면 렌터카 비용 때문에 더 손해를 본 셈이 된다.

따라서 렌터카 여행이라면 차량 예약 조건도 한 번 확인해 보고 인·아웃 도시를 결정하는 것이 좋다. 또한 차량을 픽업한 곳이 아닌 다른 국가나 지역에 반납하면 편도 반납비가 발생한다. 그리고 렌터카는 서유럽에서 빌린 차를 동유럽에 반납하는 데 제한이 있다. 이런 점을 알지 못하고 인·아웃 도시를 결정하면 나중에 차량 때문에 곤란해진다. 따라서 항공권 예약 전에 차량 예약 조건을 미리 확인하고 최종 예약을 해야 한다.

여러 나라를 간다면 항공권 발권은 다양한 조건을 체크해 보아야 한다.

렌터카는 독일에서 빌리는 것이 가장 경제적이다?

독일에서 렌터카를 빌리는 것이 가장 경제적이라는 말이 있다. 틀린 말은 아니다. 그래서 독일이 포함된 여행이라면 독일로 입국하여 차를 픽업하는 것을 우선적으로 고려하는 것이 좋다.

02 차량 픽업 언제 할까?

현지에 입국하는 시간이 늦는 경우 렌터카를 바로 픽업하는 것이 좋은지 다음날 픽업하는 것이 좋은지를 고민하는 경우도 많다. 주로 일정이 타이트한 경우 이런 고민을 하게 되는데 정답은 없다. 다양한 상황들을 고려하여 결정하는 수밖에 없다. 렌터카를 공항에서 빌릴 경우 입국 수속을 마친 후 렌터카 사무실에서 픽업 절차까지 마치면 대략 1시간 정도는 소요된다. 차량 점검을 하고 이래저래 시간을 소요하다 보면 최대 2시간 가까이 걸리는 경우도 많다. 그러면 오후 5시에 도착해도 출발 시간은 6시 반~7시가량이다. 봄, 가을이라면 해가 지기 시작하는 무렵이고 겨울이라면 이미 어두워진 상태이다. 최소 12시간 가량의 비행을 마치고 바로 렌터카를 픽업하여 이동한다는 것은 체력적으로나 심리적으로 부담이 된다. 또한 예측하지 못한 상황이 발생할 경우도 감안해야 한다. 항공편이 지연되거나 결항될 수도 있다. 아니면 당일 컨디션이 안 좋을 수도 있고, 문제가 생겨 차를 못 받을 수도 있다. 따라서 첫날은 근처 호텔에서 피로를 풀고 다음날 픽업하는 것을 추천한다. 아침에 픽업하는 것이 직원들의 응대도 훨씬 친절하고 픽업 사고의 위험이 적다는 점도 참고하자.

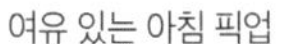
여유 있는 아침 픽업

분주한 오후 픽업

03 숙소 예약 미리 할까? 가서 할까?

숙소는 예약을 전부 하고 가야 할지 현지에서 선택해야 할지 고민하는 분들이 많다. 숙소 예약을 모두 하고 갔다가 일정이 변경되면 손해를 볼 수밖에 없다. 심지어 취소 불가 숙소를 미리 예약해두었다가 여행이 취소되어 큰 손해를 보는 경우도 있다. 반면에 예약하지 않고 갔다가 매일 숙소를 찾느라 고생한 사람들도 있다. 이렇게 숙소 예약은 어떤 방식을 선택하든 장, 단점이 있기 마련이다. 유럽에서는 현지에서도 숙소를 충분히 구할 수 있다. 하지만 매번 숙소를 정하는 것도 번거로운 것은 사실이다. 그래서 숙소 예약은 두 가지 방법을 절충하는 것이 가장 현명하다. 도착 당일의 숙소와 귀국 전날의 숙소, 그리고 꼭 머물러야 하는 거점도시의 숙소만 예약하는 방법이다. 장기간의 여행이라면 이 방법을 활용하는 것이 가장 효율적이다.

그러나 숙소를 모두 예약하고 가는 것이 좋은 경우도 있다. 바로 여행 기간이 길지 않고 성수기에 떠나는 사람들이다. 또 어린 자녀나 부모님을 모시는 여행이라면 미리 예약을 하는 것이 좋다. 현지에서 숙소 구하는 것이 어렵지는 않지만 어려움을 겪는 사람들도 있다. 따라서 걱정이 된다면 모두 예약하고 가는 것이 낫다. 이렇게 숙소를 모두 예약하고 갈 경우에는 비용이 조금 더 들더라도 취소 가능한 객실로 예약해두어야 한다는 점은 잊지 말자.

예약 없이 투숙했던 이탈리아 숙소

 **잊지 마세요!**

- 부킹닷컴, 아고다와 에어비앤비 숙소 앱은 필수! 스마트폰에 꼭 깔아두세요.
- 숙소를 미리 예약할 때는 '무료 취소 가능'으로 하세요. 그래야 부득이한 상황이 생겼을 때, 빠르게 대처할 수 있어요.
- 당신에게는 차가 있다는 걸 잊지 마세요. 숙소에 주차 여부를 확인하는 건 필수! 주차장이 없는 숙소라면 숙소 근처에 공용주차장이 있는지, 있다면 숙소와의 거리는 어느 정도인지 꼭 확인하세요. 작은 걸 놓치면 여행이 고행이 됩니다.

2 자동차 예약하기

유럽 자동차 여행은 자동차로 이동하는 여행인 만큼 렌터카나 리스카 선택이 매우 중요하다. 흔히 자동차 여행하면 렌터카를 떠올리기 쉽지만 유럽은 리스 차량으로 여행하는 것도 가능하다. 많은 사람들이 리스 차량으로 여행이 가능하다는 점을 잘 모르는 경우가 많다. 리스 차량은 3개 회사에서만 서비스를 제공하기 때문에 업체 선택이 크게 어렵지 않다. 그러나 렌터카의 경우 수십 개의 회사가 있고 가격이나 보험 조건, 서비스 등이 모두 다르다. 렌터카를 예약하는 방법 또한 여러 가지가 있다. 어떤 방법을 선택하느냐에 따라 비용이나 시간 면에서 이득을 볼 수도 있고 손해를 볼 수도 있다. 따라서 초심자에게는 렌터카의 선택부터 어려움에 봉착할 수 있다. 그렇다면 렌터카와 리스 차량을 선택하기 전 알아두어야 할 것들을 살펴보도록 하자.

01 렌터카 회사에서 예약하는 방법

한국 사람들이 주로 이용하는 메이저 업체는 허츠Hertz, 식스트Sixt, 유럽카europcar라고 할 수 있다. 이러한 회사들은 국내에 GSAGeneral Sales Agency 방식 또는 지사를 두고 영업한다. 한국어 사이트와 한국인 직원이 있기 때문에 직접 웹사이트를 통해서 예약하는 데 어려움이 없다. 가장 확실하고 안전한 방법의 예약이라고 할 수 있다. 현재 한국인 직원 응대가 가능한 업체는 허츠와 유럽카, 버젯렌터카 이렇게 세 군데이다.

메이저 렌터카 웹사이트에서 직접 예약할 경우의 장, 단점

장점

1. 예약 변경이나 취소가 간편하다.
2. 이벤트나 프로모션 코드 등을 통해 할인 혜택을 받을 수 있다.
3. 예약 시 의문 사항을 편하게 물어볼 수 있다.
4. 렌터카 회사의 멤버십 혜택을 받을 수 있다.
5. 현지에서 픽업 및 반납 시 문제 발생의 소지가 적다.
6. 현지에서 사고 발생 시 사고처리 과정이 복잡하지 않다.

단점

1. 가격 비교 사이트보다는 가격이 높을 수 있다.
2. 성수기에는 원하는 차량(오토매틱 차량, 7인승 이상)을 구하기 어렵다.

이런 사람에게 추천!

- 렌터카 예약을 확실하게 보장받고 싶은 사람

회사명	웹사이트	전화	특징
허츠 Hertz	www.hertz.com	1600-2288	전 세계 1위 렌터카 업체로 한국인이 가장 많이 이용하는 업체. 한국 지사가 있어 예약은 물론 사후 서비스도 편리하게 받을 수 있다.
식스트 Sixt	www.sixt.co.kr	이메일로만 연락 가능 연락처 없음	독일이 본사로 유럽에서는 허츠만큼 유명한 메이저 회사. 한국인 상담 고객센터를 운영했지만 코로나로 인해 잠정 철수된 상태다.
유럽카 Europcar	www.europcar.co.kr	02-317-8779	유럽에서 가장 많이 이용하는 메이저 업체 중 한 곳으로 한국에서도 대리점을 운영하고 있다.
에이비스 AVIS	www.avis.com	1544-1600	글로벌 렌터카 회사이지만 한국어 사이트는 없다. 그래서 직접 예약하기보다는 가격 비교 사이트를 통해서 선택하게 된다.

알아두자

❶ 유럽의 주요 렌터카 업체

한국인이 가장 선호하는 렌터카 업체는 허츠이지만 유럽에서는 허츠만큼 유명한 렌터카 회사가 많이 있다. 오히려 유럽 사람들은 허츠보다 식스트나 유럽카 같은 업체들을 더 많이 이용한다. 한국인이 선호하는 3대 메이저 렌터카 이외의 회사들은 주로 렌터카 가격 비교 사이트를 통하게 된다. 대부분의 업체가 생소해서 괜찮은 곳인지 알기 어렵다. 아래 소개한 렌터카 회사들은 유럽에서 검증된 업체들로 안심하고 이용해도 되니 참고하자.
Hertz / Dollar(허츠 자회사) / Thrifty(허츠 자회사) / Sixt / Europcar / Gold Car(유로카 자회사) / Keddy(유로카 자회사) / Avis / Alamo / National / Enterprise / Budget / Interrent

유럽의 주요 렌터카 업체

❷ 렌터카 요금을 절약하는 방법

첫째. 할인 프로그램 번호나 프로모션 쿠폰을 잘 활용한다.
이런 쿠폰들은 수시로 나오고 인터넷 서치를 해보면 어렵지 않게 찾을 수 있다. 확인된 쿠폰 번호 등을 예약 시 입력하면 10~20%까지 할인받을 수 있다, 또한 렌터카 회사에서 진행하는 다양한 프로모션도 놓치지 않도록 한다.

둘째. 무료 변경 및 취소 혜택을 잘 활용한다.
렌터카 예약 요금은 수시로 변경된다. 그래서 예약을 해두어도 수시로 다시 조회를 해보는 것이 좋다. 이렇게 동일 조건으로 견적을 내다 보면 기존 예약보다 더 저렴한 금액으로 예약이 가능한 경우가 생긴다. 이럴 때에는 새로 예약을 하고 기존 계약은 취소하면 요금을 절약할 수 있다.

02 렌터카 중개업체에서 예약하는 방법

수십 개 렌터카 회사들의 요금을 한 번에 비교해 보여주는 중개업체를 이용하는 것은 가장 쉬운 렌터카 예약 방법이다. 국내의 유명 여행사나 호텔, 항공권 예약사이트 메뉴에서 보이는 렌터카 예약은 모두 이런 중개업체와 제휴를 맺고 제공하는 것들이다. 다양한 차량을 조회할 수 있고 가격도 비교하여 선택할 수 있기 때문에 최저가로 렌터카 예약을 할 수 있다. 이런 중개업체 중 한국 사람에게 가장 잘 알려진 곳은 렌탈카스닷컴Rentalcars이다.
그외 홀리데이 오토스holidayautos, 이코노미렌탈economyrental, 디스커버카discovercars 등이 있다. 렌탈카스닷컴의 경우에는 한국어 상담원이 있고, 다른 중개업체들도 한국어 지원 사이트를 운영하는 곳들이 많아서 손쉽게 이용할 수 있다.

가격 비교 사이트를 통해서 예약할 경우의 장, 단점

장점

1. 렌터카 회사별로 최저가 요금을 확인한 후 예약이 가능하다.
2. 다양한 회사의 차종이 검색되어 원하는 차량을 확보하기 쉽다.
3. 풀 커버 보험을 저렴하게 이용할 수 있다.

단점

1. 예약의 변경 및 취소 시 위약금이 발생할 수 있다(없는 곳도 있음).
2. 사고 발생 시 수리 비용을 선지급한 후 환급받는 방식이므로 복잡하고 번거롭다.
3. 알려지지 않은 로컬업체를 선택할 경우 피해를 볼 수 있다.
4. 렌터카 회사의 슈퍼커버를 따로 가입하면 가격 메리트가 반감된다.

이런 사람에게 추천!

- 렌터카 선택 시 가격을 가장 중요시하고 렌트 경험이 많은 사람
- 영어로 의사소통이 가능하고 선결제 후 정산 방식의 보험 상품이 불편하지 않은 사람

주요 렌터카 가격비교 사이트

회사명	웹사이트	전화	특징
렌탈카스 닷컴	www.rentalcars.com	02-2023-6423 08:00~00:00 금·토 휴무	48시간 내 무료 취소(예약금은 미환불) 자체 풀 커버 보호 상품 제공
홀리데이 오토스	www.holidayautos.com	+44 20 3740 9859	24시간 내 무료 취소. 보험 상품을 제공하지만 슈퍼커버 보험은 렌터카 회사에서 직접 가입하는 방식

정보 플러스+

중개업체에서 가입하는 풀 커버 보호 상품은 렌터카 회사의 슈퍼커버 보험과는 별개의 보험이다. 그러나 많은 사람들이 이 두 개 보험의 차이를 제대로 알지 못해 현지에서 차량 픽업 시 곤란한 문제들이 발생하곤 한다. 따라서 렌탈카스와 같은 중개업체에서 예약을 하는 사람은 두 보험의 차이를 정확히 알아둘 필요가 있다. 자세한 내용은 렌터카 예약을 위한 사전 지식 편(163p)을 참고하자.

03 예약 대행업체(에이전시)를 통해서 예약하는 방법

렌터카 예약을 대행해 주는 업체들이 있다. 특정 렌터카 회사만을 전문적으로 하는 곳도 있고, 여러 렌터카 회사를 종합적으로 취급하는 곳도 있다. 처음 렌터카 예약을 한다면 이런 예약 대행업체를 이용하는 것도 좋은 방법이다. 예약 대행업체를 이용한다고 해서 별도의 수수료를 지불하는 것은 아니다. 오히려 예약 대행사만의 서비스인 선결제 예약을 통해서 더 저렴하게 렌터카 예약을 할 수 있는 장점도 있다. 단, 예약의 변경 및 취소 시에는 위약금이 발생한다는 점은 알아두자.

예약 대행업체를 통해서 예약하는 경우의 장, 단점

장점

1. 필요 정보만 제공하면 간편하게 견적을 받아볼 수 있어 편리하다.
2. 궁금한 사항을 언제든 물어볼 수 있다.
3. 사전 결제 제도를 이용하면 좀 더 저렴하게 이용이 가능하다.

단점

1. 사전 결제할 경우 변경 및 취소 시 위약금이 발생한다.

이런 사람에게 추천!

- 유럽 렌터카 예약이 처음인 초심자
- 사전 결제 제도를 이용해 비용 절감 효과를 원하는 사람

주요 렌터카 예약 대행 에이전시

회사명	웹사이트	연락처	특징
여행과 지도	www.leeha.net	02-3672-8781	허츠 상품만을 전문적으로 취급하고 선결제 상품을 취급한다.
이지 렌트	www.easyrent.co.kr	02-537-5258	유럽카 상품을 전문적으로 취급한다.
드라이브 트래블	www.drivetravel.co.kr	02-730-9864	다양한 메이저 렌터카 상품을 취급한다. 유럽의 경우 허츠 선결제 상품을 취급한다.
엘리스엔터	www.elisenter.com	• 한국 070-7579-0684 • 스페인 +34 91 519 0684	한국인이 운영하는 스페인 현지 업체로 스페인, 포르투갈 지역의 유로카 상품을 전문적으로 취급한다. 현지 업체이기 때문에 사고 발생 시 즉각적인 서비스를 제공받을 수 있다. 단, 가격은 조금 비싼 편이다.

정보 플러스+

국내 대행사를 통해 예약한 경우 해외에서 사고나 문제가 생기면 당연히 처리를 도와줄 것이라 생각하기 쉽다. 하지만 그렇지 않다. 대행사는 예약만을 대행할 뿐이다. 그리고 렌터카나 리스카를 픽업한 이후에는 사고 발생 시 규정상 제삼자가 개입하여 해결을 해줄 수도 없다. 그러나 한국의 고객 중심 서비스에 익숙한 사람들은 대행사로부터 도움을 받지 못하면 불만이 생길 수밖에 없다. 물론 대부분의 대행사들은 성의껏 도의적인 도움을 주기 위해 노력한다. 하지만 이로 인해 다툼이 발생하는 경우도 적지 않다. 따라서 예약 대행사를 이용할 때에는 예약에 대해서만 도움을 받는 것이라 생각해야 한다. 해외에서 발생한 사고나 문제에 대해서도 대행사가 처리해 주는 것은 아니라는 점을 미리 알아두도록 하자.

04 리스 자동차 이용 방법

현재 유럽에서 외국인에게 리스제도를 운영하는 곳은 프랑스가 유일하다. 프랑스는 외국인 면세 프로그램으로 자국 자동차 회사들의 홍보 및 관광사업 증대를 위해 외국인에 한하여 이런 제도를 시행하고 있다. 따라서 프랑스 차량인 푸조, 시트로엥, 르노 이렇게 3개 회사의 차량을 선택해 이용할 수 있다. 리스카 예약은 국내 대행업체를 통해서 예약이 가능하다. 예전에는 3개 회사 모두 국내에서 신청이 가능했지만 지금은 푸조와 시트로앵만 신청이 가능하다. 리스카는 자동차 회사가 달라도 이용 방식은 거의 동일하다. 따라서 각 대행사에서 안내해 주는 내용만 제대로 숙지하면 이용에 어려움이 없다. 자세한 신청 방법 및 주의 사항은 리스카 예약을 위한 사전지식 편(185p)을 참고하도록 한다.

1. 리스카 예약 국내 총판 에이전시는 다음과 같다.

푸조리스 에이전시 유로카 www.eurocar.co.kr

시트로엥 DS 유로패스 www.europass-citroen.com

르노리스 www.renault-eurodrive.com/en/

2. 직접 리스카 예약을 원한다면

TTCAR www.ttcar.com

*르노 리스는 한국 내 리스 사업을 중단한 상태라 에이전시에서 진행할 수 없고 르노 현지 공식사이트를 통하거나 TTCAR 사이트를 이용해서 직접 신청해야 한다.

리스카는 빨간색 번호판이 장착되어 일반차량과 구분된다.

3 렌터카 예약을 위한 사전 지식

렌터카로 여행을 떠나기로 했다면 렌터카 예약을 해야 한다. 어떤 방법으로 예약을 하든 렌터카 예약에 필요한 사전 지식은 알아두는 것이 좋다. 사전 지식이 있으면 렌터카 예약 시 실수할 일도 줄어들고 비용도 절감할 수 있다.

01 예약 시점

예약은 언제 하는 것이 좋을까?

일정이 확정되었다면 바로 렌터카 예약을 진행하는 것이 좋다. 유럽은 오토차량이 적기 때문에 예약이 늦어지면 오토차량을 구하기 어려울 수 있다. 특히 성수기에는 오토차량 확보가 더 어렵고, 늦어질수록 요금도 올라가게 된다. 빨리한다고 손해볼 일은 별로 없다. 단 선불 예약은 변경이나 취소를 할 경우 위약금이 발생하기 때문에 충분히 알아보고 결정해야 한다. 선불 예약의 견적을 먼저 받아두고 직접 조회한 후불 예약의 견적들과 비교해 보고 판단하면 된다. 선불 예약의 요금은 변동되지 않는다. 따라서 여러 렌터카 회사들의 후불 요금 견적을 내보고 적당한 가격이라고 판단될 때 확정하면 된다.

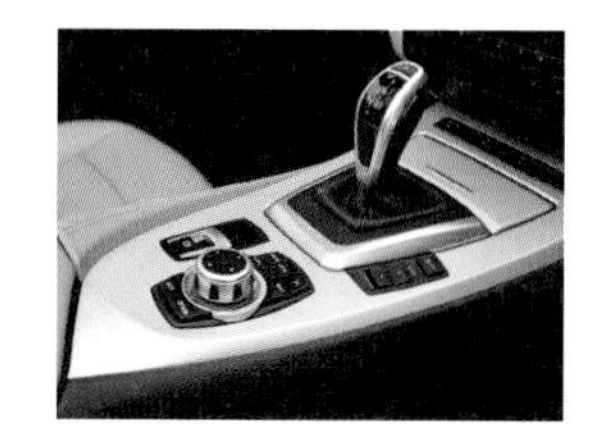

유럽은 아직 오토차량이 적은 편이다.

02 결제수단

신용카드 없이 렌터카 픽업이 가능할까?

과거의 렌터카는 반드시 신용카드가 있어야 했다. 하지만 지금은 메이저 렌터카 업체 일부는 체크카드를 받아주는 곳도 늘고 있다. 그렇지만 여전히 이런 곳은 매우 제한적이다. 받아주는 곳도 회사나 국가별로 허용규정이 달라지기도 한다. 예를 들면 식스트sixt는 독일에서는 체크카드가 가능하지만 체코에서는 그렇지 않

본인 명의의 신용카드가 필요하다.

다. 그리고 체크카드로 결제 시에는 슈퍼커버를 필수로 해야 하는 조건이 붙는 경우가 많다. 기본적으로 렌터카 결제는 예약자 본인 명의의 신용카드가 있어야 한다고 생각하는 것이 좋다. 신용카드는 Visa, Master를 이용하는 것이 가장 확실하다. Amex, Diners, Jcb 등의 브랜드는 사용이 안 되는 곳들도 있기 때문에 미리 렌터카 회사에 확인이 필요하다.

알아두자

❶ 본인 명의 신용카드가 없다면 어떻게 해야 할까?

본인 명의의 신용카드가 없는 경우에는 가족카드를 발급받는 방법이 있다. 가족카드는 본인 명의의 카드로 인정받기 때문에 렌터카 계약에 아무런 문제가 없다.

❷ 카드의 이름과 여권의 이름이 조금 달라도 사용할 수 있을까?

카드에 기재된 이름과 여권상의 이름이 조금 다른 사람들이 있다. 한국에서 사용할 때에는 문제없겠지만 해외 렌트를 한다면 새로 카드를 발급받는 것이 안전하다.

❸ 신용카드를 분실하거나 놓고 왔다면?

신용카드를 두고 왔거나 분실했다면 예약한 렌터카를 픽업하기 어렵다. 동행이 있다면 현장에서 면허증이 있는 다른 사람 명의로 새로 계약을 해야 한다.

❹ 카드 한도는 충분한지 확인한다.

렌터카는 픽업 시 예약 금액의 1.5~2배 정도의 보증금을 걸어둔다. 보증금Deposit 금액도 임시지만 승인이 되면 카드 한도는 그만큼 줄어든다. 따라서 한도가 낮은 카드를 가져갈 경우 한도 초과로 렌터카 픽업이 거절될 수 있다. 또한 한도가 적으면 여행 중 해당 카드를 사용하기 어렵다. 따라서 한도가 충분한 카드를 챙겨가고 여분의 카드도 챙기도록 한다.

03 사전 결제 예약

사전 결제 예약 시 주의할 점은 무엇일까?

사전 결제 예약은 미리 고시된 요금을 선불로 지불하고 예약을 확정하는 것이다. 현금으로 선결제하기 때문에 저렴한 요금으로 렌터카를 이용할 수 있다.

현재 국내에서 사전 결제를 제공하는 곳은 허츠와 유럽카이다. 사전 결제 예약은 별도 특약을 맺은 에이전시나 예약 대행사를 통해서만 예약이 가능하다. 현재 허츠 렌터카의 사전 결제 예약은 '여행과 지도' 그리고 '드라이브 트래블'에서 신청할 수 있다. 유럽카의 경우 유럽카 코리아에 신청하면 된다. 사전 결제 요금은 매년 2월~4월경에 발표된다. 발표된 요금은 1년간 변동되지 않는다. 요금에는 슈퍼커버 보험과 개인상해 보험 등이 모두 포함된 패키지 요금으로 그대로 신청하면 된다. 사전 결제 요금은 후불 요금보다 저렴한 편이지만 항상 그런 것은 아니다. 계약조건에 따라 후불 요금이 더 저렴할 때도 있다. 이런 경우 예약 대행사는 두 가지 요금제를 비교하여 더 저렴한 요금제를 안내해 준다. 사전 결제 예약을 하게 되면 신청 후 3일 이내에 렌트비 전액을 예약 대행사에 입금해야 한다. 픽업 기준 48시간 이내에는 이용할 수 없다.

04 예약 변경과 취소

예약을 변경·취소하려면?

렌터카 예약은 픽업 24시간 전까지 온라인으로 바로 변경 및 취소가 가능하다. 중개 사이트에서는 업체별로 픽업 24~48시간 전에 가능하다. 현지 로컬업체들은 홈페이지에 변경 취소 버튼이 없는 경우가 많은데 전화나 메일을 보내서 취소 요청을 해야 한다. 사전 결제 예약은 담당자를 통해서 요청해야 한다. 후불 예약의 취소는 위약금은 없지만 사전 결제 예약의 취소는 취소 수수료가 공제되고 노쇼에 따른 위약금을 부과하는 곳도 있다.

업체별 사전 예약 취소 시 위약금

1. **여행과 지도** : 입금 후 취소 또는 노쇼 시 3만 원 공제
2. **드라이브 트래블**

취소 규정 결제일로부터 48시간 이내(바우처 발송 전)→전액 환불
바우처 발송 후~픽업 15일 전→구매 금액의 10%
픽업 14일 전~픽업 3일 전→구매 금액의 20%
픽업 2일 이내(48시간)→구매 금액의 30%

변경 규정 바우처 발송 후~픽업 15일 전→변경 수수료 없음
픽업 14일 전~픽업 8일 전→1만 원
픽업 7일 전~픽업 3일 전→2만 원
픽업 2일 이내(48시간)→변경 불가, 취소 환불만 가능

3. **렌탈카스닷컴** : 48시간 이내 취소 시 환불 가능(전액 결제 조건). 예약금은 환불 불가

05 차량 등급 선택

여행 인원에 맞는 차량 선택 방법은?

차량 선택은 인원수보다 짐에 맞추어서 해야 한다. 두 명이라면 경차도 충분하지만 중형 캐리어가 2개라면 콤팩트 이상의 차량을 선택해야 한다. 유럽에서는 차량털이 도둑들 때문에 짐을 뒷좌석에 놓고 여행하는 것은 매우 위험하다. 모든 짐은 트렁크에 들어간다고 생각하고 선택해야 한다. 여행하다 보면 짐이 늘어나는 부분도 감안해야 한다. 특히 4인 이상은 더욱 유의해야 한다. 5인승이면 충분해 보이지만 각각 캐리어가 한 개씩이라면 어림없다. 최소 7인승 차량을 빌려야 하고 5인은 9인승도 고려해 봐야 한다. 차량 등급은 인원과 짐이 다 실리고도 약간 여유 있을 만한 차종을 선택해야 한다.

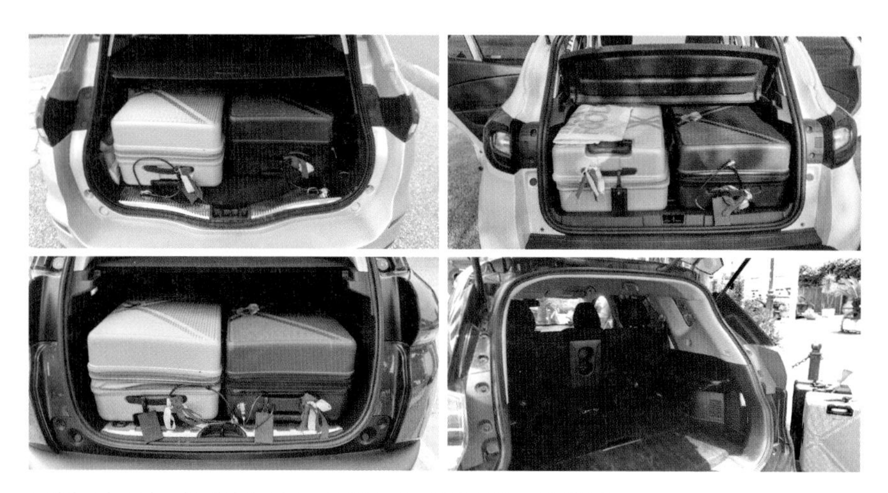

26인치 트렁크 2개를 여유 있게 실으려면 최소 콤팩트 등급 이상의 차종을 선택해야 한다.

알아두자

자동차 트렁크의 크기를 가늠해 보는 방법이 있다. 구글 사이트에 차종과 트렁크(예를 들면 폭스바겐 골프 트렁크)를 검색하면 크기를 가늠할 수 있는 다양한 사진들이 나온다. 또는 유럽 자동차 여행 카페 등에 문의하면 실제 해당 차량을 운행한 분들의 경험을 들을 수 있다.

알아두자

유럽은 길이 좁으니 작은 차를 빌려야 한다는 조언을 듣는 분이 많다. 틀린 말은 아니다. 하지만 짐이 들어가지 않는데 작은 차를 빌린다면 그것은 잘못된 생각이다. 유럽에서 길이 좁은 곳은 구도심만 해당된다. 이런 구도심에 차를 가지고 들어갈 필요가 없다. 숙소를 구도심 안에 얻고 짐을 내리려고 들어갔다가 큰 고생을 하는 분들이 있다. 숙소는 주차하기 편한 곳을 선택해야 한다. 구도심에 얻었다면 외부 주차장에 대고 짐은 가지고 이동하는 곳이 좋다. 짐을 고려하지 않고 단순히 길 때문에 작은 차를 빌린다는 것은 고행을 자초하는 길이다.

2인 여행에 중형차량을 렌트하지만 큰 불편함은 없다.

06 차량 배정

예약한 차량이 그대로 배차되는 것일까?

예약 시 모니터에서 보여지는 차종이 그대로 배차된다고 생각하는 사람들이 있다. 아니다. 예시 차량일 뿐이다. 대부분 동급의 다른 차량이 나온다. 그래서 차종 선택을 고민하는 질문은 의미가 없다. 예약한 차량이 그대로 나오지 않는다. 독일에서 미국 차를 받았다고 불이익이나 차별을 당했다고 생각하는 분들도 있는데, 차종은 복불복이다. 꼭 원하는 차종을 받고 싶다면 Model Guaranteed라는 옵션을 이용하면 된다. 오픈카, 스포츠카와 같은 럭셔리 차종과 전기차들은 특정 모델을 지정하여 받을 수 있다.

렌터카 차종

허츠 렌터카를 기준으로 한 차량 등급 및 해당 차종은 다음과 같다. 예약 시 참고하자

일반형

미드사이즈 왜건Midsize Wagon 급 / 스탠다드 왜건Standard Wagon 급

미드사이즈급 차량의 왜건형 모델이다. 우리나라에서는 많이 보기 힘든 차량 형태지만 유럽에는 많다. 포드몬데오 SW, 볼보 V60, 피아트 티포, 스코타 슈퍼콤비 등의 차량이 배차된다. 3~4인의 경우에 알맞고 아이가 있다면 5인까지도 가능할 수 있다.

(O)Volvo V60 CC AWD 또는 동급 19km 리터

미드사이즈 웨건 - (G)Ford Mondeo SW 또는 동급 12km

미드사이즈 웨건 - (W) Fiat Tipo SW 또는 동급

미드사이즈 웨건 (O)Skoda Super Combi AT 또는 동급

미드사이즈Midsize 급 / 스탠더드Standard 급

우리나라 소나타, 카렌스 정도 되는 크기다. 유럽에서는 미드사이즈급의 경우 포드쿠가, 푸조508, 볼보XC40, 오펠 인시그니아 등의 차량이 배차된다. 스탠더드는 완전한 중형차로 보면 되고 볼보 S40, 푸조 508 등의 차량이 배차된다. 2~3인이 중대형 캐리어 및 여분의 기내용 가방 등을 소지하고 여행할 경우에 적당하고 3~4인도 짐이 적다면 가능하다.

마드사이즈 - (E)Opel Insignia 또는 동급 14km 리터

미드사이즈 (M) Ford Kuga 또는 동급차량 15km 리터

미드사이즈 (O) Peugeot Aut 또는 동급 16km 리터

스텐다드 (I5) Volvo XC40 하이브리드 또는 동급

콤팩트Compact 급

우리나라 i30이나 SM3 정도 되는 크기다. 유럽에서는 포드포커스, 오펠 아스트라, 폭스바겐 골프, 푸조 308, 피아트 500L 등의 차량이 배차된다. 2~3명 정도의 인원이 적당한 수준의 짐을 싣고 다니는 데 큰 무리는 없다.

컴펙트 (Q5)VW Golf
또는 동급 15km 리터

콤팩트 - (M)Ford Focus
또는 동급 11km

콤펙트 - (D) Opel Astra
또는 동급차량 13km 리터

콤펙트 (R)Ford Focus SW
또는 동급 13km 리터

이코노미Economy 급

우리나라 프라이드나 엑센트 정도의 크기다. 유럽에서는 오펠코르사, 포드피에스타, 포드에코스포트, 토요타야리스 등의 차량이 배차된다. 미니보다는 약간 크고 24인치급 중형 캐리어 2개, 작은 가방 등을 넣을 수 있으며 세로로 잘 넣으면 캐리어 3개까지도 가능한 사이즈다.

(B) Ford Fiesta
또는 동급 14km 리터

(B1) Opel Corsa-e
또는 동급

(B2) Toyota Yaris Hybrid
또는 동급

(P) Ford Eco Sport
또는 동급

미니Mini 급

우리나라 마티즈급의 경차다. 유럽에서는 스마트포투, 스코다시티고, 피아트500, 오펠아담 등의 차량이 배차된다. 2명 정도가 이용하기 적당하고 트렁크는 24인치급 캐리어 2개까지는 들어가는 크기라고 생각하면 된다.

(A) Fiat 500 또는
동급 17km 리터

(A) Opel Adam 또는
동급 19km 리터

(J)Skoda Citygo
또는 동급 21km

(X1) Smart fortwo
또는 동급

고급형

풀사이즈Full Size 급 또는 프리미엄Premium 급

일반적으로 프리미엄급이라고 부르지만 독일과 체코에서는 풀사이즈라 부른다. 콤팩트급보다는 크고 미드사이즈급보다는 조금 작은 사이즈로 벤츠, BMW와 같은 고급 차량이 주로 배정되는 등급이다. 주로 벤츠 GLC, 시트로엥, DS7, 테슬라 모델 3, BMW3시리즈 등의 차량이 배차된다. 명칭만 보면 차량 크기가 제일 큰 것 같지만 허츠 렌터카에서 풀사이즈 등급은 보통 BMW 3와 같은 소위 엔트리 급 사이즈의 차량들이다. 즉 풀사이즈 등급은 프리미엄 브랜드의 고급 차량이 배정될 뿐 크기와는 상관없다. 간혹 풀사이즈라는 명칭만 보고 큰 차량이라고 생각하여 잘못 신청하는 여행자가 있으니 주의하자.

풀사이즈 -(K) Benz CLS 350D 또는 동급차량 14km 리터

풀사이즈 (T1) Tesla Model 3 SR 또는 동급

풀사이즈(I) DS7 Crossback 19km 리터

프리미엄 (C5) Merceds GLC Auto SUV 또는 동급

럭셔리Luxury 급

프리미엄과 같은 고급 차량이 배차되지만 차량 크기가 미드사이즈급이나 그 이상의 크기로 우리나라의 그랜저 크기 정도라고 보면 된다. 주로 벤츠 E클래스, BMW5 시리즈, 볼보 S90 등의 차량이 배차된다. 평소 유럽에서 벤츠나 BMW 등의 고급 차량을 운전하고 싶다는 로망이 있다면 풀사이즈급과 럭셔리급의 차를 신청하면 된다(허츠 렌터카 기준). 풀사이즈와 럭셔리의 차이는 쉽게 말해 차 크기의 차이라고 생각하면 된다. BMW3가 풀사이즈 급이라면 BMW5는 럭셔리급의 차라고 생각하면 이해하기 쉬울 것이다. 물론 풀사이즈급과 럭셔리급을 신청한다고 해서 BMW나 벤츠가 100% 배차되는 것은 아니다. 차량 배정은 예측은 할 수 있지만 현지에서 수령하기 전까지는 알 수 없다. 허츠에서는 BMW나 벤츠가 나오지 않을 때에는 주로 볼보가 배정된다.

(I6)BMW X5 30d 4x4 또는 동급

럭셔리 - (V) Mercedes E-Class SW 또는 동급

럭셔리 (L5) Mercedes GLE 또는 동급 15km 리터

럭셔리- (J) Mercedes E-Class 또는 동급 11km 리터

7인승 미니밴

우리나라 카니발급으로 생각하면 된다. 오토차량은 구하기 쉽지 않다. 유럽에서는 포드 갤럭시, 시트로엥 그랜드피카소, 르노 그랜드스케이프, 폭스바겐 멀티밴, 폭스바겐 샤란 등의 차량이 배차된다. 대체로 카니발보다 조금 작고 3열에도 사람이 앉으면 트렁크 공간이 별로 없기 때문에 맨 뒷자리는 폴딩하여 짐칸으로 사용해야 한다. 따라서 7인승이긴 하지만 적정 인원은 5인승이라고 봐야 한다.

7인승 미니벤 - (M6) Renault Grandscape 또는 동급

7인승미니밴 - (U6) Ford Galaxy 20km 리터

7인승미니벤 - (L) Citreon C4 Grand Picaso 또는 동급 14km 리터

7인승미니벤 (P6) VW Multivan Auto 12km 리터

9인승 미니밴

우리나라 그랜드 스타렉스급이라 생각하면 된다. 유럽에서는 포드 커스텀 콤비, 오펠비바로, 벤츠비토, 포드 투어네오 등의 차량이 배차된다. 짐이 아주 많지 않다면 8인까지 한 대의 차로 이동 가능하다. 3열까지 모두 앉아도 28인치급 대형 캐리어 4개 정도를 적재할 만한 공간이 나온다. 9인승 오토차량의 경우 대부분 벤츠 비토가 나오는데 허츠의 경우 이 차량으로 이탈리아나 동유럽은 갈 수 없기 때문에 이럴 때에는 미드사이즈급 차량 두 대로 나누어 다니거나 다른 렌터카 회사를 알아보아야 한다.

(N4) Opel Vivaro 또는 동급

(U) Merdes Vito Auto 또는 동급 15km 리터_

(W2) Ford Custom Combi 또는 동급

9인승미니밴 - (L) Ford Tourneo 15km 리터

정보 플러스+

최근 전기차가 일상화되면서 렌터카에서도 전기차를 선택하는 비율이 점차 늘어나고 있다. 하지만 아직까지는 굳이 일부러 전기차를 선택할 필요는 없다. 충전소를 찾는 것은 어플이 있어서 크게 문제가 되지 않지만 충전 방법들이 다 달라서 고생할 가능성이 높다. 최근에는 완전 전기차보다는 하이브리드 방식의 차량이 많이 배차되는 편이다. 이런 경우에도 전기 충전 비율은 별로 없다. 아직 유럽에서 전기차 픽업은 시기상조이다.

07 편도반납비

픽업과 반납 지역이 다를 때 비용은?

픽업 도시와 반납 도시가 달라지는 경우가 많다. 픽업 도시와 반납 도시가 달라지면 편도반납비가 발생한다. 편도반납비는 거리에 따라 비용이 증가하기 때문에 다른 나라로 반납하는 경우에는 꽤 많은 금액이 발생한다. 그래서 픽업, 반납을 같은 곳에 하는 것이 좋고 다르더라도 너무 먼 곳에서 반납하지 않는 것이 비용을 절약하는 길이다. 편도반납비는 견적 단계에서 Drop off fee 또는 One way fee로 표시되어 확인가능하다.

요금 포함사항
- 영업소 서비스 요금(Location Service Charge)
- 차량손실 면책프로그램 (Collision Damage Waiver)
- 차량손실 완전면책 프로그램 (Super Cover)
- 임차인 상해보험/휴대품 분실보험(PAI/PEC)
- 도난 보험(Theft Protection)
- 차량 라이센스 비용 및 도로세 (Vehicle Licensing Fee and Road Tax)

무제한 주행거리 FREE 킬로미터

DROP OFF FEE	450.00 EUR
세금	178.16 EUR

08 편도반납 제한

서유럽에서 빌린 후 동유럽에서 반납?

일반적으로 서유럽에서 빌린 차는 동유럽에 반납하기 어렵다. 이유는 보험 문제와 편도반납 문제 때문에 그렇다. 상대적으로 치안이 좋지 않은 동유럽은 그만큼 도난과 절도 사고가 많다. 그래서 반납은 물론 애당초 진입할 수 없게 규정하는 곳이 대부분이다. 동유럽에 인접한 독일만이 이런 규정에서 좀 자유로운 편이다. 허츠의 경우 독일에서 픽업한 차는 동유럽 6개국을 여행할 수 있지만, 반납은 해당 국가의 수도나 주도에서만 가능하다. 동유럽의 반납 가능한 도시는 체코(프라하), 헝가리(부다페스트), 폴란드(포젠, 슈체친, 바르샤바), 슬로바키아(브라 티 슬라바), 슬로베니아(류블랴나) 정도다. 이런 규정들을 모르고 계획을 세우면 나중에 난처해지는 경우가 발생한다. 따라서 서유럽에서 빌려 동유럽에서 반납하려는 계획을 세웠다면 렌터카 회사별로 규정을 잘 살펴보아야 한다. 렌터카 회사에서는 약관에 이와 관련된 규정을 명시하고 있으니 약관을 참고하거나 상담원에게 확인을 받아두는 것이 좋다.

09 차종 제한

입국이 제한되는 차와 나라가 있을까?

진입과 편도반납이 가능한 동유럽 도시도 모든 차량이 가능한 것은 아니다. 특정 차들은 진입이 되지 않는다. 진입이 제한되는 차들은 주로 고급 차들로 벤츠, BMW, 아우디, 재규어 브랜드 차들이 주로 해당한다. 차종들은 렌터카 회사별로 조금씩 다른데 상식적으로 고급 차로 생각되는 차들은 모두 포함이 된다고 생각하면 된다. 한 가지 참고할 점은 이탈리아가 고급 차의 진입 제한 국가에 포함된다는 점이다. 이탈리아는 서유럽이지만 도난 사고가 많은 곳이라 이런 제한 규정이 적용된다. 반대로 오스트리아는 지리적으로는 동유럽이지만 진입제한 규정이 없다. 단 해당 내용은 허츠 렌터카를 기준으로 설명한 것이다. 렌터카 회사마다 적용 규정은 조금씩 다르다. 식스트의 경우 독일에서 차를 빌릴 경우 고급 차량도 이탈리아 진입이 허용된다. 따라서 해당 렌터카 회사에 정확히 확인해 보아야 한다. 동유럽에서 차를 빌린 경우 서유럽을 방문할 때에는 상관없다.

픽업 국가별 여행 가능 국가

픽업 국가	여행 가능 국가	보험료 할증 여부
독일	동유럽 6개국(체코/헝가리/슬로베니아/슬로바키아/크로아티아)	보험료 할증 없음
스위스	동유럽 6개국(체코/헝가리/슬로베니아/슬로바키아/크로아티아)	보험료 할증 없음
오스트리아	동유럽 6개국(체코/헝가리/슬로베니아/슬로바키아/크로아티아)	보험료 50% 할증
이탈리아	크로아티아/슬로베니아	보험료 할증 없음
그외 서유럽	동유럽 진입 금지	
동유럽 6개국(체코/헝가리/슬로베니아/슬로바키아/크로아티아)	서유럽 전부 및 동유럽 6개국	보험료 할증은 없으나 렌트비가 매우 비쌈
이외 동유럽	동유럽 국가 내에서도 제한 있음	

*허츠 렌터카 기준

알아두자

렌터카 회사별 진입제한 규정

허츠 독일 픽업 시 진입 제한 규정

대여 차종: 벤츠, BMW, 컨버터블, 프리미엄 SUV 그외 하단 해당 차량

진입 금지 국가: 이탈리아, 크로아티아, 체코, 헝가리, 폴란드, 슬로바키아 및 슬로베니아

진입 금지 차종 : 포르쉐 718 박스터, BMW Z4 sDrive 30i M,마세라티 레반테 SQ 4, 메르세데스 AMG GT 63 4-Matic, BMW M850i x 드라이브, 포르쉐 파나 메라 하이브리드, 포르쉐 카이엔 쿠페, 메르세데스 AMG GT, 지프 그랜드 체로키, 캐딜락 에스컬레이드 4WD, 아우디 Q8 콰트로, 아우디 R8 스파이더 V10 콰트로, 포르쉐 마칸 S

허츠 이탈리아 픽업 시 진입 제한 규정

대여 차종: 전 차종

진입 가능 국가: 오스트리아, 벨기에, 프랑스, 독일, 룩셈부르크, 네덜란드, 포르투갈, 슬로베니아(류블랴나만 해당), 스페인, 스위스, 영국(아일랜드 제외)

진입 금지 국가: 보스니아 헤르체고비나, 불가리아, 체코, 에스토니아, 조지아, 그리스, 헝가리, 폴란드, 슬로바키아

식스트 독일, 이탈리아 픽업 시 진입 제한 규정

1 Zone: 안도라, 오스트리아, 벨기에, 덴마크, 핀란드, 프랑스, 독일, 영국, 이탈리아, 리히텐슈타인, 룩셈부르크, 모나코, 네덜란드, 노르웨이, 포르투갈, 산 마리노, 스웨덴, 스위스, 스페인 및 바티칸

2 Zone: 크로아티아, 폴란드, 체코 에스토니아, 헝가리, 라트비아, 리투아니아, 슬로바키아 및 슬로베니아

대여 차종: 아우디, BMW, 벤츠, 폭스바겐 차량-1 Zone 및 체코, 폴란드, 크로아티아, 슬로베니아 진입 가능

대여 차종: 재규어, 마세라티, 랜드로버, 포르쉐 등 고급차량-1 Zone만 진입 가능

다른 기타 브랜드의 차량은 1 Zone, 2 Zone 모두 진입 가능

SUV 차량 규정

대여 차종: Volvo XC60 / XC70, Nissan Qashqai, Opel Mokka, Ford Kuga und Fiat 500x SUV 차량 1 Zone, 2 Zone 모두 진입 가능

기타 고급 브랜드: SUV 1 Zone만 가능

*해당 규정들은 변경될 수 있으니 실제 예약 시점에는 별도로 직접 확인을 하는 것이 좋다.

10 픽업 시 고지 의무

여러 나라를 갈 경우 알려주어야 할까?

렌터카를 픽업할 때 보통 다른 나라를 가는지 물어본다. 혹시 물어보지 않아도 다른 나라를 방문한다면 사전에 이를 알려주어야 한다. 질문을 하는 이유는 두 가지다. 첫째 렌터카는 차종에 따라 특정 국가로의 진입이 제한되기 때문이다. 둘째 크로스 보더 피Cross board fee 때문이다. 크로스 보더 피는 국경이동 시 발생하는 추가 요금인데 타 국가를 갈 경우에는 크로스 보더 피가 현장에서 추가된다. 크로스 보더 피는 여러 나라를 가더라도 한 번만 내면 된다. 비용은 보통 25~30유로 선이고 가려는 나라들을 알려주면 영수증에 반영하여 다시 발급해 준다.
만일 이를 고지해주지 않고 진입 금지 국가에 진입하면 문제가 생긴다. 허츠에서는 사고가 발생하면 수리비와 미고지 페널티 비용 600유로를 추가로 부담해야 한다. 사고가 발생하지 않아도 교통 법규 위반 등으로 단속되면 역시 페널티 비용이 부과된다. 따라서 여러 나라를 여행한다면 꼭 알려주도록 하자. 여행 국가를 고지할 때 배정된 차량이 진입 금지 차량이면 다른 차로 교체해 준다.

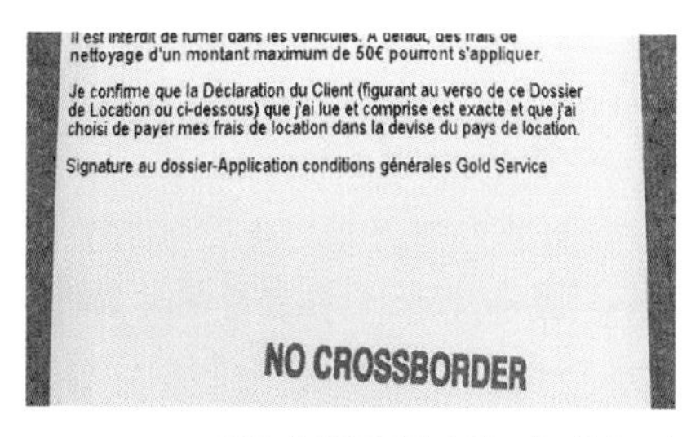
Il est interdit de fumer dans les véhicules. A défaut, des frais de nettoyage d'un montant maximum de 50€ pourront s'appliquer.

Je confirme que la Déclaration du Client (figurant au verso de ce Dossier de Location ou ci-dessous) que j'ai lue et comprise est exacte et que j'ai choisi de payer mes frais de location dans la devise du pays de location.

Signature au dossier-Application conditions générales Gold Service

NO CROSSBORDER

다른 나라를 진입하지 않는다는 확인 도장

11 연령 제한

운전 가능 연령은 몇 세부터일까?

나라마다 규정은 다르지만 보통 18세~23세 이상이 되어야 한다. 하지만 21세 미만이라면 렌터카를 빌리기 어렵다고 생각해야 한다. 그리고 픽업일 기준으로 만 25세 미만인 경우 영 드라이버YOUNG DRIVER 추가 비용이 부과된다. 운행 가능 차종도 고급 차는 제한이 된다.
영 드라이버 추가 비용은 나라마다 회사마다 조금씩 다르다. 보통 하루에 최소 7유로에서 최대 30유로까지도 부과된다. 렌트 기간 전체에 적용되는 것은 아니고 최대 금액 규정이 있어 보통 10일간의 비용만 추가된다. 이런 규정은 렌터카 회사 홈페이지에서 임차 자격 및 요건 항목에서 확인할 수 있다.

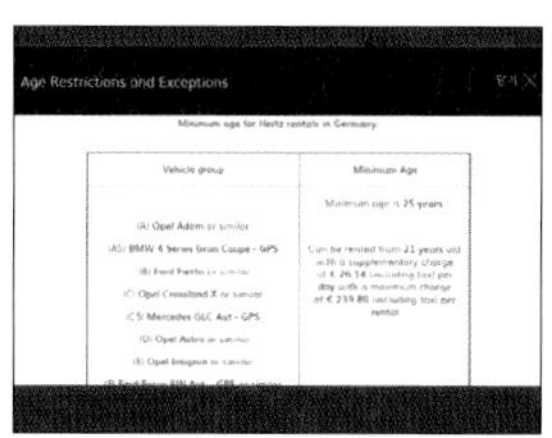

임차 조건을 확인하면 영 드라이버 추가 비용을 알 수 있다.

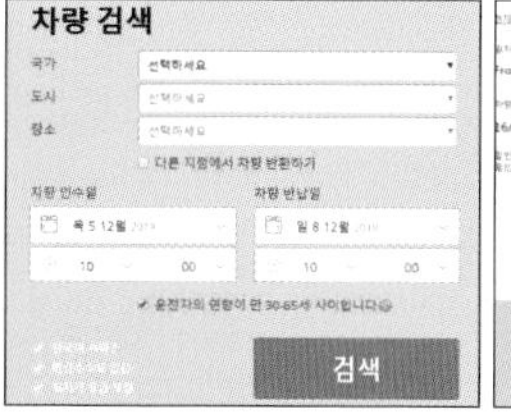

렌탈카스닷컴 연령 체크

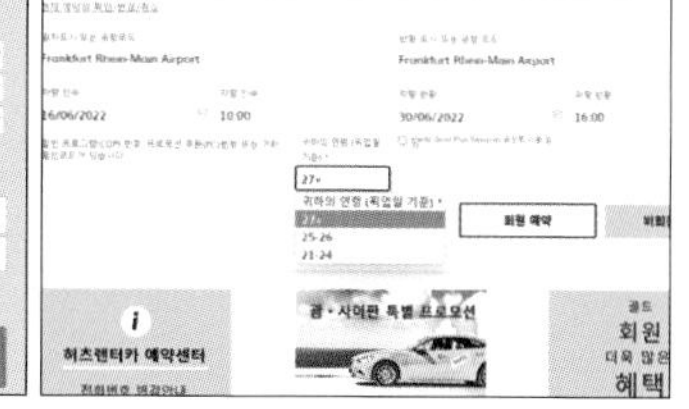

허츠 연령 체크 선택

12 운전면허

면허 취득 1년 미만도 렌트가 가능할까?

면허 취득일이 1년 미만이라면 불가능하다. 운전면허증 확인 시 취득일을 유심히 보지 않기도 해서 운이 좋으면 렌터카를 픽업할 수도 있다. 그러나 사고가 발생하면 보험 혜택을 받지 못하기 때문에 면허 취득이 1년 미만이라면 시도하지 않는 것이 좋다. 단, 1년 미만이라면 리스카를 알아보면 된다. 리스카는 1년 미만이어도 가능하다. 참고로 운전면허 취득 후 만 1년 기준은 국내에서는 취득일로부터 1년이 지난 다음날부터 적용되고, 유럽은 취득일로부터 1년이 되는 날부터 적용된다. 즉 운전면허 취득일이 2024년 3월 1일인 경우 한국에서는 2025년 3월 2일부터 렌트가 가능하고, 유럽에서는 2025년 3월 1일부터 가능하다.

13 추가 운전자

운전자를 추가하려면 어떻게 해야 할까?

추가 운전자는 예약 단계에서 신청할 수 있다. 필요한 경우 미리 신청해 둔다. 여행 중간에도 신청할 수 있는데 추가 운전자와 동행하여 여권, 국내, 국제운전면허증을 제출하면 된다. 비용은 신청일부터 부과되는 것은 아니고 렌트 전 기간에 대해서 소급된다. 추가 운전자는 매우 중요한 계약이다. 만일 추가 운전자 등록을 하지 않고 동승자가 운전을 할 경우 불법 운전이 된다. 사고가 발생하면 보험 혜택을 전혀 받을 수 없으니 꼭 신청하고 이용하도록 한다.

알아두자

❶ 허츠 골드클럽 회원 배우자 추가 운전 무료

허츠 골드클럽 회원의 배우자는 무료 등록이 가능하다. 무료 등록 방법은 사전 결제 예약 시 에이전시에 신청하면 추가 운전자 코드를 등록해 준다. 후불 결제의 경우에는 현지 픽업 데스크에서 직원에게 요청하면 된다. 신청에는 배우자 증명서류가 필요하지 않지만 사고가 발생하면 증명서류를 제출해야 보험처리가 가능하다. 단 골드회원 동승자 추가 조건은 배우자가 반드시 동행해야 받을 수 있다. 신혼부부라면 픽업일 기준으로 혼인신고가 되어 있어야 한다.

❷ 배우자 무료 추가등록이 안 된다고 할 때

허츠 골드회원은 배우자 추가 운전 등록비용이 무료이지만 정작 현지 데스크에서는 담당자가 비용을 내라고 하는 경우가 많이 있다. 이럴 때는 이 문제로 다투어봐야 시간만 낭비하고 화만 날 뿐 도움이 되지 않는다. 우선 비용을 내고 등록한 다음 귀국 후 허츠 코리아나 에이전시에 요청하면 비용을 환불받을 수 있다.

14 픽업 및 반납 시간

일찍 픽업하거나 반납해도 될까?

렌터카는 24시간 단위로 계산되며 시간제 요금이 없다. 따라서 픽업과 반납 시간을 최대한 정확히 지켜야 한다. 예약 시간보다 이른 픽업은 현장에 가봐야 알 수 있지만 가능한 경우는 많지 않다. 오히려 제시간에 가도 차가 준비되지 않았다면 기다려야 하는 경우도 종종 발생한다. 만일 일찍 픽업했다면 반납 역시 그만큼 일찍 해야 한다. 업체에 따라 최소 30분에서 2시간 이상 초과되면 하루치 요금을 더 지불해야 하기 때문이다. 반대로 예약 시간보다 늦게 픽업할 경우에는 픽업 시간을 기준으로 한다. 즉 9시에 예약된 차량을 10시에 픽업했다면 10시부터 24시간을 하루로 계산하게 된다. 반납의 경우에는 예약한 일정보다 며칠 일찍 반납해도 남은 금액은 환불되지 않는다.

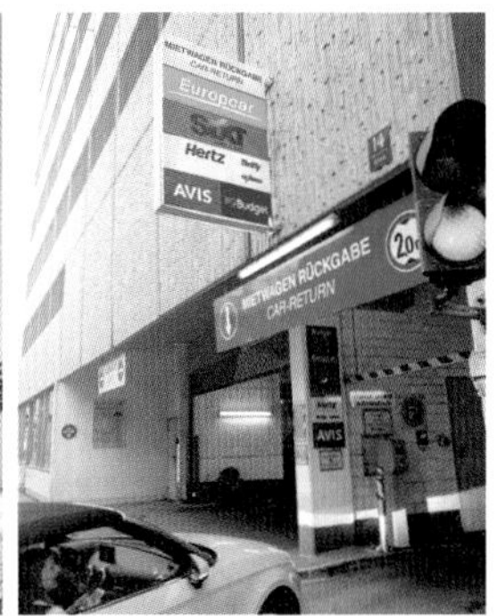

15 렌터카 기본 보험

기본으로 가입되는 보험들은 무엇일까?

렌터카는 계약 시 기본적인 보험은 모두 가입되어 제공된다. 기본으로 가입되는 보험은 CDW(자차), TPL(대인 대물), TP(도난보험)이다. 명칭은 회사별로 조금씩 다르게 부르는데 여기서는 허츠 렌터카 기준으로 설명하기로 한다. 우선 허츠 렌터카의 기본 보험을 살펴보면 다음과 같다.

종류	내용
자차보험(CDW)	차 사고 시 책임을 경감해주며 일정 금액의 자기 부담금이 있다.
차량 도난보험(TP)	차량 도난 시 책임을 경감해주며 일정 금액의 자기 부담금이 있다.
대인, 대물 책임보험(Liability)	제삼자로부터 손해배상 청구를 보상해 주는 보험. 국가별로 보상한도는 달라지며, 일정 금액의 자기 부담금이 있다.

CDW Collsion Damage Waiver

우리말로 '자차보험'을 의미한다. 렌터카가 사고로 인해 손상되었을 때 이를 보장해 주는 보험인데 기본으로 가입되어 있다. 다른 곳에서는 LDW(Loss Damage Waiver)라고도 부르는데 LDW는 주로 도난 보험이 결합된 형태를 말한다.

자차보험은 손해액 전액을 보전하는 것은 아니기 때문에 사고 발생 시 자기 부담금(면책금)이라는 게 존재한다. 즉 300유로의 자기부담금이 있다면 사고 발생 시 수리비가 1000유로 나왔을 때 300유로까지는 본인이 부담하고 나머지 700유로만 보험사가 부담하게 된다. 자기부담금은 나라/차종별로 다르며 보험 범위에 따라 300유로, 500유로, 800유로 등 다양하게 책정된다. 따라서 사고가 나도 자기부담 비용을 0원으로 만들어주는 추가보험을 가입하는 것이 좋다. 이런 보험을 통상적으로 SCDW(Super Collision Damage Waiver), 즉 슈퍼커버라고 부른다. CDW 앞에 SUPER가 붙으면서 모든 자기부담금이 없어지는 보험이라고 생각하면 된다. 이 슈퍼커버 보험에 대해선 별도로 설명하기로 한다.

TP Theft Protection

차량 도난 사고가 발생한 경우 이에 대한 책임을 경감해주는 보험이다. 역시 기본으로 가입된다. 도난 보험에는 차량 부품 및 액세서리의 도난 및 고의적 파손도 보장해 준다. 단 차 열쇠를 꽂아 둔 과실이 있는 경우에는 면책되지 않는다.

LI Liability

타 회사에서는 TPL(Third Party Liability), SLI(Supplemental Liability Insurance), LP(Liability Protection), ALI(Additional Liability Insurance), LIS(Liability Insurance Supplement)라고도 부르며 우리말로 '대인/대물 보험'이란 뜻이다. 자동차 사고로 상대 차량 혹은 사람에게 상해를 입혔을 경우 이에 대해 보상을 해주는 보험으로 기본으로 포함되어 있다.

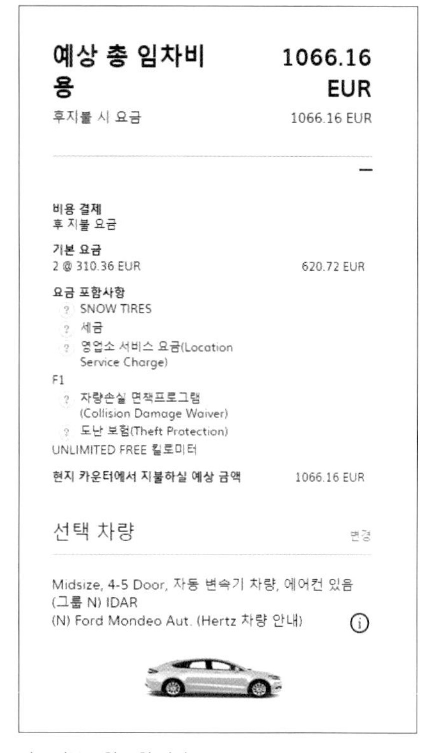

허츠 기본 보험 포함 견적

16 추가 보험 및 서비스

추가로 선택하는 보험과 서비스는?

렌터카 회사는 다양한 추가 보험과 부가서비스를 제공하고 있다. 기본으로 제공되는 보험 이외에 슈퍼커버 보험과 개인상해 보험에 가입하면 보험 준비는 충분하다고 할 수 있다. 추가로 가입할 수 있는 보험과 서비스는 다음과 같다.

종류	내용
차량 손실 책임경감 프로그램 (Super Cover / Super CDW)	차량 파손 및 도난의 책임을 일부 또는 완전 면책해 준다.
임차인 상해 및 휴대품 분실 보험 (PI : Personal Insurance)	임차인 및 동승자의 상해 및 수화물 분실에 대한 보상 한도 내 보상을 해준다.
차량 유리 및 타이어 파손 보험(Glass&Tire Cover)	차량 유리와 타이어 파손 시 본인 책임을 면책해 준다.
프리미엄 로드사이드 어시스턴스 (PERS : Premium Emergency Roadside Service)	사고 또는 긴급 상황이 발생할 때 출동하는 긴급출동 서비스이다.

차량 손실 책임경감 프로그램
Super Cover / Super CDW

사고 발생 시 고객의 부담을 일부 또는 완전히 면책할 수 있게 해주는 보험 상품이다. 통상적으로 슈퍼커버 보험이라고 부른다. 렌터카 회사마다 부르는 이름은 조금씩 다르다. 하지만 어느 곳이든 슈퍼커버 보험을 든다고 하면 알아듣는다. 참고로 에이비스Avis와 허츠Hertz는 Super Cover, 식스트Sixt는 Super Top Cover(LDW Excess 0), 유로카Eurocar는 Premium Protection Package로 지칭한다. 그외 SCDW으로 부르기도 하고, Full Coverage라는 말도 자주 통용된다.

슈퍼커버 보험을 가입하면 차량 사고 및 흠집 등에 대해 완전 면책이 가능하다. 따라서 필수로 가입해 두는 것을 추천한다. 단, 키 분실, 혼유, 차량의 액세서리(카시트, 임대한 내비게이션, Wifi 장비 등의 파손) 등은 보장되지 않는다.

그리고 아이슬란드나 노르웨이 등 북유럽 국가는 슈퍼커버 보험을 가입해도 면책금이 낮아질 뿐 완전 면책이 되지는 않는다. 따라서 이런 지역을 여행한다면 슈퍼커버 보험에 가입하고, 월드 와이드 인슈어런스(WWI) 같은 보험을 추가적으로 가입해 이를 보완해야 한다.

www.worldwideinsure.com/

임차인 상해 및 휴대품 분실 보험 PI/PAI

개인상해 보험 또는 자손보험이라고 할 수 있다. 식스트와 유럽카에서는 PAP(Personal Accident Protection)라고 부른다. 허츠와 식스트는 신체상해와 휴대품 분실을 합쳐서 보상해 주는 반면 유럽카는 개인상해와 휴대품 분실 보험이 각각 구분되어 있다. 이 보험은 사고로 운전자와 동승자가 다쳤을 경우 병원비를 책임져주고 휴대품 분실 시 보상해 준다. 어찌 보면 여행자 보험과 비슷한 보험이다. 그래서 여행자보험만 가입하고 개인상해 보험을 가입하지 않으려는 경우도 있다. 그러나 두 보험은 비슷하지만 다

	개인상해 보험	여행자보험
보상 범위	차량 내 사고	상관없음
보상 대상	차량에 탑승한 운전자 및 동승자의 신체상해 및 분실물	보험 가입 당사자의 신체상해 및 분실물
보상 제외	차량 밖에서 발생한 사고 및 분실은 보상하지 않음	일부 보험은 렌터카 사고를 보상하지 않음

른 차이가 있다. 두 보험의 차이는 다음과 같다. 개인상해 보험은 차량 내에서 발생한 인명사고 및 분실 사고에 대해서는 모두 보상해 준다. 즉 차량에 탑승한 운전자와 동승자가 모두 보험적용을 받을 수 있는 것이다. 그러나 여행자보험은 보험가입자 당사자만 보상이 된다. 차량 밖에서 일어난 일상 사고의 경우 개인상해 보험은 보상하지 않지만 여행자보험은 보상이 가능하다. 그런데 여행자보험은 해외 렌터카 사고 시 이를 보장해 주지 않는 곳들이 있다. 따라서 여행자보험 가입 시 해외 렌터카 사고를 보상해 주는 상품인지를 꼭 확인해 보아야 한다.

타이어 글래스 보험 Glass & Tire Cover

자동차 유리와 타이어 파손 시 이를 보상해 주는 보험이다. 휠은 포함되지 않는다. 슈퍼커버를 가입할 경우에는 모두 보상이 되기 때문에 별도로 가입할 필요는 없다. 하지만 이 보험이 별도로 있기 때문에 슈퍼커버를 가입한 사람들이 추가로 가입해야 하는 건가 해서 혼란을 주기도 한다. 결론적으로 이 보험이 별도로 있는 이유는 비싼 슈퍼커버 보험을 들지 않고 차 유리와 타이어 펑크만 보장받는 용도로 사용하려는 사람들을 위한 선택 옵션이라고 보면 된다.

프리미엄 로드사이드 어시스턴스 PERS

'긴급출동' 서비스도 슈퍼커버를 가입하면 기본으로 적용되기 때문에 별도로 가입할 필요는 없다. 차 키 분실, 배터리 방전, 연료 부족, 타이어 펑크 시 견인 및 수리 등의 서비스를 지원받을 수 있다. 참고로 긴급출동 서비스라고 하지만 한국과 같이 신속한 서비스를 기대하면 안 된다. 접수하는 것부터 어려움이 있을 수 있고, 접수 후에도 도착까지 최소 2~3시간 이상은 소요된다고 생각해야 한다.

17 렌터카 업체의 슈퍼커버 vs 중개업체의 풀 커버 차이

렌탈카스닷컴과 같은 중개업체에서 예약할 경우 풀 커버 보험을 함께 가입할 수 있다. 풀 커버 보험을 가입했으니 모든 보험 문제가 해결되었다고 생각한다. 하지만 막상 렌터카를 픽업하러 가면 데스크 직원이 슈퍼커버 보험이 가입되어 있지 않다며 추가가입을 요구한다. 어떻게 된 것일까? 중개업체에서 가입한 풀 커버 보험은 중개업체가 직접 판매하는 보험 상품이다. 실제 차를 빌려주는 렌터카 회사와는 아무런 상관이 없다. 그렇기 때문에 예약 시 풀 커버 보험을 가입해도 그들의 전산에는 슈퍼커버 보험이 신청되어 있지 않은 것이다. 보통 데스크 직원들은 슈퍼커버 미가입 차량은 가입을 권유한다. 그들의 실적에 도움이 되기 때문이다. 보험을 가입했다고 말해도 자기네랑 상관없으니 다시 가입해야 한다고 한다. 경험이 없고 의사소통이 잘 되지 않으면 당황하기 쉽고 그들의 상술에 넘어가 슈퍼커버 보험을 이중으로 가입하는 경우가 많다.

중개업체에서 슈퍼커버 보험을 가입했다면 그것으로 충분하다. 추가로 슈퍼커버 보험을 가입할 필요가 없다. 만일 데스크 직원이 이 문제로 딴죽을 걸면 보험 가입 시 받은 보험증명서를 보여

주거나 중개업체 고객 상담실에 연락하여 직접 통화하게 하면 된다.
그렇다면 이 두 보험의 차이는 무엇일까? 가장 큰 차이점은 사고 발생 시 보험 처리 방식이다. 렌터카 회사의 슈퍼커버는 약관 내에 보장된 사고의 경우 차량 반납만으로 모든 처리가 종결된다. 그러나 중개업체의 풀 커버 보호 상품은 고객이 먼저 수리비를 지불하고 영수증과 사고 관련 서류를 제출하여 심사를 받은 후 돈을 환급받아야 한다. 약관에서 보장하는 사고이고 서류만 정확히 제출한다면 비용환급은 대부분 이루어진다. 하지만 서류제출이 번거롭고 시일도 다소 오래 걸리며 전액을 돌려받지 못하는 경우도 생긴다. 대신 보험료는 더 저렴한 편이다.

렌탈카스닷컴에서 풀 커버는 렌탈커버(Rentalcover)라는 회사의 보험이 제공되는 것이다. 이때 렌탈카스보다 렌탈커버(Rentalcover.com)에서 직접 가입할 수 있고, 최대 2배 정도 저렴하게 보험 가입이 가능하니 꼭 참고하자.

18 추가 옵션

추가로 신청할 수 있는 옵션들은 어떤 것들일까?

내비게이션 신청

내비게이션을 신청하면 가민 또는 톰톰이라는 전용 내비게이션 제품이 제공된다. 허츠의 경우에는 네버로스트라는 자체 내비게이션을 제공한다. 그러나 내비게이션은 추가로 신청할 필요는 없다. 구글 지도만으로도 충분하고 다른 무료 내비게이션들도 많기 때문이다. 또한 콤팩트 등급 이상의 차량은 대부분 매립형 내비게이션이 장착되어 있다. 만일 가민 같은 전용 내비게이션이 필요하다고 해도 국내에서 임대하는 것이 더 경제적이다.

카시트 대여 서비스

카시트 역시 불필요한 옵션 중 하나다. 대여 비용이 비싸고 위생 상태도 좋지 않다. 가장 좋은 방법은 사용 중인 카시트를 가져가거나 중고로 저렴한 걸 하나 산 후 사용하고 버리고 오는 것이다. 카시트는 수화물도 무료로 실어준다. 현지 대형마트에서 구입하는 방법도 있다. 부스터 시트는 4만 원 내외, 카시트는 10만 원 정도면 구입할 수 있다.

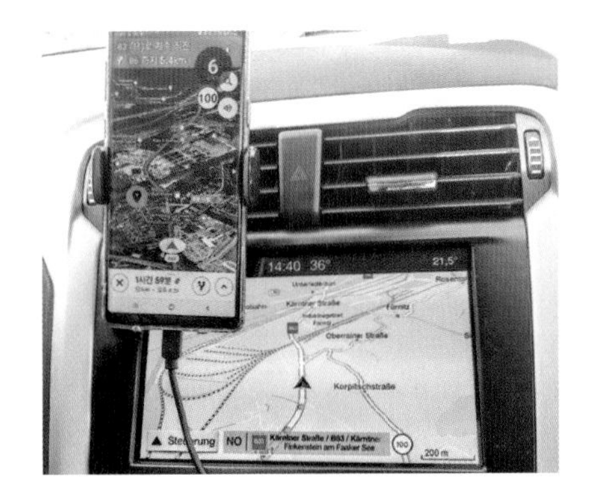

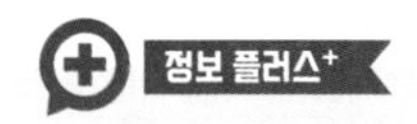

유럽의 전반적인 카시트 규정은 다음과 같다.

- 3살 이하는 조수석에 탑승해서는 안 된다.
- 12세 이하이거나 키 150cm 이하이면 카시트 없이 조수석에 탑승해서는 안 된다.
- 조수석 에어백이 작동할 수 있게 설정된 환경이면 조수석에 카시트를 사용해선 안 된다.
- 부스터는 몸무게 15kg~36kg, 4세 이상, 키 150cm 이상이면 사용할 수 있다.

독일의 규정인데 나라별로 조금씩은 다르다.

연료 선 구입 옵션 FPO Fuel Purchase Option

렌터카는 기본적으로 기름이 가득 찬 상태로 수령하고, 가득 채워서 반납하는 '풀 투 풀Full to Full' 정책이 원칙이다. 만일 기름을 가득 채워 반납하지 않으면 직원이 기름을 가득 채워 오는 인건비와 수수료까지 포함된 비싼 유류대가 청구된다. 그런데 반납 시 기름을 채우지 못하는 상황이 생길 수 있다. 또한 주유소를 찾아서 들르는 것을 번거로워하는 사람들도 있다. 이런 경우를 대비하여 연료를 선불로 미리 구매하는 것이다. FPO는 허츠에서 사용하는 용어로 렌터카 업체마다 조금씩 다르다. 식스트에는 'Prepaid Fuel'이라는 명칭으로 부르고 다른 곳에서는 'PrePurchase'라고도 지칭한다. 이 옵션을 신청하면 차량을 반납할 때 기름을 가득 채우지 않고 반납해도 된다. 처음 렌터카 여행을 한다면 신청하는 것도 나쁘지 않다. 기름을 가득 채워오면 요금을 청구하지 않기 때문에 일종의 보험 역할도 할 수 있기 때문이다.

Estimate of Charges*

€ 44.02 /EXTRA DAY @ 3 DAYS		(A) €	132.06
€ 308.20 /WEEK @ 2 WEEKS		(A) €	616.40
* Includes Unlimited Kilometres			
Discount 10.00% Applied to Time & Mileage Charge		€	- 74.85
Additional Products			
Super Cover (Excess 0.00 per incident)	INCLUDED		
~~Personal Insurance~~	INCLUDED		
Fuel Purchase Option @ 1.1360 per litre incl tax	ACCEPTED	€	73.84
Tax Code (A) 19.0000 %		€	127.99
Total Estimated Rental Charges (Incl. Tax and Fuel)		€	875.44
Credit Card Hold Amount		€	875.00
Last 4 Digits 9008 Auth Code 658037			

Additional Products:		
Super Cover (Excess: 0.00 per incident)	ACCEPTED	(A) €
Personal Insurance	ACCEPTED	(A) €
Reg.Fee/Zulassungsgebuehr	ACCEPTED	(A) €
Cross Border Fee	ACCEPTED	(A) €
One Way Fee	ACCEPTED	(A) €
Adjustment(s) of Charges:		
Marketing Promotion		(A) €
Location Service Charge 23.50 %		(A) €
Tax: Code (A) 19.0000 %		€
Estimated Rental Charges (Incl. Tax, Excl. Fuel Charges):		€
Maximum Refuelling Price @ 4.7600 per litre incl. tax		€
Total Estimated Rental Charges (Incl. Tax and Fuel):		€

허츠는 골드회원 가입 시 FPO를 선호 사항으로 선택해 두면 자동으로 선택하여 예약이 된다. 그래서 이 옵션이 가입되어 있는지 모른 채 영수증에 사인을 할 수 있다. 필요 없다면 회원 정보를 수정해 두도록 한다. 현장에서 제외해 달라고 해도 된다.

그외 렌터카 회사별로 다양한 추가 옵션들을 제공하고 있다. 대부분 불필요한 경우가 많지만 필요에 따라 잘 살펴보고 본인에게 필요한 옵션이 있다면 신청하면 된다.

19 겨울철 운전

윈터 타이어(스노타이어) 필요할까?

윈터 타이어 장착이 의무인 나라들은 기본적으로 장착되어 있다. 그러나 의무가 아닌 나라에서는 스노체인만 추가 옵션으로 선택이 가능하다. 그래서 프랑스나 스페인처럼 의무가 아닌 나라에서 차를 빌려 의무 국가에 간다면 문제가 된다. 특히 프랑스에서 임차하는 리스 자동차는 이런 문제가 가장 빈번하게 발생한다. 리스 자동차의 타이어는 일부 모델만 4계절 타이어가 제공되고 대부분 일반 타이어로 출고된다. 윈터 타이어는 자비로 교체해야 하고 반납 시에도 원상 복귀를 해놓아야 한다. 며칠간의 방문을 위해 타이어를 자비로 교체할 수는 없을 것이다. 다행히 윈터 타이어 단속은 엄격하지 않다. 단속된다고 해도 대부분 계도 조치에 그치거나 범칙금을 내지만 비용은 크지 않다. 그래서 체인 등만 구비하고 타는 편이다. 윈터 타이어를 장착하지 않고 다니다 사고가 발생해도 보험 적용은 되지만 과태료와 교통체증 유발 비용이 발생할 수 있으니 참고하자.

각국의 윈터 타이어 규정

국가	규정
오스트리아	11월 1일~4월 15일 의무 장착
보스니아 헤르체고비나	8인승 이상, 차량 총 중량(GVW: Gross Vehicle Weight) 3.5톤 이상 차량 : 11월 15일 ~4월 15일 의무 장착. 타이어 깊이(Tread Depth) 4mm 이상 유지 (일반 타이어도 가능)
불가리아	11월 15일~ 3월 1일 타이어 깊이 4mm 이상 유지 (일반 타이어도 가능)
크로아티아	11월 15일~4월 15일 의무 장착
체코	11월 1일~ 3월 31일 눈길·빙판길 혹은 장착 안내 교통표지판(Winter Kit)이 있을 경우 의무
에스토니아	12월 1일~3월 1일 타이어 깊이 3mm 이상 유지 (일반 타이어도 가능)
핀란드	차량 총 중량 3.5톤 이상 차량 12월 1일~2월 말일 전동축(Drive Axle) 타이어 깊이 5mm, 나머지 타이어 깊이 3mm 이상 유지 (일반 타이어도 가능)
독일	기한에 상관없이 눈길·빙판길 3PMSF(3 Peak Mountain Snowflake) 심볼이 있는 M+S(Mud + Snow)타이어 의무 3PMSF 심볼이 없거나 단순 그립 컨트롤(Grip Control/Edition) 등은 스노타이어 불인정
라트비아	차량 총 중량 3.5톤 이하 차량 12월 1일~3월 1일 의무 장착
리투아니아	차량 총 중량 3.5톤 이하 차량 11월 1일~4월 1일 의무 장착
몬테네그로	11월 1일~4월 30일 특정 도로 혹은 장착 안내 교통 표지판이 있을 경우 의무 장착
노르웨이	차량 총 중량 3.5톤 이상 차량 11월 15일~3월 31일 의무 장착
루마니아	9인승 이상, 차량 총 중량 3.5톤 이상 차량 기한에 상관없이 눈길 · 빙판길일 경우 의무 장착
세르비아	11월 1일~4월 30일 의무 장착
슬로베니아	차량 총 중량 3.5톤 이상 차량 11월 15일~4월 15일 스노타이어 혹은 스노체인(일반타이어의 경우) 의무 장착
스웨덴	차량 총 중량 3.5톤 이상 차량 12월 1일~3월 31일 의무 장착

*자료 출처 www.continental-tires.com/시트로엥 유로

윈터 타이어 M+S심볼이 새겨져 있다.

스노체인은 옵션으로 선택해야 한다.

4  리스카 예약을 위한 사전 지식

국내에서 리스카를 예약하려면 국내 에이전시 업체를 통해서 진행하면 된다. 에이전시 사이트에 가면 리스카 이용에 대한 상세한 내용을 잘 설명해 두었고, 문의 시 자세하게 답변해 준다. 따라서 이곳에서는 리스카 예약 시 알아두어야 할 사항만 간단히 정리해 보기로 한다. 시트로엥 리스를 기준으로 하였으나 푸조나 르노 리스도 큰 차이는 없다.

01 신청 자격 및 이용 기간을 알아보자

리스카는 만 18세 이상 운전면허 소지자라면 누구나 이용할 수 있다. 운전면허 취득 기간 역시 1년 이상을 권고하고 있지만 1년 미만도 가능하다. 기간도 6개월 이하로 이용할 경우에는 여권만 있으면 된다. 이용 가능 기간은 업체마다 조금 다르다. 시트로엥은 최소 14일인 반면 푸조 리스는 수동차에 한해서만 14일이 가능하고 오토차는 21일이 최소 대여 기간이다. 최대 이용 기간은 파리에서 픽업 시 175일, 그외 지역에서 픽업 시 165일이다.

02 계약 기간 및 결제 방식을 알아보자

렌터카는 당일에도 빌릴 수 있지만 리스카는 그렇지 않다. 리스카는 새 차를 본인 명의로 출고받는 것이다. 그래서 계약자 명의로 차량을 등록하고, 번호판을 달고, 보험 등록을 해야 하는 최소 기간이 필요하다. 푸조 리스의 경우 픽업일로부터 최소 4주 전에 계약을 완료해야 한다. 시트로엥은 파리 시내 및 공항 픽업의 경우에는 최소 2주가 필요하다. 파리 제외 프랑스 내 센터 및 스위스 제네바 픽업 시에는 최소 3주가 소요된다. 프랑스 외 기타 국가에서 픽업 시 최소 4주의 준비 기간이 필요하다. 리스카는 물량이 한정되어 있기 때문에 4월~5월만 되어도 오토매틱 차량의 인기 차종은 조기 매진되는 경우가 많다. 따라서 일정이 확정되지 않아도 우선 예약부터 해두는 것이 좋다. 계약은 픽업 일로부터 한 달 전까지 변경이 가능하다. 예약은 에이전시 웹사이트에서 간편하게 할 수 있고 사무실 방문 예약도 가능하다.

리스카는 직계가족인 경우에만 추가 운전자 등록이 가능하다. 직계가족은 배우자, 자녀, 부모만 해당되고 형제, 자매, 시부모, 장인·장모, 사촌, 삼촌 등은 해당하지 않는다.

결제는 계약금을 지불하고 잔금을 치루는 방식으로 진행된다. 계약금과 잔금 결제에 대한 내용은 아래 표를 참고하자.

	계약금	잔금
금액	약 15~20% (차종 · 일정별 상이)	전체 대금에서 계약금을 뺀 금액
결제일	예약 요청일	픽업 약 3주 전
결제처	한국 총판 국내 결제	프랑스 본사 해외 결제
결제 화폐	결제일 웹사이트 고시 고정환율을 적용 대한민국 원화 환산	유로화
결제 방법	신용 · 체크카드, 계좌이체 등	오직, 신용카드
영수증	카드 전표나 현금영수증 가능	인보이스 형식의 계약서 제공

시트로앵 기준

푸조 리스와 시트로엥 리스 모두 예약금 10만 원은 예약을 취소하더라도 환불이 불가능하다. 만일 예약금을 보존하고 싶거나 변경, 취소 시 수수료 혜택을 보고 싶다면 안심 플랜 상품을 계약 확정 전에 가입하면 된다(시트로엥만 제공).

신용카드는 예약 시에는 계약자 본인 명의가 아니어도 상관없지만 현지에서는 꼭 본인 명의의 신용카드가 있어야 한다. 또 예약 시에는 모든 신용카드 브랜드로 결제가 가능하지만 잔금 결제 시에는 꼭 Visa, Master, Amex 카드만 가능하다. 체크카드는 허용되지 않는다.

04 픽업, 반납 및 배달비에 대해 알아보자

리스카의 픽업은 센터마다 다르다. 직접 사무실로 이동해야 하거나 미팅 장소에서 만나 셔틀 밴으로 이동하는 곳도 있다. 픽업에는 계약서, 여권, 국내, 국제운전면허증이 필요하다. 반납은 최소 3~4일 전에 해당 센터에 연락하여 반납일을 확정하면 된다(단, 파리 시내 지점은 예약 없이 근무 시간 내에 가능). 반납 배달비는 프랑스에서 반납할 경우에는 없다. 하지만 다른 국가에서 반납할 경우에는 청구된다. 반납할 때는 세차는 필요하지 않다. 하지만 실내가 매우 더러울 경우 청소비가 추가될 수 있다. 따라서 가급적 깨끗하게 사용하고 반납 시 내부에 있는 쓰레기 등만 치워주는 매너를 보이면 된다. 유럽 내 40여 개 센터에서 자유로운 차량 이동이 가능하다.

리스카는 기름이 가득 채워져 있지 않다. 보통 10~30km 이내를 주행할 수 있는 기름만 채워져 있다. 따라서 수령 후에는 바로 주유를 해야 한다. 반납 시에는 렌터카와 달리 기름을 가득 채울 필요 없이 타던 상태 그대로 반납하면 된다.

공항에 도착하여 TTCAR 전용 전화로 픽업을 요청하면 사진과 같은 승합차가 10분 내외로 도착한다. 이 차량을 타고 리스카 픽업 장소로 이동한다.

푸조 차량 픽업 장소

파리 드골 공항 리스카 반납 장소

05 기타 알아두어야 할 사항

보험

리스카는 출고 시 올 커버리지 보험에 가입되어 있기 때문에 보험을 선택하느라 고민할 필요는 없다. 직계가족 모두 보험 혜택을 받을 수 있다는 점도 장점이라고 할 수 있다. 2017년부터는 보험 혜택 영역도 넓어져서 타이어나 유리파손은 물론 혼유 사고까지도 보상이 된다. 응급 콜센터도 렌터카 회사보다는 연락이 잘 되는 편이다. 또한 유럽 40여 개 국가에서 모두 동일하게 보험적용을 받을 수 있다.

차량의 고장으로 수리가 들어간 경우에는 동급의 렌터카를 제공받거나 숙소를 제공받을 수 있고 수리가 불가능해질 경우에는 차량을 반납하고 복귀하는 항공편 또는 기차 일등석 비용을 제공해 준다. 단, 렌터카를 이용할 경우에는 기

푸조 리스 차량에 있던 에이온 사의 보험 카드

시트로엥 리스 차량에 있던 차티스 사의 보험 카드

본 보험만 가입되어 있어서 풀 커버를 추가할 경우 자비로 부담해야 하고 사전에 오토매틱 차량을 신청하지 않으면 수동 차가 배정된다는 점은 유의하자. 그리고 수리가 끝나면 렌터카를 빌린 곳에 반납하고 다시 정비소로 되돌아와 여행을 재개해야 하므로 일정에 큰 차질이 생길 수밖에 없는 점은 참고해야 한다.

조기 반납

렌터카는 조기 반납 시 환불이 되지 않지만, 리스카는 미 사용한 날에 대한 환불이 가능하다. 그러나 환불 금액은 각종 수수료 등이 공제되기 때문에 실제 환불 금액은 없거나 매우 적은 편이다.

붉은색 번호판

리스 자동차의 번호판은 붉은색이다. 그래서 외국인 여행자가 타는 차량이고 그만큼 도둑들의 표적이 되기 쉽다는 이야기들이 많이 있다. 그러나 붉은색 번호판이기 때문에 차량털이 범죄가 더 자주 일어날 것이라는 것은 선입견에 불과하다. 차량털이는 차 안에 물건을 두고 다니는 부주의와 안전하지 않은 주차장에 세워두기 때문에 일어나는 것이다. 그리고 여행 기간이 길면 단기로 여행하는 렌터카 운전자에 비해 다양한 사건·사고를 겪을 가능성이 더 높다. 따라서 좀 더 사고가 많은 것처럼 보이는 것뿐이다.

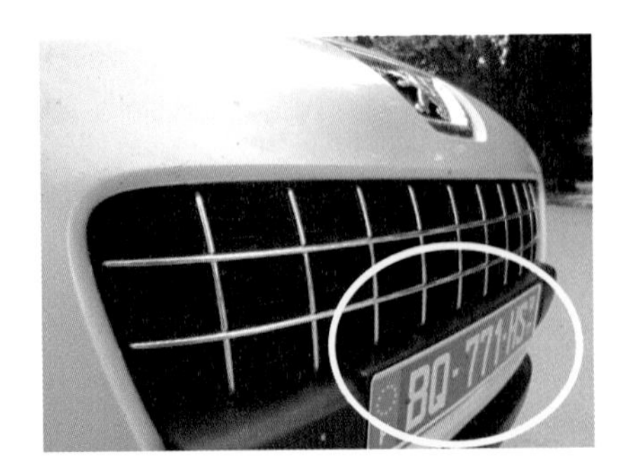

TTCAR를 통한 직접 예약

TTCAR는 프랑스 리스 3사의 차량 출고지를 담당하는 회사이다. 많은 사람들이 프랑스 리스 총괄회사 등으로 알고 있지만 이건 잘못 알려진 사실이다. 리스 3사의 차고지를 하청 관리하는 회사로 시작했으며 지금은 렌터카, 호텔, 리스카 계약 등을 대행하는 업무를 한다. 만약 영어에 자신이 있고 리스 기간이 길며 비용을 절약하고 싶다면 TTCAR에서 직접 예약하는 방법도 있다. 이용해 본 사람들의 말에 따르면 보통 150~200유로 정도 차이가 발생한다고 한다. 하지만 이 정도 금액은 국내 대행사에서 프로모션을 적용할 경우 더 저렴할 수도 있기 때문에 큰 이득이라고 보기는 어렵다. 따라서 TTCAR를 통한 리스카 계약은 처음 리스카를 계약하는 사람이 이용하기에 적합하다고 볼 수는 없다. 영어가 능숙하고 리스카 대여 경험이 있으며 다양한 조건으로 이용하고자 하는 사람이 참고할 만하다. 특히 국내에서 리스 판매 제도를 중단한 르노 리스를 이용하려면 이곳에서 신청하는 것도 방법이다.

5 렌터카 예약하는 방법

주요 메이저 렌터카 업체들은 모두 한국어 서비스를 제공하고 있다. 따라서 웹사이트에서 직접 예약하는 것은 어렵지 않다. AVIS의 경우 영어로 진행해야 하지만 예약 절차는 대동소이하다. 자동차 여행자들이 주로 많이 이용하는 렌터카 회사들의 렌터카 예약(견적) 방법을 살펴보도록 한다.

01 허츠닷컴 사이트에서 렌터카 예약하기

❶ 허츠닷컴 사이트 좌측 메뉴에서 [픽업/반납 영업소]와 [임차 기간]을 설정한다. 할인 코드 또는 프로모션 코드가 있으면 입력하고 계속을 클릭한다.

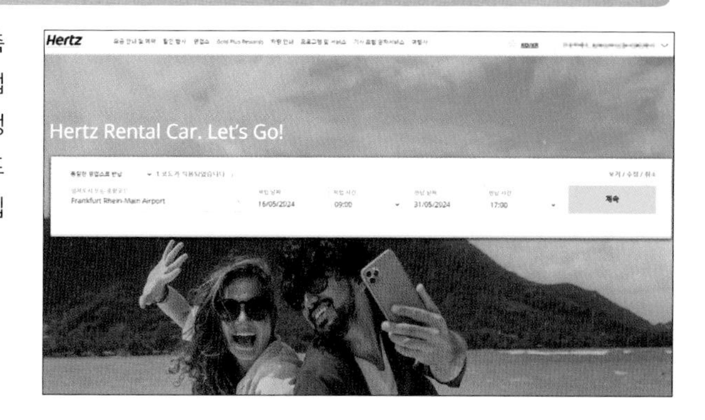

❷ 예약 가능한 차량이 보이면 원하는 차량을 선택하고 [후 지불요금]을 선택한다. 할인 코드를 입력하지 않으면 요금 1과 요금 2로 보이는데 요금 1은 슈퍼커버와 개인상해 보험이 제외된 금액이고 요금 2는 슈퍼커버와 개인상해 보험이 포함된 금액이다.

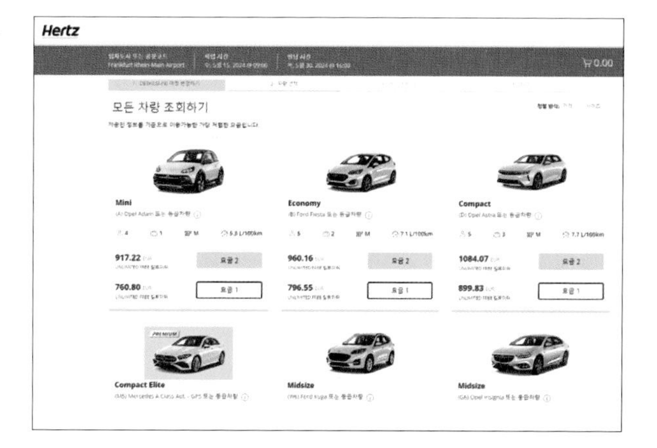

❸ 추가 선택사항 품목이 보인다. 슈퍼커버는 기본으로 포함되어 있다. 제거하지 않는 것이 좋다. 그외 임차인 상해보험은 추가하는 것이 좋고 추가 운전자도 있다면 추가한다. 나머지 옵션은 대부분 필요 없다. 계속을 눌러 다음 페이지로 넘어간다.

❹ 예약자 정보를 입력한다. 공항점 픽업인 경우에는 항공편 정보도 입력해야 한다. 유의 사항 및 임차 자격 및 이용 규정 등을 살펴보고 문제가 없으면 계속을 눌러 예약을 확정한다.

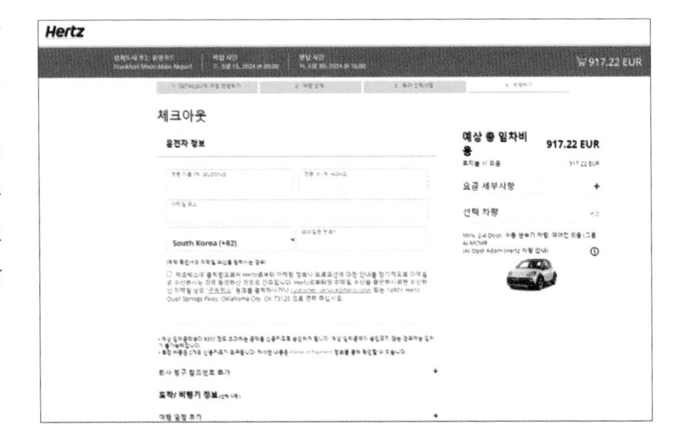

알아두자

❶ Gold Plus Reward

허츠에는 Gold Plus Reward라는 멤버십 프로그램이 있다. 일종의 VIP 회원제도라고 생각하면 되는데 예전에는 별도의 가입 조건이 있었다. 하지만 지금은 누구나 회원가입만 하면 자동으로 부여된다. 골드회원이 되면 여러 가지 혜택을 받을 수 있기 때문에 회원가입을 하고 골드회원으로 예약을 하는 것이 좋다.

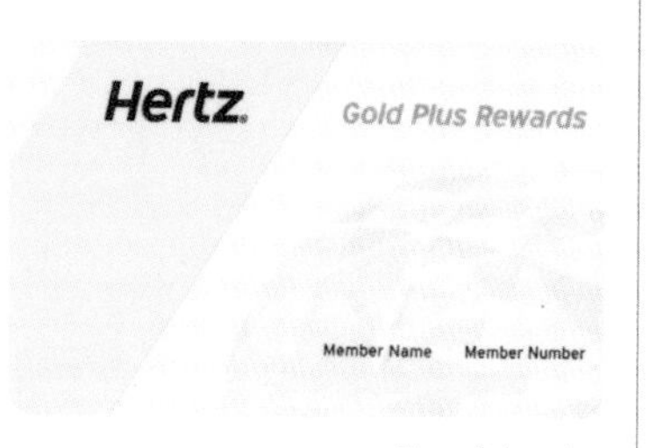

골드 멤버스 카드

❷ 전용 카운터 이용

골드회원은 전용 카운터에서 픽업 절차를 진행할 수 있다. 전용 카운터는 렌터카 영업소에 별도로 구분되어 있거나 픽업 주차장에 개별 사무실 형태로 존재한다. 그곳에 가면 서류가 미리 준비되어 있어 신분 확인만 하면 바로 서류와 차 키를 받을 수 있다. 그러나 이런 전용 카운터가 모든 지점에 있는 것은 아니다. 유럽에서는 주로 대도시의 공항점에만 일부 있다. 중앙역점이나 시내 지점에서는 일반 카운터에 푯말로만 구분되어 있고 일 처리도 일반고객과 큰 차이가 없다.

전용 카운터가 주차장에 개별 사무실 형태로 있는 곳은 일반 카운터를 들를 필요가 없다. 바로 주차장으로 이동하여 픽업 절차를 처리하고 차를 몰고 나가면 되기 때문에 매우 편리하다. 따라서 전용 카운터가 개별로 있는 지점인지 미리 확인해 두는 것이 좋다. 확인은 허츠코리아에 문의하면 된다.

이외 카운터 방문도 필요 없이 차량을 바로 픽업할 수 있는 캐노피 서비스, 차량을 자유롭게 선택하는 초이스 서비스, 빠른 반납이 가능한 전자영수증 서비스 등을 이용할 수 있다. 하지만 유럽에서는 이런 서비스를 이용할 수 있는 지점은 매우 제한적이니 참고하자. 또한 이용 횟수가 많아 Five Star와 President's Circle 등급이 되면 차량 무료 업그레이드와 같은 다양한 혜택을 받을 수 있다.

로마 피우미치노공항 허츠 골드카운터 주차장에 별도의 전용 사무실이 있다.

02 식스트 사이트에서 렌터카 예약하기

식스트는 독일계 글로벌 렌터카 회사로 유럽에서는 허츠, 유럽카와 더불어 가장 큰 메이저 렌터카 업체이다. 국내에서도 지사를 두고 영업을 했었지만 팬데믹 기간에 철수하여 현재는 지사가 없다.

❶ 식스트 렌터카 사이트에 접속한 후 픽업, 반납 도시를 선택하고 대여일과 반납일을 선택한다.

❷ 차량등급, 변속기, 대여 연령, 승객 수 등을 선택하고 보이는 차종 중 원하는 차종을 선택한다.

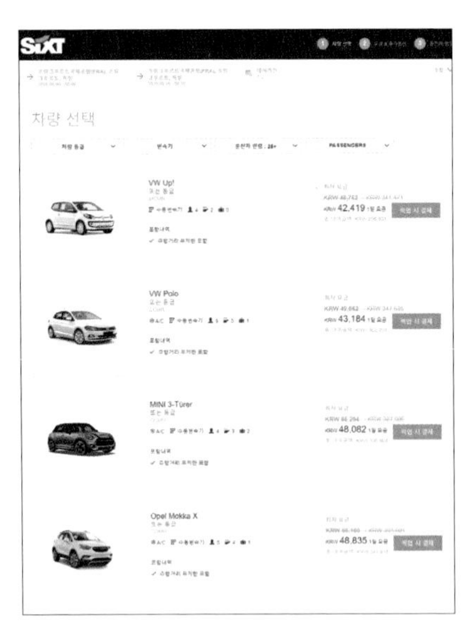

❸ 선택한 차량에 대한 정보와 옵션 선택 항목이 나온다. [추천 보험 옵션] 항목에서는 [차량 손해 면책 제도]에 체크하고 Loss Damage Waiver (including theft protection) with minimum deductible 자기부담금 EUR 0(약 KRW 0)를 선택하면 슈퍼커버 보험에 가입하게 된다. 그외 추가할 보험은 [자손보험] 정도이며, 추천 옵션에서 더보기를 누르면 추가 운전자 신청도 할 수 있기 때문에 추가 운전자가 있으면 선택하도록 한다. 한 번에 여러 국가를 여행한다면 Cross-border driving도 선택해야 한다. 그외에 특별히 신청할 것은 없다.

❹ 운전자 정보를 입력하고 공항에서 임차할 경우에는 항공편 정보를 필수로 입력해 두면 된다. 기재 사항을 모두 입력했으면 맨 하단의 [바로 예약]을 누르면 예약이 완료된다.

❺ 예약 시 입력한 메일로 예약 번호와 보안코드가 발송된다. 예약 변경 및 취소는 언제든 무료로 할 수 있다. 식스트 홈페이지 메뉴의 예약 변경과 취소 항목에서 메일로 받은 예약 번호와 보안코드를 입력하면 된다.

03 유럽카 사이트에서 렌터카 예약하기

❶ 유럽카 사이트에 접속한 후 픽업, 반납 도시를 선택하고 대여일과 반납일을 선택한다. 유럽카도 한국지점이 있고 한국어 사이트를 제공한다.

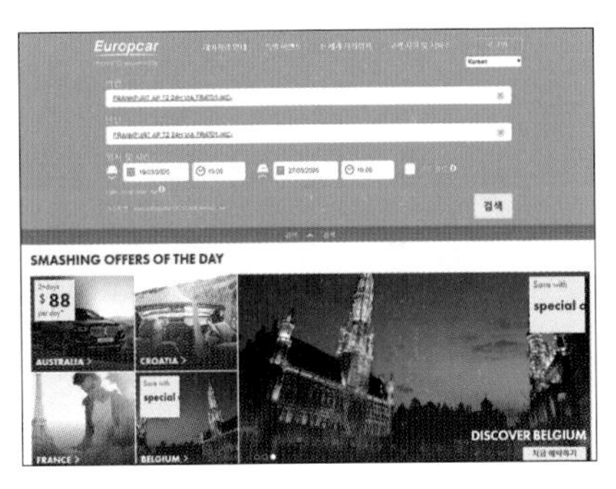

❷ 차량 등급별로 차종을 볼 수 있고 오토차량만 별도로 확인도 가능하다. 차량 정보에 더 많은 상세 정보 메뉴를 클릭하여 요금 포함 사항과 불포함 사항을 확인한다. 차종을 선택한 후 현장 결제 버튼을 클릭한다.

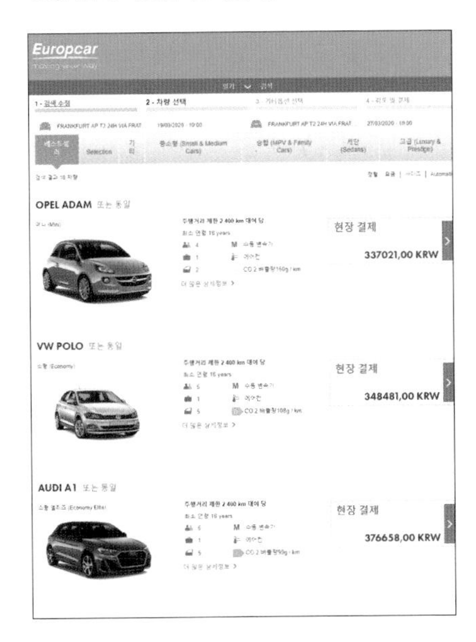

❸ 보험과 기타 옵션을 선택하는 화면이 나온다. 보험의 경우 Basic, Medium, Premium 이렇게 3개의 옵션 선택이 가능한데 Premium 요금을 선택하면 슈퍼커버에 가입하게 된다. Prmium 옵션에는 개인상해 보험과 차량 유리 및 타이어 손상도 포함되어 있기 때문에 추가로 다른 항목은 선택하지 않아도 된다. 유럽카 역시 추가 운전자를 예약 단계에서 선택할 수 있기 때문에 추가 운전자가 필요한 경우 신청하면 되고 응급출동 서비스는 필요에 따라 선택하면 된다. 선택한 정보를 한 번 더 확인하고 대여 버튼을 누른다.

❹ 운전자 정보와 결제 정보 그리고 항공편 정보 등을 입력한다. 기재 사항을 모두 입력했으면 맨 하단의 픽업 시 결제 버튼을 누르면 예약이 완료된다.

6 숙소 예약 및 숙소별 특징

자동차 여행의 장점은 다양한 숙소를 선택할 수 있다는 점이다. 기동성이 있기 때문에 숙소를 모두 예약하고 다닐 필요도 없고 시내 중심을 고수할 필요도 없다. 일반적으로 단기 여행의 경우에는 호텔과 아파트를 주로 이용하면서 그외 농가주택이나 펜션 등 다양한 숙소를 이용한다. 장기 여행인 경우에는 숙박비용이 부담되기 때문에 캠핑장과 일반 숙소를 적절하게 이용하는 경우가 많다. 그럼 숙소 예약 시 주의 사항과 숙소별 특징을 살펴보도록 하자.

01 숙소 예약 어디서 해야 할까?

주요 숙소 예약 사이트로는 부킹닷컴, 호텔스닷컴, 익스피디아, 아고다 등이 있다. 호텔들의 가격을 한눈에 비교 검색해 주는 사이트도 많이 있다. 이런 곳들은 동일 숙소의 가격을 업체별로 한 번에 비교할 수 있어 편리하다. 하지만 숙소들이 모든 예약 사이트에 동일하게 객실 정보를 제공하지는 않는다. 따라서 연박을 하는 곳의 숙소는 최소 2~3군데 사이트를 확인해 보자. 전체 일정을 모두 예약하고 간다면 업체 한 곳을 정해서 하는 것이 좋다. 여러 곳에서 나누어 예약할 경우 혼동하기 쉽기 때문이다. 또 한 군데를 계속 이용하면 등급이 높아져 할인이나 무료 숙박 등의 혜택을 얻을 수 있다. 숙소 예약 시점은 항공권과 렌터카 예약을 마치면 곧바로 하는 것이 좋다. 보통 인기 있는 숙소는 3~4개월 전에 예약이 완료되는 경우가 많다.

해외호텔 예약 사이트	사이트 주소	해외호텔 예약 사이트	사이트 주소
부킹닷컴	www.booking.com	트립어드바이저	www.tripadvisor.co.kr
호텔스닷컴	kr.hotels.com	호텔스컴바인	www.hotelscombined.co.kr
익스피디아	www.expedia.co.kr	트리바고	www.trivago.co.kr
아고다	www.agoda.co,kr	위고	www.wego.com

02 현지에서 숙소 예약하기

현지에서 상황에 맞게 숙소를 예약한다면 구글 지도를 활용하면 된다. 현재 위치에서 주변 검색을 통해서 호텔을 선택하면 주변의 호텔이 표시되고 가격 등을 한눈에 볼 수 있다. 이렇게 확인한 숙소들은 곧바로 예약 사이트로 연동되어 바로 예약할 수도 있다. 전화로 투숙 가능 여부를 확인하고 이동하면 된다.

03 숙소 예약 노하우

자동차 여행에서 숙소 선택은 주차장이 굉장히 중요하다. 주차 여부를 반드시 확인하고 추가 요금도 체크해야 한다. 요금에 미포함된 도시세와 청소비 같은 숨은 비용도 충분히 확인한 후 선택한다.

1. 도심 근교의 숙소를 살펴보자

자동차 여행도 관광지와 인접한 구도심 안에 숙소를 얻는 것이 좋긴 하다. 하지만 구도심은 가격도 비싸고 길도 좁으며, 무엇보다 주차장이 제공되는 곳이 별로 없다. 적당한 곳이 없다면 구도심을 고집할 필요는 없다. 기동성이 있기 때문에 숙소는 도심 근교에 얻고 차량을 이용해서 다녀도 괜찮기 때문이다. 관광지에서 조금 떨어진 근교 숙소들은 저렴하고 주차장을 대부분 제공한다. 객실도 더 넓고 시설도 더 좋은 편이다. 그리고 무엇보다 더 친절하다. 한마디로 가성비가 좋다고 보면 된다.

2. 중저가 숙소면 충분하다

유럽에서 숙소 비용은 여행 경비의 상당 부분을 차지한다. 유럽의 중저가 호텔들은 보통 1박에 10~15만 원 정도다. 도심 외곽의 숙소들은 비시즌에는 10만 원 미만에도 구할 수 있다. 시설은 천차만별이지만 이용하는 데 큰 불편은 없다. 숙소 선택은 각자 예산 범위 내에서 선택하는 것이지만 중저가의 숙소면 충분하다.

3. 주차 여부를 먼저 확인하자

유럽의 호텔들은 주차장을 모두 보유하고 있지 않다. 구도심에 위치한 호텔들은 대부분 주차장이 없거나 있어도 꽤 비싼 주차비를 따로 지불해야 한다. 도심 내 에어비앤비 역시 사정은 마찬가지다. 이런 숙소들은 제휴 주차장을 추가 요금으로 이용해야 하는 곳이 많다. 그래서 숙소를 정할 때 주차장 유무와 비용을 제일 먼저 확인해야 한다. 안전한 곳이라면 추가 주차비를 지불해도 되지만 도로변 주차장을 이용하는 숙소는 주의하자. 안전하다는 숙소 주인의 말만 믿고 주차했다가 차량털이를 당하는 경우가 많다. 이런 숙소들은 가급적 이용하지 않는 것이 좋다.

4. 부대 시설을 잘 살펴보자

3성급 수준의 호텔들도 엘리베이터, 에어컨이 구비되지 않은 곳들이 많다. 3층까지 무거운 캐리어를 가지고 올라가야 하거나 선풍기 하나로 더위를 식혀야 한다면 당황하기 마련이다. 물론 짐을 들어다 주는 곳도 많고 선풍기만으로도 지내는 데 크게 불편하지 않은 편이다. 하지만 개인차에 따라 굉장히 불편함을 느낄 수 있다. 따라서 숙소 예약 사이트에서 이런 부대 시설을 잘 살펴보고 선택해야 한다.

5. 취사 가능한 숙소를 선택한다.

자동차 여행은 짐에 대한 부담이 적어서 직접 요리를 해 먹을 수 있는 숙소를 선택하는 것이 좋다. 현지 마트에서 장을 보고 한국에서 가져간 양념을 가지고 요리하면 한식의 그리움도 달랠 수 있고 저렴하게 식사를 해결할 수 있다. 특히 가족 단위의 여행자는 꼭 이런 숙소가 필요하다. 유럽의 외식 물가는 매우 높기 때문에 매번 외식을 하기 어렵다. 음식이 입에 맞지 않는 경우 여행의 질도 떨어지기 마련이다. 에어비앤비나 레지던스 호텔, 펜션이나 농가 주택 등은 모두 조리시설이 갖추어져 있으니 이런 숙소들을 적극 이용하자.

6. 하프 보드를 이용해 보자

조식 여부는 취향에 따라 선택하면 되지만 숙소에서 하프 보드(저녁 식사)를 제공한다면 적극 이용하자. 특히 펜션이나 농가 주택에서 제공되는 하프 보드는 현지 로컬 가정식 음식을 맛볼 수 있는 기회이기 때문이다. 외부 레스토랑에서 먹는 식사보다 가성비도 좋고 꽤 만족스러운 식사를 할 수 있다. 간혹 형편없는 곳들도 있으니 후기는 잘 보고 선택하자.

7. 숨어 있는 비용을 잘 살펴보자.

숙소 요금에는 객실 요금과 별도로 도시세City Tax라는 것이 있다. 도시세는 관광객에게 부과하는 세금인데 체크아웃할 때 현금으로 지불한다. 비용은 호텔 등급과 숙박 일수 그리고 투숙객 수에 따라 계산된다. 금액도 나라별로 다르다. 보통 유명 관광지의 4~5성급에 묵는다면 1인 1박당 4~7유로까지 발생하기도 하고, 3성급 호텔들은 1~3유로 선이다. 1명이라면 큰 부담이 되지 않지만 가족이나 일행이 많은 경우에는 도시세도 부담이 된다. 아파트의 경우에는 청소 요금이 별도로 발생한다. 그리고 시설 보증금을 예치해야 하는 곳들도 많다. 주차 요금 역시 별도인 경우에는 이 비용도 확인해야 한다. 따라서 표시된 가격만을 보지 말고 이런 숨어있는 비용까지 계산한 총금액을 확인해야 한다.

04 숙소의 종류와 특징을 알아보자

1. 호텔

가장 보편적으로 이용하는 숙소다. 가장 편리하고 다양한 부대 서비스를 이용할 수 있다. 직원들은 대부분 영어가 가능하기 때문에 호텔 이용에 큰 불편은 없다. 요금은 평균 80~150유로 내외면 3성급 호텔은 충분히 구할 수 있고, 4성급 호텔도 이용할 수 있는 곳들이 있다. 주로 많이 이용하는 3, 4성급 호텔들의 특징은 다음과 같다.

4성급 호텔

4성급 호텔은 규모도 크고 시설도 좋기 때문에 전혀 불편함이 없다. 객실도 넓고 비품인 어매니티Amenity들도 충분히 구비되어 있다. 책상, 테이블, 소파 등의 다양한 가구가 있고 그럼에도 공간의 여유가 있어 짐 정리하기 편리하다. 에어컨과 엘리베이터도 대부분 설치되어 있다. 조식 역시 뷔페로 수준 높은 조식이 제공된다. 주차의 경우 자체 주차장을 보유하고 있는 곳이 많지만 대부분 별도의 주차 비용을 지불해야 한다.

3성급 호텔

3성급 호텔들은 가격은 비슷해도 시설은 천차만별이다. 4성급 수준의 호텔도 있지만 2성급도 안 되어 보이는 형편없는 곳들도 많다. 특히 샤워부스가 비좁아 성인 한 명이 간신히 들어갈 만한 곳도 많고 비품도 올인원 세제 하나만 덩그러니 있는 곳들도 많다. 조식도 천차만별이다. 수준급의 조식이 포함된 곳도 많지만 형편없는 조식에 돈을 받는 곳들도 있다. 주차장이나 엘리베이터 같은 부대 시설도 천차만별이다. 3성급 호텔은 가성비 있는 호텔을 잘 선택하는 것이 관건이다. 후기들을 잘 살펴보고 선택하자.

호텔에는 커피포트와 헤어드라이어는 대부분 구비되어 있다. 하지만 커피포트는 비위생적이기 때문에 사용하지 않는 것이 좋다. 방 열쇠는 현대적인 호텔들은 카드키를 사용하지만 오래된 건물을 그대로 사용하는 호텔들은 여전히 무겁고 큼지막한 열쇠를 사용하는 곳들이 많다. 유럽에서 호텔은 단순히 등급만으로 판단하는 것은 옳지 않다. 4성급 같은 3성급 호텔이 있고, 3성급 같은 4성급 호텔도 있다. 예약 시 시설과 후기들을 잘 살펴보고 결정해야 한다.

2. 베드 앤 브렉퍼스트 B&B

B&B라고 부르며 시설은 3성급 호텔과 비슷하다. 가격은 70~100유로 선이면 구할 수 있다. 명칭에서 알 수 있듯이 조식이 기본으로 포함되어 있다. 시골의 작은 마을에서는 민박집 개념으로 인식되기도 하지만 도심에서는 호텔과 비슷한 형태로 운영된다. B&B는 호텔보다는 비용이 저렴하고 호스텔보다는 프라이버시가 보장되어 가성비 좋은 숙소를 찾는 사람들에게 인기가 많다. 가족들이 직접 운영하는 곳들이 많아 정감이 있는 편이다. 보통 오래된 3~4층 건물이라 엘리베이터는 없다. 하지만 짐만 올릴 수 있는 리프트가 있거나 호스트가 짐을 들어다 주는 곳들이 많아 크게 불편하지는 않다. 주차장은 무료 또는 유료로 이용 가능하지만 주차장이 작다. 체크인이 늦으면 주차할 수 없으니 일찍 체크인해 두는 것이 좋다.

3. 레지던스 아파트

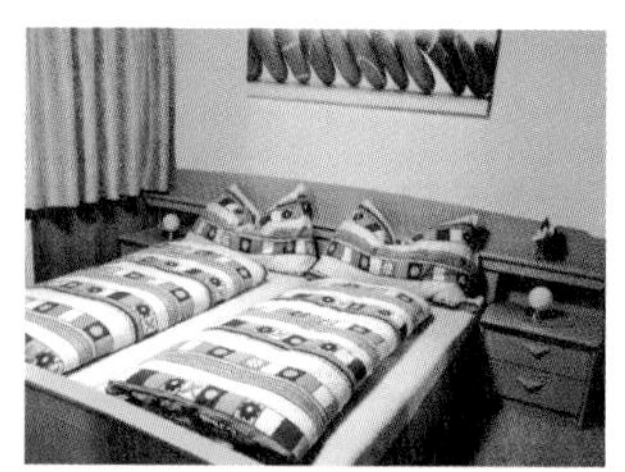

가족 단위의 여행자들이 가장 이용하기 편한 숙소다. 숙소 가격은 1박 기준 100~200유로 사이면 구할 수 있다. 주방과 각종 조리도구 세탁기 등 다양한 가전제품들이 구비되어 있다. 아파트는 시설도 현대적이고 넓어서 쾌적하다. 외관이 낡은 곳도 내부는 리모델링이 되어 있어 이용에 불편은 없다. 한 곳에서 2~3박을 할 경우 가장 추천하는 유형의 숙소다. 이런 숙소들은 숙소 예약 사이트에도 많지만 주로 에어비앤비를 통해서 많이 예약한다. 단점이라면 리셉션이 없어서 숙소에 도착한 후 주인이나 관리인과 통화를 해서 만나야 한다. 영어를 못할 경우 조금 부담될 수 있지만 매우 간단한 영어만 사용하기 때문에 큰 문제는 없다. 현재는 현관문 앞에 있는 열쇠 보관함의 비밀번호를 누르고 열쇠를 찾는 방식도 많아졌다. 조식은 제공되지 않고, 주차도 무료인 경우는 드물다. 대부분 청소비가 별도로 포함되고 물건 파손을 대비한 사전 보증금을 지불하는 곳들이 많다.

4. 체인 호텔

체인 호텔은 나라별로 여러 브랜드가 있다. 가장 저렴한 체인 호텔은 FI 호텔로 프랑스에만 체인이 있다. 한 방에 세 명까지 투숙할 수 있고 1박 요금은 30유로 내외로 저렴하다. 화장실과 샤워장은 공용이다. 이비스 버짓Ibis Budget은 자동차 여행자들에게도 잘 알려진 숙소다. 역시 3명까지 투숙 가능하며 방 안에 작지만 화장실과 욕실이 구비되어 있다. 요금은 50~70유로 선이다. 이외 프랑스에만 있는 캄파닐Campanile체인도 있는데 이비스와 유사하다. 이런 체인 호텔들은 무인 시스템으로 체크인할 수 있어 늦은 밤에 도착할 경우 이용하기 좋다. 1세대 자동차 여행자들은 이런 저렴한 체인 호텔을 이용하는 경우가 많았다. 하지만 최근에는 거의 이용하지 않는다. 경제 수준이 높아지기도 했고 시설이 좋지 않기 때문이다. 매우 기본적인 시설만 되어 있어서 조식이나 기타 서비스를 추가하게 되면 가격이 60~90유로까지도 올라간다. 이 정도 비용이면 3성급 호텔이나 B&B 등을 이용하는 것이 더 낫다. 스위스와 같이 숙박비가 매우 높은 곳에서 하룻밤 이용할 수는 있겠지만 추천하지 않는다.

5. 에어비앤비

에어비앤비는 최근 가장 많은 사람들이 이용하는 숙소 예약 방법이다. 현지인의 집을 숙소로 이용할 수 있어서 상대적으로 저렴하고 각종 시설도 잘 구비되어 있다. 하지만 이용자가 급증하면서 각종 사건·사고로 문제가 되기도 한다. 호텔 같은 정식 숙박업소가 아닌 만큼 만족스러운 이용을 위해서는 좋은 호스트를 만나는 것이 무엇보다 중요하다. 단기보다는 장기 숙박에 더 적합하다. 에어비앤비를 이용할 때 알아두어야 할 사항은 다음과 같다.

• 슈퍼 호스트의 숙소 위주로 예약한다

검색을 통해 슈퍼 호스트만 따로 검색할 수 있다. 슈퍼 호스트는 많은 사람들이 인정하고 추천한 호스트로, 이 호스트가 운영하는 숙소라면 믿을 만하다.

• 환불 조건을 꼼꼼히 확인한다

에어비앤비 취소 시 환불 조건은 호스트의 선택에 따라 유연, 보통, 엄격, 매우 엄격 이렇게 4단계로 나뉜다. 유연은 현지 체크인 시간 기준으로 24시간 전 취소 시 전액 환불, 보통은 5일 전 취소 시 전액 환불, 엄격은 7일 전에 취소해도 반액, 매우 엄격은 30일 전에 취소해도 반액만 환불된다. 따라서 일정이 정확하지 않은 경우에는 엄격이나 매우 엄격 조건은 피해야 한다.

• 후기 체크는 기본

가장 중요한 숙소의 평가 기준이다. 후기를 보면 좋은 점과 불편했던 점 모두를 확인할 수 있다. 모든 사람의 후기가 좋아도 한두 사람의 후기가 나쁘다면 그런 점을 주의 깊게 봐야 한다. 예를 들어 다 좋은데 벌레가 있다고 하면 그 집은 벌레가 있는 집일 가능성이 높다. 별점 10개 이상의 슈퍼 호스트가 운영하고 이용 후기에 특별한 하자가 없는 숙소를 고르는 것이 가장 좋은 숙소를 고르는 요령이다.

• 주차 제공 여부 확인도 필수

자동차 여행인 만큼 주차장 제공 여부도 필수다. 무료 주차를 제공하는 곳도 꽤 있지만 길가에 세워야 하는 경우도 많다. 건물 안쪽의 개별 주차장을 제공하는 아파트 같은 숙소도 많기 때문에 가급적 건물 안쪽의 프라이빗 주차장을 이용할 수 있는 숙소를 고르는 것이 가장 좋다.

에어비앤비나 아파트형 숙소에서는 별도의 체크인 데스크가 없다. 그래서 사전에 투숙객의 게스트 정보 작성을 요청받는 경우가 많다. 신분증이나 여권 성별 등 다소 세세한 정보를 입력해야 하기 때문에 개인정보 노출에 대한 걱정이 있을 수 있다. 하지만 이것은 정상적인 절차로 너무 걱정할 필요 없다. 요청 사항에 맞게 보내주면 된다.

6. 펜션

우리나라의 '민박' 개념으로, 주로 독일어권에서는 짐머 Zimmer라고 부른다. 호스트가 가정집을 개조하여 운영하는 곳이 많지만 조금 규모 있게 정식 숙박업으로 운영되는 곳들도 많다. 보통 숙소 예약 사이트에서 검색되는 펜션은 어느 정도 규모를 갖추어 운영하는 곳들이다. 이런 짐머들은 현지에서 숙소를 구할 때 유용하다. 독일어권 나라에서는 길을 가다 보면 곳곳에 'Zimmer Frei'라는 푯말을 내건 집들을 종종 볼 수 있다. Frei는 방이 있다는 뜻으로 이런 곳에 숙박을 문의하면 숙소를 구할 수 있다. 또 대부분의 펜션은 취사 시설을 갖추고 있어 자동차 여행자들이 이용하기에 편리하다. 주로 도심 외곽에 있어 가격도 저렴하고 가성비가 뛰어나다. 보통 가정집을 개조한 짐머들은 50~70유로 선이고 호텔처럼 운영되는 펜션들도 70~90유로면 구할 수 있다.

7. 농가 주택

유럽의 시골에는 예쁜 농가 주택들이 많이 있다. 아름다운 경치를 감상할 수 있어 여행자에게 인기가 높다. 이런 농가 주택은 주인이 머물며 관리해 주는 곳이 있고, 아파트처럼 체크인 때만 주인이 오는 경우가 있다. 조식 역시 포함되는 곳과 포함되지 않는 곳들이 있다. 이런 곳은 보통 하프 보드를 제공하는 곳들도 많다. 식사는 주인들이 직접 만든 홈 메이드 식단이라 평소 경험하지 못한 현지의 전통 음식들도 맛볼 수 있다. 이탈리아의 토스카나 지역이나 남프랑스의 프로방스에 간다면 이런 농가 주택을 이용해 보는 것을 추천한다. 농가 주택은 80~150유로 내외면 충분히 얻을 수 있다.

8. 기타 숙소

이외에 한인 민박, 호스텔 같은 숙소도 있다. 하지만 주로 대중교통을 이용하는 여행자들이 이용하는 곳이라 주차 사정이 좋지 않다. 주차를 제공하더라도 주변 공영주차장 혹은 노상 주차장에 유료로 세워두어야 하는 경우가 많다. 이런 주차장은 보안에 취약하고 주차 비용도 만만치 않다. 따라서 자동차 여행자들은 자주 이용하지 않는 편이다.

알아두자

열쇠 보관에 주의하자

유럽의 숙소들은 열쇠를 사용하는 곳이 많다. 특히 아파트형 숙소들은 여러 개의 열쇠가 제공된다. 아파트 공용 출입문 열쇠, 대문 열쇠 등 최소 2개는 기본이고, 구조에 따라 중간 현관문 키와 엘리베이터 탑승에 필요한 탑승키가 별도로 제공되는 곳들도 있다. 이런 열쇠들은 항상 휴대하고 다녀야 하며, 특히 분실에 유의해야 한다. 분실할 경우 집 안으로 들어갈 수가 없다. 만약 분실하면 숙소 주인이 열쇠 수리공을 불러주지만 금방 오지도 않을 뿐 아니라 출장 비용도 상당히 비싸다. 더 큰 문제는 아파트 키는 잃어버리면 단순히 키만 복사하는 수준에서 끝나지 않는다. 도어락 전체를 교체해야 한다. 공동주택이기 때문에 1층 공용현관 도어락 및 입주민 전체의 키를 모두 교체해야 할 수도 있다. 이런 경우 엄청난 보상비용이 발생할 수 있다.

정보 플러스⁺

관광세란?

유럽에는 관광세라는 세금이 있다. 이는 각 국가 및 도시마다 다양한 형태와 규모로 부과된다. 관광세는 주로 호텔 숙박비에 부과되는 세금인데, 관광객들은 숙박 시에 이를 납부해야 한다. 이런 세금은 관광 인프라 개발이나 문화, 환경 보호 등 관광산업 발전을 위해 사용된다. 관광세는 국가별, 도시별로 다르며, 주로 숙박 시 유로화로 현금 납부한다.

비용은 숙박 시설의 등급과 기간에 따라 다르며, 일반적으로 별 등급이 높고, 숙박 기간이 길수록 더 높은 금액을 지불해야 한다. 관광세는 숙박 요금에 포함되지 않는 경우가 대부분이다. 현재 관광세를 부과 중인 국가와 도시들은 다음과 같다.

오스트리아

오스트리아는 빈/잘츠부르크 ▶ 1인당 호텔 요금의 3.02% 부과된다.

벨기에

호텔 객실 요금에 포함되거나 별도 추가 요금을 부과한다. 지역별 호텔별로 다를 수 있다.
엔트워프/브뤼헤 ▶ 객실당 요금 부과
브뤼셀 ▶ 호텔 등급에 따라 차등 부과
평균 약 7.50유로라고 보면 된다.

크로아티아

1박당 요금이 부과되는 방식으로 약 10쿠나 1.33유로가 부과된다.

체코

현재 체코는 프라하만 관광세를 부과한다. 1유로 미만 (만 18세 미만은 제외)

프랑스

프랑스는 호텔 숙박비에 포함되어 있기 때문에 별도로 지불할 필요는 없다. 호텔 등급에 따라 약 0.20~4유로까지 부과된다.

독일

독일에서는 프랑크푸르트/함부르크/베를린 등 도시에 한정되어 있다. 호텔 요금의 약 5% 정도 수준.

그리스

그리스는 객실당 최대 4유로로 다소 비싼 편이다.

이탈리아

이탈리아는 로마, 피렌체, 베네치아, 밀라노 등 주요 대도시에서 관광세를 부과한다. 그외 다른 도시들도 관광세가 부과될 수 있다. 평균 1박당 3~10유로라고 생각하면 된다.

네덜란드

네덜란드 암스테르담은 호텔 객실 비용의 7%가 부과된다. 꽤 비용이 높은 편이니 숙박 예산을 잡을 때 이를 감안하는 것이 좋다.

포르투갈

포르투갈은 포르투/리스본/파로 등을 포함한 10개 주요 관광도시에 한정하여 부과한다. 숙박 첫 7일 동안만 부과하며, 약 2유로 수준이다. 최근에는 현지인들에게 인기 있는 관광지인 올량에도 1박에 2유로가 부과된다고 하니 참고할 것.

슬로베니아

슬로베니아는 도시 및 호텔 등급에 따라 차등 부과하는데, 류블랴나, 블레드 등 대도시에 한정하여 부과된다. 보통 약 3유로 정도다.

스페인

스페인은 바르셀로나, 마드리드, 세비야, 발렌시아 등이 대표적으로 관광세를 부과한다. 보통 2~3유로 수준. 특히 스페인 바르셀로나는 2023년 4월 1일 수수료를 2.75유로로 인상했고, 2024년 4월 1일부터 3.25유로로 추가 인상했다니 참고하자.

스위스

스위스의 관광세는 지역마다 다른데, 비용은 1인당 1박 기준 약 2.20유로가 부과된다. 별도로 지불해야 한다. 단 40일 미만 체류 시에 적용되고, 그 이상 체류 시에는 적용되지 않는다.

05 캠핑장 이용 방법과 특징을 알아보자

유럽 전역에는 수많은 캠핑장이 곳곳에 있다. 많은 유럽 사람들은 휴가 기간에 캠핑장에 머물며 바캉스를 즐긴다. 따라서 규모와 시설이 우리나라 캠핑장과는 비교할 수 없을 정도로 잘 되어 있다. 4성급 규모의 대형 캠핑장들은 웬만한 대형 리조트 못지않은 시설을 구비하고 있고 작은 캠핑장들도 시설이 좋은 편이다. 친구들과 함께 자동차를 빌려 여행하는 2030세대들의 경우 호스텔보다는 캠핑장을 이용하는 것이 더 낫다. 그외 가족 단위의 여행자들도 캠핑장 이용률이 높은 편이다. 아예 캠핑카를 빌려서 여행하는 사람들도 늘어나고 있다. 유럽에서 캠핑 여행은 꽤 편리하고 좋은 경험이 될 수 있는 선택지다. 그러나 누구한테나 다 맞는 것은 아니다. 캠핑장도 장단점이 있기 때문에 본인의 여행 스타일을 감안하여 잘 비교해 본 후 선택해야 한다.

캠핑장의 장점

❶ 숙박 경비 절감

텐트 사이트의 평균 비용은 1박에 20~30유로 선으로 매우 저렴하다. 여행 인원이 많은 경우 일반 호텔을 이용하는 것에 비해 상당히 저렴하다.

❷ 자유롭게 취사 가능

야외에서 조리를 할 수 있기 때문에 한국음식을 해 먹는 데에 제한이 없다. 현지 마트의 물가는 매우 저렴해서 장을 봐와서 가지고 간 양념으로 요리를 하면 근사한 식사를 즐길 수 있다.

❸ 예약 없이도 이용 가능

유럽에는 어디에나 캠핑장이 있다. 정처 없이 다니다 눈에 띄는 캠핑장에 들어가도 충분히 이용할 수 있다. 단, 대도심 주변의 캠핑장이나 유명 관광지 인근 캠핑장들은 성수기에는 자리가 없다.

❹ 다양한 부대 시설 이용

중대형 규모의 캠핑장들은 식당, 마트, 수영장, 각종 놀이기구, 세탁실, 인터넷 룸, 미니 골프장까지 리조트에 있을 만한 웬만한 시설은 전부 구비하고 있다. 이런 편의시설은 여행의 즐거움을 배가한다. 특히 아이들이 있는 여행자들에게 인기가 많다.

❺ 대도시 여행 시 유용

파리나 로마, 베네치아같이 차량을 가지고 들어가기 어렵거나 불편한 대도시를 여행할 경우에는 캠핑장을 이용하는 것이 효과적이다. 캠핑장에서 도심까지 셔틀버스나 대중교통 연계가 잘되어 있다. 치안이 좋지 않은 유럽에서 캠핑장의 치안은 무척 안전한 편이다. 대도시의 높은 숙박비 부담에서도 벗어날 수 있다. 보통 3~4일은 체류해야 하는 대도시 관광 일정상 캠핑장만큼 경제적인 숙소도 없다.

캠핑장의 단점

❶ 텐트를 치고 접는 일이 번거로움

유럽 자동차 여행자들은 하루 또는 길어도 2~3일 정도 머무르고 이동해야 하는 일정들이 대부분이라 매번 텐트를 치고 걷어야 한다. 최근에는 성능 좋은 원터치형 텐트 제품이 많이 출시되어서 간편하고 시간도 오래 걸리지는 않는다. 하지만 2~3일에 한 번씩 설치해야 하니 일반숙소에 비해 불편한 것은 사실이다.

❷ 화장실 이용이 불편

캠핑장은 공용 화장실을 사용해야 하는데, 어린 아이나 연로한 어르신들이 캠핑장에서 좀 떨어진 공용 화장실을 이용하는 건 불편할 수밖에 없다. 샤워실이나 화장실 시설은 잘되어 있고 위생적이며 숫자도 넉넉하지만 아무리 가까운 곳에 자리를 잡았다 하더라도 불편한 것은 어쩔 수 없다.

❸ 오픈 기간이 정해져 있고, 날씨의 영향

유럽 대부분의 캠핑장은 5월부터 10월까지만 문을 열고, 그외 기간에는 문을 닫는 경우가 많다. 또한 비가 쏟아지는 날이나 폭염이 심한 날에는 텐트를 이용한 캠핑이 쉽지 않기 때문에 이런 날은 일반 숙소를 이용해야 한다.

❹ 가져가야 할 짐의 양

캠핑 생활은 많은 짐이 필요하다. 캠핑에 필요한 중요한 짐들은 일주일을 여행하나 한 달을 여행하나 별반 다르지 않다. 따라서 장기간 여행을 한다면 캠핑장 이용이 괜찮지만 짧은 기간을 여행하는 데 캠핑장을 이용하기 위해 많은 짐을 가져가는 건 고민해 봐야 할 일이다.

캠핑장 이용 방법

❶ 캠핑장 입구에 마련된 주차장에 차를 주차하고 리셉션을 방문한다. 리셉션에서 체크인과 체크아웃을 하고 각종 비품을 구매할 수 있다.

❷ 체크인은 사람 수(예: two person), 차량 수(예: one car), 텐트 수(예: one tent), 1박(예: one night), 전기 사용 여부(예: use electronic) 등을 이야기하면 된다. 세탁기나 온수 샤워에 필요한 코인 등도 여기서 구매하면 된다. 체크인 시 여권은 리셉션에 맡겨 두어야 한다. 결제는 먼저 하기도 하고 체크아웃 시에 하기도 한다. 카드가 안 되는 곳이 많기 때문에 현금을 준비해 두어야 한다.

❸ 체크인 후 직원이 텐트 칠 곳의 피치 번호를 확인하고 알려달라고 하거나 직원이 지정해 준다. 직원이 지정해 주는 경우 특별히 선호하는 위치(화장실 가까운 곳, 또는 조용한 곳)가 있으면 이야기하면 된다. ACSI 카드 같은 할인 카드가 있다면 체크인 시 미리 제시한다.

❹ 알려준 곳으로 차를 가지고 이동한다. 캠핑장 내에서 차량을 이동할 경우에는 시속 5km 미만으로 이동해야 하고 절대 경적을 울리거나 속도를 높이면 안 된다.

❺ 체크아웃 시간에 맞춰 리셉션에 방문하여 여권을 찾아 떠나면 된다. 방갈로나 모빌 홈을 이용한 경우 청소 상태에 따라 청소비가 부과되기 때문에 체크아웃 시 이를 확인하는 절차가 추가로 있을 수 있다.

Tip

캠핑장을 상세하게 볼 수 있는 캠핑 스트리트 뷰 사이트

캠핑장 내부를 동영상으로 촬영하여 보여주는 웹사이트가 있다. 이 사이트에 들어가면 유럽 전역의 주요 캠핑장을 볼 수 있는데, 나라별, 도시별로 분류되어 있어 원하는 캠핑장을 손쉽게 찾아볼 수 있다. 리셉션부터 시작하여 캠핑장 구석구석을 고프로 카메라로 자전거를 타고 다니며 촬영했기 때문에 캠핑장 선택 전 캠핑장 내부 구조를 미리 확인 할 수 있어 편리하다.

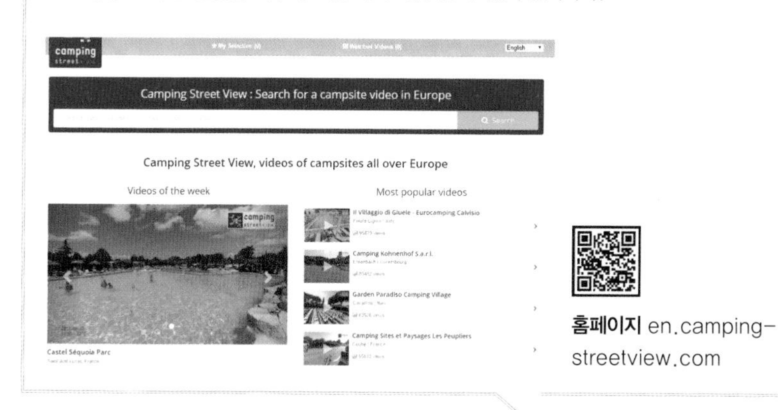

홈페이지 en.camping-streetview.com

알아두자

ACSI 캠핑카드

유럽에는 캠핑장 할인 카드가 몇 개 있는데, 가장 유명한 것은 ACSI 카드다. ACSI 책자를 구입하면 책자 안에 카드가 붙어 있다. 이 카드에 이름과 여권번호를 기재한 후 사용하면 된다. 타인은 사용할 수 없고 본인만 사용 가능하다. 할인은 캠핑카, 텐트 이용객 모두 가능하다. 단 성수기(보통 7월~8월)에는 사용할 수 없고 매년 발행되는 ACSI 책자에 등록된 캠핑장만 할인된다. 할인율은 보통 하루에 5~10유로 정도이고 캠핑장에 따라 전기 사용료 무료 등과 같은 혜택을 주는 곳도 있다. 책자는 직구 대행 서비스업체를 이용해야 한다. 국내에서 받아 가져가는 것이 현명하다. 배송 시간이 오래 걸리기 때문에 캠핑 여행을 계획한다면 이 책자부터 먼저 주문해 두어야 한다. 최소 10일 이상의 장기 캠핑 여행자에게 유용하다.

ACSI 웹사이트 www.acsi.eu

정보 플러스+

캠핑장 이용 시 주의 사항

❶ 체크인은 오후 6시 이전에 마쳐야 한다

캠핑장 리셉션은 보통 오전 9시부터 오후 6시까지 운영한다. 따라서 캠핑장을 이용하려면 오후 6시 전에 도착해서 체크인을 마쳐야 한다. 6시 이후에 도착하면 리셉션이 닫혀 있다. 이런 경우 업무시간 이외의 체크인 안내문을 확인해 본다. 만일 아무런 안내도 없다면 일단 그냥 이용 후 다음날 계산하면 된다.

❷ 캠핑장 내에서는 정숙하는 것이 매너다

유럽의 캠핑장은 저녁이 되면 매우 조용하고 고즈넉한 분위기 속에서 각자의 시간을 보낸다. 따라서 늦은 시간에 캠핑장을 차로 이동하거나 웃고 떠드는 행동은 매너에 어긋나므로 주의해야 한다. 특히 밤 10시부터 시작되는 콰이어트 타임Quiet Time에는 최대한 조용히 이동하고 다른 사람들에게 피해주는 행동은 자제해야 한다. 물론 여름철 성수기의 유명 캠핑장(특히 축제 기간)은 현지 젊은이들이 늦도록 술도 마시고 시끄럽게 하기도 하지만 대부분의 캠핑장은 휴식을 취하는 곳으로 매우 조용하다.

❸ 치안은 안전하지만 물건은 잘 챙겨야 한다

혹자는 유럽에서 제일 안전한 곳이 캠핑장이라고 할 만큼 캠핑장 치안은 매우 좋은 편이다. 텐트 안에 물건을 두고 관광을 다녀와도 도난에 크게 신경 쓰지 않아도 될 정도다. 그러나 여행지에서의 사건 · 사고는 항상 케이스 바이 케이스로 발생하기 때문에 무조건 안심해서는 안 된다. 최근에는 캠핑장에서 도난 사고를 겪었다는 분들도 발생하고 있다. 중요 물품은 분실되지 않게 잘 간직해야 하고, 차 키 역시 안전하게 보관해 두도록 한다.

캠핑장 내 대여 숙박시설

캠핑장에는 모빌홈, 방갈로, 캐빈, 카라반 같은 대여 숙박시설이 있고 저렴한 비용에 텐트를 빌릴 수도 있다. 모빌홈, 방갈로의 경우 숙소 안에 주방, 조리 도구, 화장실이 갖추어져 있고, 2~8명까지 머물 수 있을 만큼 크기도 다양하며 시설도 펜션 못지않다. 요금도 3성급 호텔 수준의 비용이면 이용할 수 있다. 단 이런 대여시설은 성수기에는 보통 몇 박 이상만 예약할 수 있기 때문에 1~2일만 이용하기에는 어려울 수 있다.

7 내비게이션 준비하기

유럽에서의 낯선 길을 운전하는 것도 내비게이션이 있기에 가능하다. 그만큼 내비게이션의 선택은 매우 중요하다. 다행히 유럽에서 내비게이션을 선택하고 이용하는 것은 어렵지 않다. 구글 지도만 있어도 여행하는 데 큰 문제가 없다. 다양한 내비게이션들을 활용하면 더 효율적인 여행을 할 수 있다. 내비게이션의 종류와 장단점을 살펴보자.

01 내비게이션은 어떻게 준비해야 할까?

유럽에도 다양한 내비게이션이 있지만 사람들이 가장 많이 이용하는 방법은 구글 지도를 이용하는 것이다. 구글 지도만으로도 여행하는 데 큰 불편이 없다. 여기에 여행지에 따라 보조 내비게이션을 하나 더 준비하면 충분하다. 보조 내비게이션이 필요한 이유는 구글 지도가 완벽하지 않기 때문이다. 제한속도 안내와 같은 기능이 일부 국가에서 서비스되지 않고 알프스 산악도로나 섬과 같은 오지에서는 먹통이 되기도 한다. 그래서 이런 곳을 여행한다면 오프라인 기반의 내비게이션을 하나 더 추가로 준비하는 것이 좋다.

보조 내비게이션은 내비게이션 앱과 전문 GPS 내비게이션 중에서 선택하면 된다. 최근에는 전문 내비게이션보다는 내비게이션 앱을 사용하는 비율이 더 높다. 각각의 장단점을 살펴보고 본인에게 맞는 제품을 선택하자.

내비게이션의 종류와 특징 및 장단점

구분	내비게이션 명칭	데이터 사용 여부	장점	단점
내비게이션 앱 (모두 안드로이드, 아이폰 이용 가능)	구글 내비게이션	필요함. 단, 오프라인 지도를 미리 저장하면 데이터 없이 사용 가능	한글 표시. 한글 음성안내. 정확성 및 사용 편의성 우수. 과속 단속 안내 기능 제공(일부 국가). 무료 사용 가능	일부 국가 과속 단속 카메라 정보 제공 없음. 추후 지원 예정
	사이직 Sygic	필요 없음	한글 표시. 한글 음성 안내. 그래픽 및 시안성 우수. 과속 및 속도 제한 표시	길 안내 오류가 잦음. 유료(초기 일주일은 무료)
	히어 Here	필요 없음	한글 표시. 한글 음성 안내. 그래픽 및 시안성 우수. 과속 및 속도 제한 표시. 무료	한국에서 직접 설치 불가
	웨이즈 Waze	필요	한글 표시. 과속 및 제한 속도 표시. 그래픽 시안성 우수, 한국에서 사용 가능. 실시간으로 등록되는 교통 정보로 효율적인 운행 가능. 무료	오프라인 모드 불가
전용 내비게이션	가민 Garmin	필요 없음	우수한 GPS 및 길 찾기 능력 한글 메뉴 및 음성 안내	그래픽 시안성이 단순함. 터치 조작감 불편. 구매 및 대여 비용 발생
	톰톰 Tomtom	필요 없음		

내비게이션을 테스트해 보기 위해 구글, 사이직, 가민을 모두 작동한 모습

구글 내비와 웨이즈를 동시에 실행한 화면

구글은 먹통, 웨이즈는 정상 작동 중인 모습

구글+가민 내비게이션. 가장 안정적인 조합은 구글과 GPS 내비게이션 이용

02 스마트폰 앱 내비게이션의 종류와 특징

1. 구글 지도

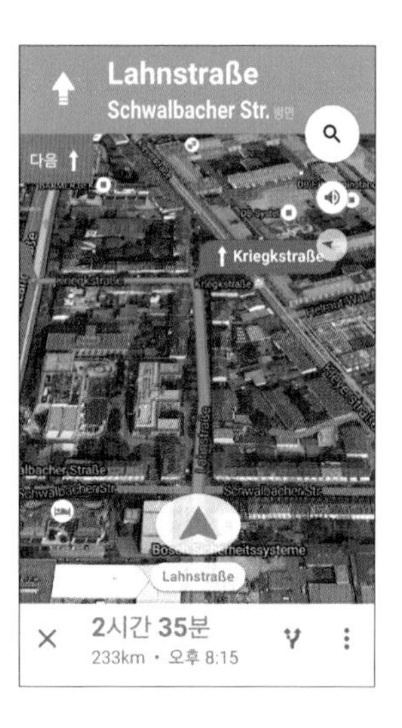

스마트폰에 기본적으로 설치되어 있는 구글 지도는 국내에서는 내비게이션으로 이용할 수 없다. 하지만 유럽에서는 바로 내비게이션으로 사용할 수 있다. 목적지만 입력하면 길 안내를 해준다. 사용법도 매우 간단하고 한글 안내와 한글 음성 안내를 지원하기 때문에 가장 많은 사람들이 이용한다. 특히 구글에 표시해 둔 목적지들을 바로 불러와서 내비게이션으로 연결할 수 있기 때문에 더욱 편리하게 이용할 수 있다. 그동안 단점으로 지적되었던 구간별 속도 제한 표시와 과속 단속 카메라 경고 기능도 업데이트되어 추가되고 있다. 현재 전 세계 40여 개국에서 이용 가능하며, 유럽에서는 영국, 불가리아, 크로아티아, 체코, 에스토니아, 핀란드, 그리스, 헝가리, 아이슬란드, 이탈리아, 몰타, 네덜란드. 노르웨이, 폴란드, 루마니아, 슬로바키아, 스페인, 스웨덴, 포르투갈 등에서 사용 가능하다. 아직 지원되지 않는 국가에서는 이런 기능을 보완할 다른 앱을 사용하거나 보조 내비게이션을 사용할 필요가 있다.

알아두자

구글 지도 오프라인으로 이용하는 방법

구글 지도는 데이터가 있어야 작동하지만 미리 지도를 다운로드 받아두면 오프라인으로 이용할 수 있다. 접속 장애가 있는 산간지방이나 섬 지방을 갈 때 사용하면 된다. 지도를 다운로드 받는 방법은 다음과 같다. 먼저 지도를 실행한 후 검색창에 원하는 지역을 입력한다. 그리고 검색창 옆에 있는 삼선을 클릭하고 하단에 있는 오프라인 지도를 선택하면 된다. 이곳에서 나만의 지도 선택을 누르면 검색한 도시 주변의 지도를 다운로드 할지를 물어본다. 다운로드 버튼을 누르면 지도가 다운로드 된다. 이렇게 여행 지역의 도시들을 다운로드 해두면 된다. 다운로드 한 지도는 30일까지만 사용할 수 있으니 참고하자.

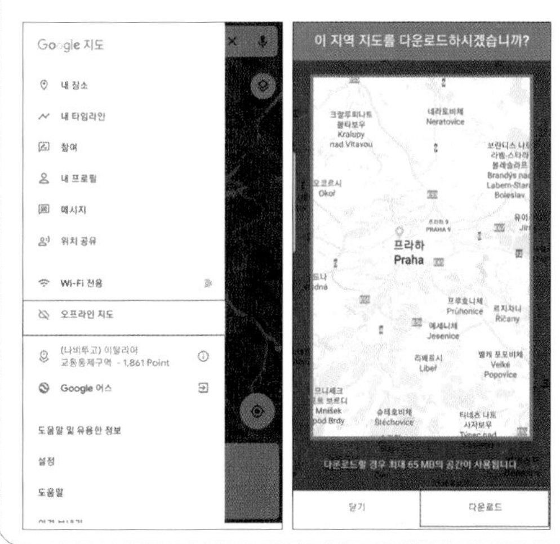

2. 웨이즈 WAZE

현지에서 가장 인기 있는 내비게이션 앱이다. 소셜미디어 기반이라 사용자들이 실시간 교통정보를 내비게이션에 등록할 수 있다. 원래 이스라엘의 스타트업 회사에서 개발했지만 구글에서 인수한 후 사용자가 급증했다. 현지에서는 우버나 택시 기사들이 웨이즈를 내비게이션으로 주로 사용한다. 속도제한이나 과속경고, 실시간 교통 상황 등이 파악되기 때문이다. 웨이즈는 국내에서도 작동하기 때문에 사용해 볼 수 있다. 한국어 메뉴 및 음성 안내 모두 가능하다. 그리고 추가 설정을 통해 ZTL과 같은 각국의 환경보호 통제구역에 진입하지 않게 경고해 주는 기능도 사용할 수 있다. 단점은 오프라인에서는 작동하지 않는다. 안드로이드, IOS 모두 사용 가능하다.

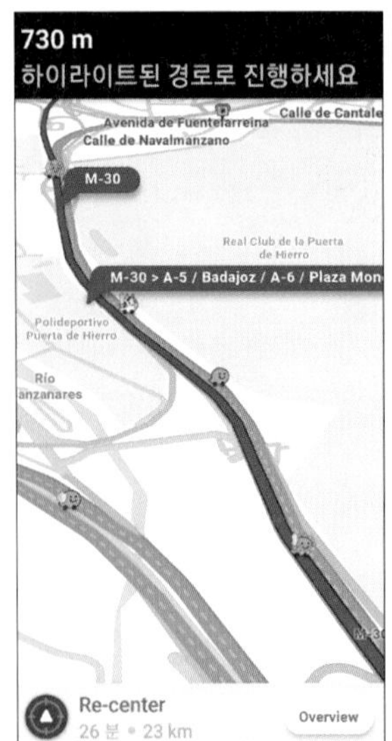

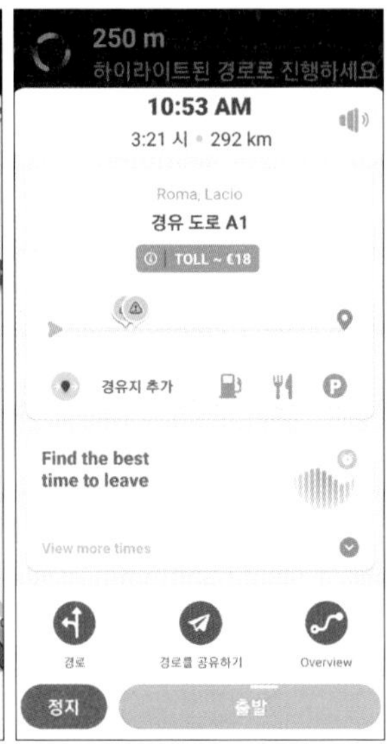

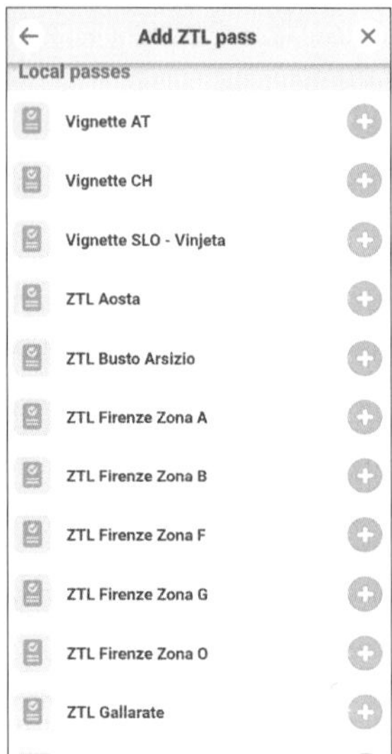

정보 플러스+

구글 지도 과속 단속 경고 안내 단점 보완하기

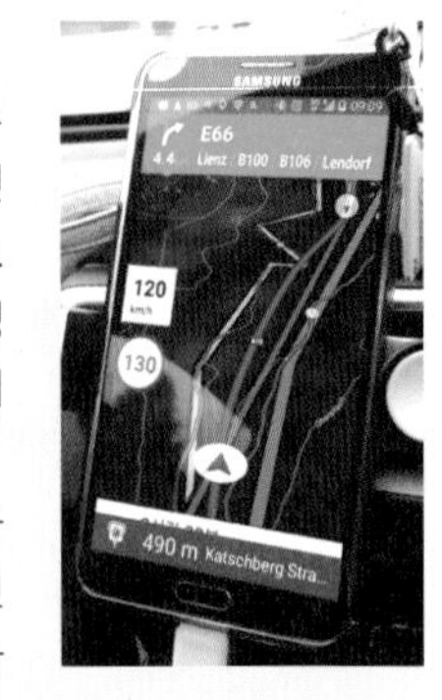

아직 일부 국가에서는 구글 내비게이션 사용 시 과속카메라 단속 안내를 받을 수 없기 때문에 보완이 필요하다. 주로 사용할 수 있는 방법 2가지를 소개한다. 첫 번째 방법은 바로 사이직에서 판매하는 과속 단속 앱을 구매 후 설치하는 것이다. 이 앱을 먼저 실행한 후 구글 지도를 실행하면 구글 지도 위에 속도계 표시가 생성된다. 제한속도를 초과하면 경고음이 발생하고 전방에 과속카메라 위치도 알려준다. 앱 명은 Speed Cameras & Traffic Sygic이다.

두 번째는 웨이즈를 먼저 실행한 후 최소화한 후 구글 지도를 안드로이드 오토나 애플 카플레이로 연동하여 실행하는 것이다. 구글로 길 안내를 설정하면 차량 모니터 화면으로 웨이즈의 과속경고 알림이 화면에 오버랩되어 나타난다. 하지만 이런 방법은 모두 실제 표지판과 다른 경우도 많다. 따라서 내비게이션에 의지하지 말고 실제 표지판을 참고하는 것이 좋다.

3. 사이직 Sygic

웨이즈가 나오기 전까지 가장 많이 사용되었던 내비게이션 앱이다. 한국어 메뉴 및 음성 모두 가능하다. 속도제한 표시가 기본적으로 제공되고 유료 부가서비스로 과속 카메라 단속 기능 및 HUD와 블랙박스 기능도 추가할 수 있다. 오프라인 지도 모드를 지원하기 때문에 미리 지도만 다운로드 받아두면 데이터 없이 사용 가능하다. 단점이라면 유료로 구매해야 한다는 점이다. 그러나 수시로 60~70% 할인 판매를 하기 때문에 20~30유로면 구매 가능하다. 한 번 구매하면 평생 사용할 수 있고, 또 여러 기기에 동시 설치가 가능하다. 자동차 여행을 자주 하고 다양한 기능이 필요한 사람에게 적당하다. 다운로드 받은 날부터 7일간은 무료로 사용 가능하니 참고하자. 안드로이드, IOS 모두 사용 가능.

4. 히어 Here

히어는 차량 전용 내비게이션 시스템으로 노키아에서 개발되었다. 이것을 스마트폰 앱으로 만든 것이 히어Here 내비게이션이다. 무료이며 한국어 메뉴, 한글 음성 안내를 제공하고 제한속도 경고, 과속 카메라 경고 기능도 있다. 오프라인 모드도 지원되며 성능도 매우 뛰어난 내비게이션이다. 단점이라면 국내에서는 어플이 보이지 않아 설치가 불가능하다. 그래서 모르는 사람이 많고 사용하는 사람도 드물다. 이 내비게이션을 사용하고 싶다면 유럽에 도착한 후 다운로드하거나 아래 경로로 접속하여 다운로드하면 된다. 안드로이드, IOS 모두 사용 가능하다.

here-maps.kr.uptodown.com/android

알아두자

안드로이드 오토 & 애플 카플레이를 이용해 보자

안드로이드 오토와 애플 카플레이는 스마트폰의 화면을 차량에 설치된 모니터를 통해 이용할 수 있는 서비스다. 차량 모니터를 통해서 길 안내, 음악 재생, 전화 수신 등 다양한 기능을 사용할 수 있다. 이 기능을 사용하면 구글 지도를 매립 내비게이션처럼 사용할 수 있다. USB 케이블로 차량의 미디어 기기와 연결하면 자동으로 연결된다. 국내에서도 이용할 수 있지만 구글 지도가 지원되지 않기 때문에 카카오 내비로 실행해 보아야 한다.

03 전용 내비게이션의 종류와 준비 방법

Garmin

TomTom

전용 내비게이션은 가민Garmin과 톰톰TomTom이 시장을 양분하고 있다. 렌터카 예약 시 내비게이션을 신청하면 이 두 제품 중 하나가 나온다. 두 제품 모두 한국어 메뉴 및 한국어 음성 안내가 지원된다. 전문 내비게이션이라 데이터는 필요 없고 길 찾기 성능도 우수하다. 특히 산악지형과 섬 지역에서도 웬만해선 경로를 놓치는 법이 없다. 과속카메라 단속 기능은 물론 ZTL 패치도 설치할 수 있고, 최신 기종들은 교통정보 반영을 통한 우회로 설정도 할 수 있다. 단말기 가격이 조금 비싸기 때문에 구매보다는 대여하는 경우가 대부분이다. 한국에서 전문 임대업체를 통해서 대여가 가능하다. 단점이라면 렌탈 비용이 들고 기기와 전용 충전기를 가지고 다녀야 한다. 내비게이션 임대문의는 나비투고에 문의하면 된다. blog.naver.com/navi2go

04 국내에서 내비게이션 테스트해 보기

웨이즈Waze를 제외한 앱 내비게이션들은 국내에서 사용해 볼 수가 없다. 사용자의 위치가 한국으로 되어 있기 때문이다. 하지만 집에서 모의 주행 테스트를 해볼 수 있는 방법은 있다. 바로 GPS 위치 값을 변경하여 현재 위치를 유럽으로 설정해 주면 된다. 이렇게 하면 모의 주행을 해볼 수 있고 이것저것 사용법을 알 수 있다. 이용 방법은 다음과 같다.

❶ Fake GPS 앱을 설치한다.
❷ 앱 실행 후 현재 위치를 유럽의 특정 도시로 설정한다.
❸ 내비게이션 실행 후 목적지를 입력하면 경로가 표시된다.

***유럽에 가서는 이 앱을 꼭 꺼두어야 한다.**

05 내비게이션 거치대

유럽에서는 주차 후 차 안의 모든 짐을 안 보이게 처리해야 한다고 말한 바 있다. 여기에는 내비게이션 거치대도 포함된다. 그래서 거치대도 탈부착이 편리한 제품을 준비해야 한다.
차 유리나 대시보드에 붙이는 흡착형 거치대는 매번 탈부착을 하기에는 힘이 들고 번거롭다. 그래서 송풍구에 간단히 끼우는 방식이나 실리콘 패드로 대시보드 위에 올려두고 사용하는 거치대가 유용하다. 이런 제품은 휴게실을 가거나 작은 소도시를 2~3시간 단위로 이동하는 짧은 여정에서 더 유용하게 사용할 수 있다. 단 송풍구 거치대는 차량 종류에 따라 거치가 불가능한 모델들도 있다. 그래서 송풍구 거치대를 하나 준비하고 실리콘 패드 거치대도 준비해 두는 것이 현명하다.

8  전화 및 데이터 사용 준비하기

여행에서 데이터는 매우 중요하다. 이제 데이터 없이 여행을 한다는 것은 거의 불가능에 가깝다. 내비게이션 실행, 길 찾기, 검색, 통화 등 여행 내내 데이터가 모두 필요하기 때문이다. 데이터는 여러 가지 선택지가 있는데 여행 인원이나 사용 목적, 예산, 방문 나라별로 본인에게 가장 맞는 방법을 찾아야 한다.

01 데이터 로밍 vs 현지 유심 vs 포켓와이파이

가장 많이 이용하는 방법은 로밍, 현지 유심, 포켓와이파이다. 이 세 가지 방법은 각각의 장단점을 가지고 있기 때문에 본인의 여행에 맞게 선택해야 한다. 각 상품의 장단점을 살펴보자.

1. 데이터 로밍

가장 간편한 방법은 데이터 로밍 서비스를 이용하는 것이다. 통신사에 신청만 하면 설정 없이 바로 데이터를 이용할 수 있다. 과거에는 로밍 요금제가 비싸고 사용량도 제한이 많았지만 지금은 다양한 요금제와 서비스를 제공하고 있다. 데이터 로밍은 보통 3~7GB를 30일 내외로 이용한다. 용량은 적당하지만 현지 유심보다는 여전히 비싸다. 쓰던 번호를 그대로 사용하고 싶은 10일 이내의 단기 여행자에게 추천한다.

2. 현지 유심 SIM CARD

유럽 현지 유심을 구매하여 스마트폰에 장착하면 된다. 현지 유심을 끼우기 때문에 기존의 번호로 통화나 문자는 불가능하다. 카카오톡은 그대로 사용할 수 있다. 단순히 전화번호만 현지 번호로 변경되는 것이라고 이해하면 된다.
유심은 다양한 종류가 있다. 유럽 유심은 EU국가 대부분을 모두 커버하기 때문에 통신사별로 조건을 보고 선택하면 된다. 가장 많이 사용하는 유심들은 쓰리심, EE유심, 보다폰, 오렌지, KPN, O2 등이 있다. 만일 한나라만 여행한다면 해당 국가의 로컬 통신사 유심을 구매하는 것이 가장 좋다.
유심은 국내에서 미리 구매하고 가는 방법이 더 낫다. 도착 후 바로 데이터 사용이 필요하기 때문이다. 가격도 큰 차이 없고 다양한 무료 통화 옵션이나 착신 서비스 같은 부가서비스도 탑재되어 있어 유용하다.

2. 이심 e-SIM

최근 가장 인기 있는 유심으로 부상하고 있는 유심은 바로 e-SIM이다. 실물이 아닌 스마트폰 자체에 내장된 것. 현재 사용 중인 심은 그대로 두고 e-SIM은 유럽에서 데이터용으로 사용하면 된다. 현지에서 통화도 필요하다면 통화옵션이 있는 e-SIM을 선택하면 된다. 국내에서 미리 신청할 것. 업체에서 설치 가이드라인을 자세히 안내해 주기 때문에 이용에 어려움은 없을 것이다. 현지에 도착해서 활성화만 하면 된다. 단, 모든 스마트폰이 e-SIM을 지원하는 것은 아니고 최근에 출시된 스마트폰만 가능하다. 따라서 자신의 기종이 e-SIM 사용이 가능한지 업체에 문의해 봐야 한다. 그리고 아직은 나라별로 잘 안 되는 곳들도 있다. 따라서 일행이 있을 경우, 한 사람은 e-SIM을 사용하더라도 다른 사람은 현지 유심을 사용하여 보완하는 것이 좋다.

3. 포켓와이파이

포켓와이파이는 기기 한 대로 최대 5~10개의 스마트 기기에 접속할 수 있어서 경제적이다. 요금은 패키지 요금제로 구성되며 업체에 따라 장기 사용 시 할인 혜택이나 데이터 추가제공을 해주는 곳도 있으니 잘 비교하여 선택하자. 하지만 단점도 많다. 단말기와 보조배터리를 별도로 소지해야 하고 배터리가 방전되면 사용이 어렵다. 또 단말기 소유자와 일정 거리를 유지해야 한다. 항상 같이 이동하지 않는다면 추천하지 않는다.

포켓와이파이 임대업체

스카이패스 로밍 www.skypassroaming.co.kr

플레이 와이파이 www.playwifi.co.kr

알아두자

❶ 유심이 정상 작동되는지 확인하고 출국하자

국내에서 해외 유심을 구입할 경우 출국 당일 공항에서 수령하는 경우가 많다. 유심을 수령하게 되면 바로 유심을 끼워보고 정상 작동 유무를 확인해야 한다. 확인 없이 현지에 갔다가 작동이 안 돼서 낭패를 겪는 경우가 있다.

❷ 유럽의 데이터 속도

현지 유심들은 모두 4G LTE를 지원하지만 교외로 나가면 3G 수준의 속도가 나오는 곳이 많다. 일부 지역은 여전히 먹통이 되는 곳도 있다. 여전히 한국에 비하면 느리고 불편하긴 하지만 사용하는 데 큰 지장은 없다.

❸ 유심을 변경해도 우버 사용은 가능하다

최근에는 우버나 볼트 Mytaxi 등의 앱을 많이 사용한다. 이런 앱들은 한국에서 등록한 후 현지 유심으로 교체해도 사용이 가능하다. 번호가 달라지기 때문에 현지에서 운전기사와 통화는 되지 않지만 자체 메신저를 사용하기 때문에 문제없다.

❹ 주요 유심 판매업체

모바일 어브로드 www.ma1.co.kr
유심월드 www.usimworld.co.kr
유심스토어 www.usimstore.com
글로벌유심 www.globalusim.co.kr

02 현지에서 전화 사용하기

1. 데이터 로밍 서비스 사용 시

로밍 상품은 평소처럼 전화를 사용하면 된다. SKT는 [바로로밍]이라는 상품 이용 시 T 전화 어플로 한국으로 통화가 무료 제공된다. 도착 국가의 현지인과 통화도 무료다. KT [로밍온]은 로밍온 적용 국가에 가면 국내 표준요금제 기준의 비용으로 국제전화를 이용할 수 있다. 무료 통화 서비스는 없다. LG유플러스 제로로밍은 정액요금으로 데이터와 음성 전화를 무제한으로 이용할 수 있다. 통신사 로밍 상품은 수시로 변경되거나 새로운 상품들이 출시된다. 여행 시점에 전문 상담원과 상담을 통해서 최신 정보를 정확하게 확인하고 이용하도록 한다.

2. 현지 유심 사용 시

국내에서 선 구입하는 데이터 유심들은 대부분 통화옵션이 탑재되어 있거나 옵션으로 추가할 수 있다. 유럽 내 현지 발신과 한국으로도 일정 시간의 통화 분량을 제공한다. 여행 중 일상적인 용도로 사용하기에는 충분하다.

3. 포켓와이파이 사용 시

포켓와이파이를 사용할 경우에는 통화옵션을 추가할 수는 없다. 다만 업체별로 모바일 인터넷 전화 서비스 업체와의 제휴를 통해서 1시간 정도의 무료 통화 서비스를 제공하기도 한다. 포켓와이파이 이용자는 이런 인터넷 전화 앱을 활용하여 현지 통화를 해결하면 된다.

알아두자

인터넷 전화 앱

인터넷 전화 앱 중 유명한 곳은 스카이프Skype, 바이버Viber 등이며, 국내 업체로는 말톡이 있다. 이런 앱들은 금액을 먼저 충전한 후 사용량만큼 통화할 수 있다. 한국으로 또는 현지에서 모두 통화가 가능하며 요금도 매우 저렴하다. 한국인은 대부분 카카오톡이 깔려 있기 때문에 친구나 가족끼리는 전화 앱을 사용할 일은 없다. 하지만 현지에서 한국의 유선 번호로 통화할 일이 있거나 저렴하게 충천하여 현지에서 전화를 사용하고 싶다면 설치해 두자. 자세한 이용 방법은 각 업체의 웹사이트 참고.

인터넷 전화 서비스 업체

스카이프 skype.daesung.com 바이버 www.viber.com 말톡 www.maaltalk.com

유럽에서는 왓츠앱 WhatsApp이라는 앱을 많이 사용한다. 카카오톡이 우리나라 국민 메신저라면 유럽 국민 메신저는 WhatsApp이다. 숙소 주인과 연락할 때 이 앱을 사용하면 쉽게 커뮤니케이션을 할 수 있다. 사용 방법은 카카오톡과 별 차이 없다. 자세한 이용 방법은 조금만 검색해 봐도 쉽게 찾을 수 있으니 검색 내용을 참고하자.

9  비상 상황 대비하기

여행을 하다 보면 뜻하지 않은 사고나 난처한 상황을 만날 수 있다. 특히 의사소통이 원활하지 않으면 비상 상황에서 당황할 수밖에 없다. 이때 도움이 될 만한 통역 지원 서비스와 여행자보험에 대해서 알아보도록 하자.

01 통역 지원 서비스를 살펴보자

자유 여행에서 가장 걱정되는 부분은 역시 의사소통이다. 특히 자동차 여행은 예상치 못한 사고가 발생할 수 있다. 이때 의사소통이 되지 않으면 큰 불편을 겪을 수밖에 없다. 경미한 사고는 통역 앱 등으로 어느 정도 해결할 수 있다. 하지만 인명사고를 동반한 큰 사고는 전문 통역 서비스가 필요하다. 이럴 때 활용할 수 있는 통역 지원 서비스는 다음과 같다.

외교부 통역 서비스 영사콜

가장 잘 알려진 통역 지원 서비스다. 전화를 걸면 통역 상담사가 전화를 받는다. 상담사에게 상황을 설명하면 현지 관계자에게 통역해 주는 방식이다. 통역 상담사와 민원인, 현지인의 3자 방식으로 서비스가 제공된다. 지원 가능한 언어는 현재 영어, 중국어, 일본어, 프랑스어, 러시아어, 스페인어 등 6개 국어다.

유료 연결

현지 국제 전화 코드 누른 후 82-2-3210-0404

무료 연결

현지 국제 전화 코드 누른 후 800-2100-0404

보다 자세한 이용 방법은 외교부 영사콜센터 홈페이지에서 확인하면 된다.

- **외교부 영사콜센터** www.0404.go.kr

bbb 코리아

각계각층의 자원봉사자들의 24시간 통역 서비스를 제공한다. 외국을 방문한 한국인을 위한 통역 서비스는 물론 국내에 체류 중인 외국인도 서비스받을 수 있다. 해외에서 이용할 경우에는 82-1588-5644로 전화한 후 언어별 내선 번호를 누르면 된다. 전화 요금 이외에 비용은 무료다. 또는 bbb 통역 앱을 다운로드해도 이용 가능하다. 해외여행이나 출장 시 외국어가 급할 때 도움받을 수 있지만 개인 목적의 통역 서비스는 제공되지 않는다. 자세한 내용은 bbb 코리아 홈페이지에서 확인하자.

- **bbb코리아 홈페이지** www.bbbkorea.org

02 여행자보험 가입, 이것만은 알아두자

여행자보험은 반드시 가입하는 것이 좋다. 여행 중에는 예상치 못한 일들이 발생하기 쉽기 때문이다. 비용 때문에 가입하지 않는 경우도 있는데 이는 현명하지 못한 생각이다. 여행자보험 가입을 할 때는 도난 사고가 많기 때문에 휴대품 보상한도가 높은 것을 선택하는 것이 유리하다.

여행 중 상해나 질병이 발생하여 병원 치료를 받는 경우도 있다. 의사 소견서, 진단서, 치료비 명세서, 영수증, 처방전 및 약 구입 영수증을 꼭 챙겨두어야 한다. 사고가 난 경우에는 사고 증명서(폴리스 리포트)를 꼭 챙겨두어야 보상을 받을 수 있다. 물품을 도난당한 경우에는 근처 경찰서에 가서 폴리스 리포트를 받으면 된다. 작성할 때 꼭 알아두어야 할 것이 있다면 도난과 분실을 명확히 구분해야 한다는 점이다. 여행자보험은 도난(Stolen)에 대해서만 보상할 뿐 분실(Lost)은 보상해 주지 않기 때문이다. 도난 보상한도는 보통 최고 금액이 개당 20만 원이다. 그래서 여러 가지로 구성된 물품을 도난당했다면 분실 목록을 세부적으로 적어야 한다. 고가의 제품들은 미리 모델명과 제품 번호 등을 기록해 두는 것이 좋다.

여행자보험의 가입은 여행자보험을 비교·검색할 수 있는 '트래블로버'라는 사이트를 이용하면 전체 보험사의 견적을 한눈에 받아볼 수 있다. 더 다양한 서비스를 받고 싶다면 어시스트 카드 서비스를 신청하는 것도 방법이다. 어시스트 카드는 보험회사와 제휴를 맺고 해외 긴급 지원 서비스를 제공하는 회사다. 지원 서비스는 크게 해외 의료지원, 해외 편의 지원으로 구분되는데 의료비 수납 대행, 현지 병원 예약 및 입원 수속 대행, 여행 중 사고로 인한 법률지원, 24시간 긴급 의료 통역, 현지 생활정보 제공 등의 다양한 서비스를 받을 수 있다. 일반 보험 상품에 비해 보험료는 다소 비싸지만 코로나와 같은 전염병 위험과 자동차 여행처럼 차 사고에 잠재적 위험이 있는 여행의 경우 관심을 가질 만한 서비스다.

- **여행자보험 비교몰 트래블로버**
  www.travelover.co.kr
- **여행자보험 서비스 어시스트 카드**
  www.assistcard.co.kr

10 짐 싸기 및 앱 설치하기

첫 유럽 자동차 여행인 경우에는 노파심에 이것저것 불필요한 짐까지 잔뜩 가져가는 경우가 많다. 자동차로 하는 여행이라도 짐 가방을 매번 숙소로 옮겨놓아야 하는 만큼 짐이 많으면 그만큼 힘든 여행이 된다. 짐은 꼭 필요한 것만 챙기고 현지에서 조달한다는 생각으로 최소한 줄이는 것이 현명하다. 꼭 챙겨야 할 여행 물품과 유용한 여행 제품들을 알아보자.

01 국내 & 국제운전면허증

국제운전면허증

❶ 발급 방법 및 주의 사항

유럽에서 운전하려면 국제운전면허증이 필요하다. 최근에는 영문 운전면허증이 생겨서 필요하지 않은 국가들도 있지만 여전히 많은 나라들에서 필요하다. 국제운전면허증은 국내운전면허증이 있으면 쉽게 발급받을 수 있다. 신청은 온라인이나 면허시험장, 경찰서에서 하면 된다. 온라인 신청은 주말 제외 7일 정도 소요되고 면허시험장이나 경찰서는 10분이면 발급된다. 유효 기간은 1년이다.

신청 준비물

국내운전면허증 / 여권(사본도 가능) / 6개월 내 촬영한 여권 사진(1매) / 수수료(8,500원, 카드 가능)

국제운전면허증 온라인 신청

www.safedriving.or.kr

도로교통공단

www.koroad.or.kr

❷ 영문운전면허증(국문겸용)

2019년 9월부터 도입된 영문 운전면허증은 국제운전면허증을 대신하기 위해 만들어졌다. 하지만 아직 사용 가능한 나라가 적고 유럽에서는 일부 국가만 통용된다. 그리고 현재 영문 면허증이 통용되더라도 한동안은 병행해 가지고 가는 것이 좋다. 제도가 정착되려면 다소 시간이 필요할 수 있기 때문이다. 앞으로 사용 가능한 나라가 점차 늘어나고 제도가 정착되면 몇 년 뒤에는 국제운전면허증이 필요 없는 시대가 올 것으로 보인다. 영문면허증이 허용되는 국가들은 계속 추가되고 있으니 도로교통공단 홈페이지를 참고하자.

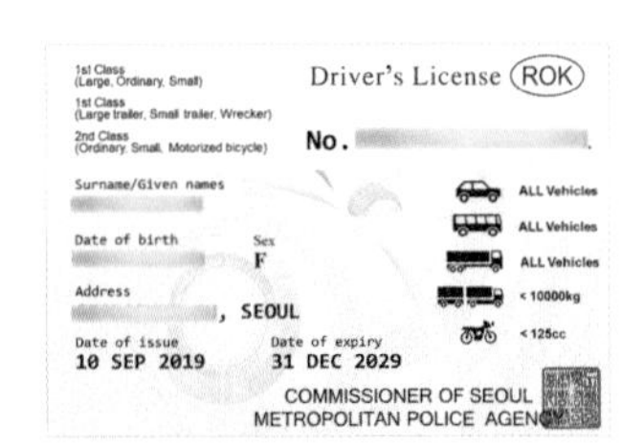

알아두자

국제운전면허증 공항에서 발급받기

국제운전면허증은 공항에서도 발급 가능하다. 혹시 챙기지 못했다면 당황하지 말고 이곳을 이용하자.

발급처 1터미널-3층 F와 G 카운터 뒤쪽 경찰 치안 센터 2터미널-2층 정부 종합행정센터

운영시간 평일 오전 9시~오후 6시, 주말 및 공휴일 휴무

전화 1577-1120

평일만 발급이 가능하니 주말에 출국할 경우에는 방법이 없다. 꼭 잊지 말고 사전에 준비하도록 한다.

 정보 플러스+

제네바 협약국이 아니라 운전을 못한다?

가끔 면허시험장이나 경찰서에서 독일, 스위스 등은 제네바 협약국이 아니라서 운전을 할 수 없다는 말을 듣고 당황하는 분들이 있다. 하지만 유럽 대부분의 국가는 빈 협약국으로 가입되어 있기 때문에 운전이 가능하다. 또한 협약이 되어 있지 않아도 운전면허 상호 인정 협정이 체결되어 있다. 따라서 유럽 전역에서 국제운전면허증으로 운전하는 데 아무런 문제가 없으니 걱정하지 않아도 된다.

운전면허증을 재발급받았다면?

출발하기 전 1년 이내에 운전면허증을 갱신했거나 재발급을 받았다면 영문 운전경력증명서를 한 부 챙겨두자. 흔한 일은 아니지만 재발급 날짜를 면허취득일로 오인한 일부 직원이 픽업을 거절하는 사례가 있기 때문이다. 영문 운전경력증명서는 국제운전면허증 발급 시 같이 발급받으면 된다.

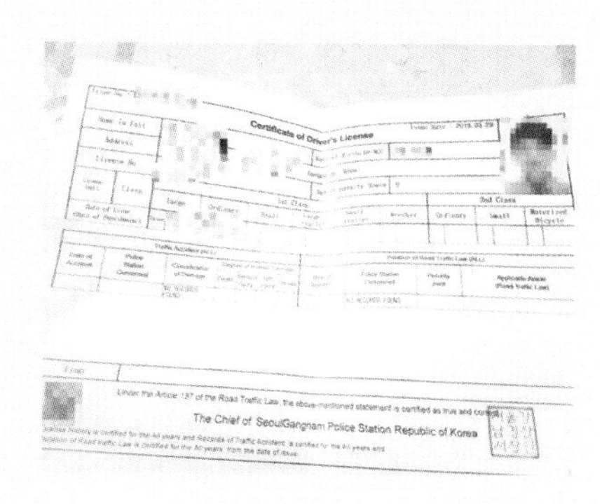
Certificate of Driver's License

The Chief of SeoulGangnam Police Station Republic of Korea

02 신용카드 & 체크카드

1. 신용카드

VISA, MASTER 브랜드 카드를 최소 1개씩은 준비해야 한다. 그리고 카드 뒷면에는 반드시 자필 서명이 되어 있어야 하고 이름은 여권의 영문명과 동일해야 한다. 영문 이름은 알파벳 한 개가 달라도 렌터카 픽업 시 문제가 될 수가 있다. 따라서 신용카드의 이름이 여권과 다르다면 재발급을 받는 것이 안전하다.

2. 체크카드

최근 해외여행의 대세는 바로 충전식 선불카드다. 환율 상황을 지켜보다가 환율이 떨어지는 시점에 조금씩 유로화를 충천해 두는 방식. 이렇게 충전한 금액은 충전 시점의 환율이 적용되기 때문에 경제적이고 카톡이나 앱으로 바로 결제내역도 확인이 가능하여 편리하다. 가장 많이 사용하는 카드로는 트래블월렛, 트래블로그, 토스뱅크, 하나 비바X카드가 있다. 트래블월렛과 트래블로그는 충전식 선불카드이며 토스뱅크 체크카드나 하나 비바x카드는 기존의 체크카드 방식이다. 체크카드들은 주로 소액결제를 하기에 편리하다. 대신 선승인을 하고 취소하는 방식의 결제에는 적합하지 않다. 특히 유럽의 주유소는 가승인 후 취소되는 시간이 굉장히 오래 걸린다. 체크카드는 신용카드보다 더 오래 걸리기 때문에 잘못 처리 되었을까 싶어 걱정을 하게 된다. 가급적 주유 시에는 사용하지 않는 것이 좋다.

트래블월렛 www.travel-wallet.com

트래블로그 smart.hanacard.co.kr/travlog/travlog.html

ATM기에서 수수료 절약하기

유럽에서 가장 흔한 ATM기는 유로넷(Euronet)이다. 이 ATM기는 자체 환율이 매우 좋지 않아 수수료가 매우 높다. 사용하지 않는 것이 좋지만 어쩔 수 없다면 다음과 같은 방법으로 수수료를 절약해 보자.

기기에서 인출 전 환전 표시 단계에서 WITHOUT CONVERSION 또는 DECLINE CONVERSION 버튼을 누른다. 이 버튼은 자체 환율을 안 하겠다는 표시인데 이 버튼을 누르면 유로넷이 정한 자체 환율이 적용되지 않는다. 만일 이 버튼을 누르지 않고 바로 ACCEPT CONVERSION을 선택하면 유로넷이 정한 값비싼 수수료를 지불하게 된다.

3. DCC 차단 서비스를 신청하자

DCC는 Dynamic Currency Conversion의 약자로 '해외 원화 결제'를 의미한다. 해외에서 원화로 결제하면 원화를 현지 통화로 변경하고 다시 국제 카드사의 달러로 변경하게 된다. 그래서 이중 환전이 되고 수수료가 더 많이 발생한다. 현지 통화로 결제하면 발생하지 않을 수수료를 지불하는 셈이다. 카드 결제를 할 때 점원이 현지화와 원화(KRW) 중에서 어떤 것으로 선택할지 물어보는 경우가 있다. 이때에는

꼭 현지 화폐를 선택해야 한다. 일부에서는 묻지 않고 원화 결제를 하는 경우가 있다. 영수증에 KRW로 표기가 되어 있다면 점원에게 다시 현지 통화(Local Currency)로 결제해 달라고 요청해야 한다. 가장 좋은 것은 DCC 차단 서비스를 신청하고 출국하는 것이다. 카드사에 전화해서 DCC 차단 서비스를 신청한다고 하면 된다. 그러면 무조건 현지 통화로 결제된다.

4. 컨텍리스 Contactless 카드를 준비하자

유럽에서는 신용카드 결제 시 영수증에 사인하는 방식이었지만 최근에는 컨텍리스나 tap방식으로 대부분 결제하는 편이다. 굉장히 보편화되어 있기 때문에 선불식 충전 체크카드인 트래블월넷이나 트래블로그나 와이파이 모양의 아이콘이 있는 신용카드라면 모두 사용 가능하다. 삼성페이나 애플페이도 모두 컨텍리스 결제가 가능하다. 따라서 가지고 있는 카드가 컨텍리스를 지원하지 않는다면 교체 발급하고 가는 것을 추천한다.

5. 노점에서는 카드 사용을 주의하자

노점에서는 카드 사용을 하지 않는 것이 좋다. 대부분 현금결제만 되지만 카드도 된다는 곳들이 있다. 단말기가 없다며 다른 곳으로 결제를 하러 가는 경우가 있는데 복제의 위험이 있으니 이용하지 않는 것이 좋다. 카드 결제는 반드시 직접 볼 수 있는 곳에서 해야 한다.

6. 카드 앱을 설치해 두자

해외 유심을 사용하면 카드 사용 내역을 문자 알림으로 받을 수 없다. 이럴 때에는 카드 회사의 앱을 설치하자. 카드 사용 내역 알림을 받거나 결제 내역을 바로 조회할 수 있다. 카드 분실 시에도 바로 분실신고를 할 수 있는 점도 편리하다.

03 환전 금액과 환전 시기

체크카드 등을 활용해 현지에서 인출해도 되지만 어느 정도 환전은 하고 가는 게 낫다. 특히 동전을 사용할 일도 많기 때문에 거스름돈을 받기 위해 약간의 현금은 갖고 있어야 한다. 단, 유럽은 소매치기가 많기 때문에 많은 금액을 환전할 필요는 없다. 환전 금액은 비상금보다 조금 더 챙긴다고 생각하면 된다. 비상금은 쉽게 분실되지 않는 곳(양말 속이나 허리 벨트 사이 등)에 보관하고 여분의 돈만 가지고 다니면서 체크카드와 번갈아 가면서 사용하면 된다.

04 여행 물품 준비하기

1. 필수 준비 물품

유럽 자동차 여행을 떠날 때 필요한 필수 여행 물품이다. 없으면 자동차 여행이 불가능하거나 큰 차질을 빚을 수 있는 만큼 가장 먼저 챙겨두자.

체크 리스트

품목	내용	
여권	최소 만료일 6개월 이상 남은 여권	☐
여권 사본 / 여권용 사진	여권 사본은 2장을 준비하여 동행인과 나누어 보관하고, 사진 역시 여권용으로 2장을 준비하면 된다.	☐
국내운전면허증, 국제운전면허증	여권만큼 중요하게 챙겨두어야 한다. 만일을 위해 사본도 한 부 가지고 있는 것이 좋다.	☐
렌터카 예약 바우처	핸드폰에 담아두거나 프린트해 간다.	☐
신용카드	Visa, Master 카드로 각각 1개 이상 준비한다.	☐
체크카드	선불식 충전카드, 기존 체크카드 1개씩 준비하면 좋다.	☐
내비게이션	구글 지도면 충분하지만 웨이즈 내비는 추가로 준비해 두자.	☐
내비게이션 거치대	탈부착이 간편한 것으로 준비한다.	☐
차량용 멀티 시가잭	최소 3구 이상으로 준비하는 것이 좋다.	☐
멀티플러그	고장을 대비한 여분까지 2개는 챙긴다.	☐
의약품	진통제, 소화제, 연고, 설사약, 소독약, 종합감기약, 소염제 등 여행 필수의약품을 준비하고 시중에서 판매하는 응급키트 제품을 하나 준비하면 된다.	☐

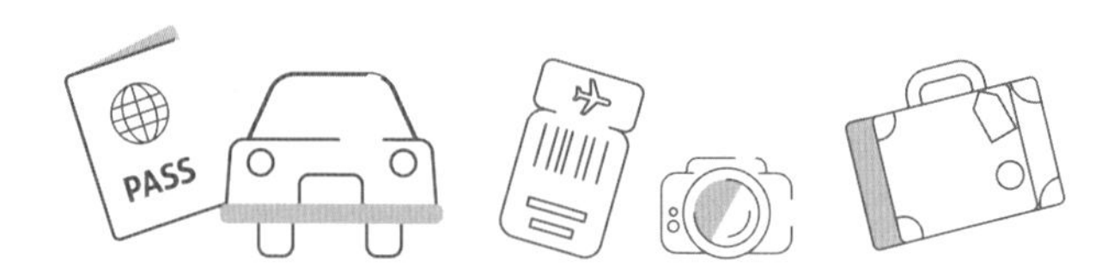

2. 없으면 아쉬운 물품

없어도 여행하는 데 문제는 없지만 필요할 때 없으면 아쉬운 물건들이다.

품목	내용
손 세정제	야외 활동 시 유용하게 사용할 수 있다.
세탁소 옷걸이	한두 개 챙겨두면 다용도로 사용 가능하다.
전기 모기향 & 비오킬	여름에 간다면 챙겨둔다.
손톱깎이 세트	2주 이상의 여행이라면 챙겨가는 것이 좋다.
휴대용 비데 물티슈	야외에서 화장실을 사용할 때 유용하다.
보냉, 보온병	여름에는 시원한 물을 겨울에는 따뜻한 물이나 차를 마실 수 있으니 챙겨두면 유용하다. 현지에서 기념품으로 구매해서 사용해도 된다.
세제 & 수세미	취식 후 설거지용으로 필요한데 현지에선 대용량만 판매하므로 소량을 덜어서 가져가자.
샤워 거품 타올	부피도 가벼우니 하나 가져가는 게 좋다.
기내용 편의용품	슬리퍼, 안대, 귀마개, 목 베개가 들어있는 패키지 제품
무릎담요	여러모로 유용하게 활용할 수 있다.
칼, 가위	요리를 하거나 과일을 먹을 때 필요하다.
빨랫비누	없어도 되지만 작은 크기로 잘라서 가져가면 유용하다.
빨랫줄 와이어	세탁물 건조 시 필요할 수 있다.
마스크 팩	남녀노소 모두 몇 개 챙겨두면 좋다.
반짇고리	옷이 뜯어지거나 해졌을 때 필요하다.
우산, 우비	일회용 우비도 좋지만 가격은 좀 비싸도 평상복으로 입어도 되는 디자인의 레인 코트라면 더 좋다.
예비 안경	유럽의 안경 가격은 매우 비싸다. 안경 착용자는 안경 분실을 대비하여 여분의 안경을 하나 더 챙겨두자. 또한 운전 규정에도 여분의 안경을 챙겨두어야 하는 국가도 있다.
탈취제거제	객실에서 음식을 먹는다면 사용해 주는 에티켓이 필요하다.
배터리팩	여행 중 휴대전화 및 고프로 등의 방전을 대비해서 고용량으로 준비한다.
선글라스	유럽 여행 시 선글라스를 챙기지 않는 사람들도 있다. 계절에 상관없이 필수로 챙겨가자.
검은 비닐 & 뽁뽁이	쓰레기 등을 처리할 때 검은 비닐은 참 유용하다. 뽁뽁이는 현지에서 깨질 만한 기념품 등을 포장할 때 요긴하다.

3. 유용한 여행 물품

유로 동전지갑

유럽에서는 동전 사용할 일이 많기 때문에 이런 동전 지갑이 하나 있으면 편리하다. 유로 동전전용 제품이다.

카팩 오디오

렌터카 중 미디어 단자가 고장 나 있는 차들이 간혹 있다. 여행 내내 음악 없이 다니고 싶지 않다면 카팩 플레이어를 준비하는 것도 필요하다. 시가잭에 연결해서 라디오 주파수만 맞추면 어떤 차량을 받던 문제가 없다.

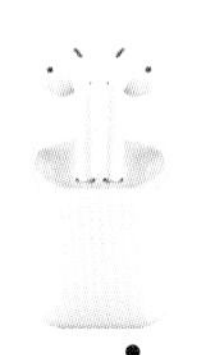

블루투스 이어셋

블루투스 이어셋을 가져간다면 초소형으로 잘 보이지 않는 제품으로 준비한다. 운전자의 헤드셋이나 이어셋 착용을 단속하는 곳들이 많다.

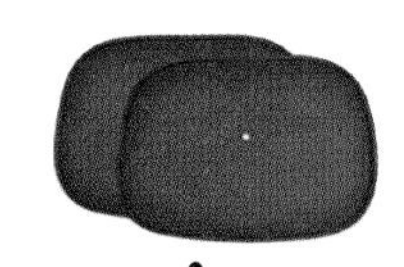

햇빛 가리개

렌터카들은 선팅이 되어있지 않기 때문에 차 안이 고스란히 보인다. 창문에 햇빛 가리개를 부착해 두면 차 안도 가려주고 뜨거운 햇빛도 막아준다.

실리콘 접이식 그릇

실리콘 그릇과 컵은 납작하게 접히기 때문에 부피도 차지하지 않고 무게도 가볍다. 세척도 간편하여 여러 개를 가져가도 부담되지 않고 유용하게 사용할 수 있다.

접이식 멀티 쿠커

음식을 조리할 수도 있고 물을 끓일 수 있다. 포개어 놓으면 미니 사이즈가 되기 때문에 휴대가 간편하다. 컵라면 같은 간단한 음식을 먹을 때 유용하다.

바로쿡

히팅팩과 물만 있으면 어디서든 음식을 데우거나 즉석식품을 조리할 수 있어서 간편하다. 차 안에서도 간편하게 라면을 끓여서 먹을 수 있다. 제품 자체가 락앤락 통과 유사하게 생겨서 다른 용도로도 유용하게 사용할 수 있다.

피로회복 발패치

매일 만 보 이상을 걷는 여행에서 피로 회복을 도와준다. 잠자기 전 이 패치들을 발바닥에 붙여두면 도움이 된다.

전선 코드 수납 가방

스마트폰, 고프로, 태블릿 PC 등 다양한 전자제품을 가지고 다니다 보면 각종 충전케이블이 많아진다. 케이블뿐만 아니라 메모리카드나 여분의 배터리도 늘어나는데 이 모든 것을 한 번에 관리하는 것이 분실위험도 없고 가방 정리도 되어 편리하다.

발수코팅 티슈

비 오는 날 운전은 시야 확보가 중요하기 때문에 이런 제품이 하나 있으면 안전운전에 도움이 된다. 발수코팅 티슈 3장과 일반 세정용 티슈 3장이 들어있어 우천 시 임시적이지만 발수코팅 효과를 볼 수 있고 더러워진 차량 유리창을 닦을 때도 유용하다.

스마트폰 거치대

거치대는 주차 시마다 제거해야 하므로 탈부착이 편리한 제품을 선택해야 한다. 탈부착이 가장 편리한 제품은 송풍구 거치대이고 실리콘 거치대를 대시보드에 올려두는 제품을 사용하는 것이 좋다.

휴대용 진공압축기

여행할 때 짐의 상당수는 옷이 차지한다. 휴대용 압축기는 압축 비닐에 옷을 넣고 스마트폰 충전잭 어댑터만 연결하면 부피를 최대 50%까지 줄여준다. 라이터만 한 소형 크기라 휴대도 간편하다. 옷으로 넘쳐나는 캐리어를 깔끔하게 정리하면서 충분한 여유 공간도 확보할 수 있다.

여행용 멀티 어댑터

전 세계 어디서나 사용 가능한 초고속 멀티 플러그다. 5포트라 노트북, 카메라, 스마트폰 등 충전해야 하는 전자기기들이 너무 많을 때 안성맞춤. 여러 가지 기기를 동시에 고속으로 충전할 수 있다. 110V, 220V 모두 사용 가능하며, 안드로이드와 애플의 호환도 된다.

포켓 온열매트

캠핑 여행자는 필수이고, 일반 숙소 위주의 여행자도 늦가을~초봄에 여행한다면 챙겨가는 게 좋다. 접으면 갑 티슈 한 개 정도의 크기로 줄어들기 때문에 부담 없이 가져갈 수 있다.

4. 도난 예방 물품

플립벨트

복대보다 더 슬림하고 착용하면 거의 보이지 않는다. 벨트에는 4개의 수납 틈새가 있고 돈이나 카드 스마트폰까지도 넣어둘 수 있다. 다리를 넣어서 입는 방식이라 풀어질 염려가 없고 벨트 안쪽에 물건이 들어가기 때문에 아무리 유능한 소매치기라도 물건을 꺼낼 수가 없게 되어 있다. 절대 잊어버리면 안 되는 비상금과 카드, 여권 등을 넣어두는 용도로 사용하는 것이 좋다.

방검 가방

칼로 순식간에 가방을 긋고 내용물을 빼가는 것도 소매치기들의 주요 수법이다. 방검 가방은 칼로 그어도 가방이 찢어지지 않고 자물쇠도 숨겨져 있어서 백팩을 뒤로 메고 다녀도 도둑으로부터 소지품을 안전하게 지킬 수 있다. 백팩부터 숄더백, 핸드백 등 다양한 제품이 있으며, RFID 차단 및 방수 기능까지 있어서 소매치기가 많은 유럽 여행에 필수 아이템이다.

경보장치 스티커

경보장치 스티커를 붙여두는 것도 도움이 된다. 도둑 입장에서 보면 경보장치 작동 알림 스티커가 부착된 차량을 대상으로 범행할 이유는 전혀 없다. 물론 이런 스티커는 어디까지 심리적인 예방효과만 있을 뿐이다. 실제 경보 기능은 없기 때문에 차 안에 물건을 두지 않는 것만이 최선의 차량털이 예방법임을 잊지 말아야 한다.

와이어 록, 자물쇠

차 안에 짐을 두고 관광할 때 짐들을 와이어 자물쇠로 연결하여 잠가두고 다니는 것이 좋다. 특히 가방끼리 와이어로 연결하여 차에 연결해 두면 차량털이를 당한다고 하더라도 짐 분실을 방지할 수 있다.

5. 여행 음악

자동차 여행에서 음악은 빠질 수 없는 행복! 풍경과 어울리는 음악은 여행의 풍미를 끌어올린다. 음악이 없는 드라이브는 앙꼬 없는 찐빵 아니겠는가. 유튜브 프리미엄 이용자라면 유튜브 뮤직 앱을 무료로 사용할 수 있다. 물론 그냥 유튜브 채널에서 선곡된 음악을 들어도 되지만, 유튜브 뮤직 앱을 깔아두면 내 취향의 곡들을 미리 다운로드 받아 나만의 플레이리스트를 만들 수 있다. 특히 요즘은 멜론 같은 앱보다 스포티파이Spotify 앱을 더 많이 듣는데, 스포티파이에는 멜론에 없는 팝 음악들이 더 많다는 소문이다.

순간의 방심이 도난 사고를 부른다. 소매치기는 어디에나 있으니 항상 조심할 것.

6. 유럽 여행 추천 앱

짐 정리가 어느 정도 되었다면 이제 여행에 필요한 앱들을 설치해 보자. 여행 시 필요한 앱은 좀 더 편리하고 효과적인 여행을 하는 데 도움을 준다. 미리 설치해 두고 사용 방법을 익히자.

GPS STATUS		GPS 성능을 개선해 주어 내비게이션 사용에 도움을 주는 앱이다. 사용한 지 오래된 스마트폰의 GPS 성능을 향상시키고 최신 휴대전화라도 GPS 성능을 더 효율적으로 사용할 수 있게 도와준다.
위와우 Weawow		전 세계의 날씨를 확인할 수 있는 앱으로 정확도가 높다는 평이 많다.
환율 계산기 플러스(무료)		환율 계산기는 복잡하지 않으며 간단하고 사용이 편리한 것이 제일이다. 이 앱이 바로 그렇다.
해외안전 여행		외교부에서 운영하는 앱으로 대사관 및 영사관 안내 위기 상황 대처법 등을 이용할 수 있다.
파코피디아 Parkopedia		주차장을 안내해 주는 앱인데, 검색한 주차장으로 내비게이션을 실행하여 바로 이동할 수 있다.
오토보이 블랙박스		블랙박스 대신 이용할 수 있는 앱인데, 주행 영상을 촬영하는 용도로 사용해도 요긴하다.
ZTL RADER		이탈리아 ZTL구역을 안내해 주는 앱. 아이폰은 앱스토어에서, 안드로이드는 옆의 QR코드를 통해 설치하면 된다.

Speed Cameras & Traffic Sygic		속도 표시와 과속 단속 카메라 정보를 제공해 주지 않는 구글 지도의 단점을 보완해 주는 앱
시티맵퍼		도심에서 대중교통을 이용하게 될 때 유용하게 사용할 수 있다. 유럽 주요 도시의 대중교통 정보를 제공하고, 교통수단이 몇 분 후에 정거장에 도착하는지 확인할 수 있어 유용하다.
트립잇		비행시간, 연결 시간, 지도, 모든 것에 이르기까지 여행의 모든 단계를 정리할 수 있는 훌륭한 앱이다.
pack point 여행 준비물 도우미		여행 준비물을 챙겨주는 데 도움이 되는 앱이다.
MetrO		차를 주차한 후에 유럽 도시들을 돌아다니는 데 유용. 믿을 수 없을 정도로 편리하다. 이 앱은 전 세계 400여 개 도시의 대중교통 시스템(지하철, 버스, 트램, 기차)에 대한 정보와 지도를 제공한다. 특히 인터넷에 연결하지 않아도 가능하다. 단 앱스토어 전용 앱이라서 안드로이드폰은 이용이 불가한 점이 아쉽다.
Spy Glass		이 앱은 여행객들이 야외와 오프로드 내비게이션에 GPS 시스템을 사용할 수 있게 해준다. 이 앱에는 쌍안경, 헤드업 디스플레이, 하이테크 나침반 등 다양한 기능들이 가득 들어 있다.
wifi finder	WIFIFINDER.COM	이 앱은 당신이 머물고 있는 지역에서 가장 즉시 접속할 수 있는 와이파이 장소를 찾도록 도와준다.
mPassport	mPassport	이 앱은 응급 전화번호 목록뿐만 아니라 해당 지역에서 가장 가까운 의사와 병원을 확인할 수 있는 Medical Emergency 앱이다. 치과의사, 약국 등 비응급 의료서비스 목록도 갖고 있다.

04

특별하고 알차게 **실전 여행 시작**

1 차량 픽업하기
2 차량 픽업 문제 발생 시 대처 방법
3 유럽 운전 기본 지식
4 고속도로 & 국도 운전하기
5 시내 운전
6 주차하기
7 주유하기
8 식당, 마트 이용하기
9 사건 사고 및 범죄 대처 방법

1 차량 픽업하기

렌터카 픽업은 어렵지 않지만 유럽에서 처음 렌터카를 픽업한다면 긴장되기 마련이다. 특히 영어에 자신이 없다면 부담감이 좀 더 가중된다. 곤란한 일을 당한 사람들의 후기들을 접하면 더욱 걱정도 될 것이다. 그러나 렌터카 픽업은 대부분 문제없이 이루어진다. 물론 시작부터 곤경에 빠지는 사람도 있다. 하지만 이런 일은 경험이 많은 사람들에게도 언제든 일어날 수 있다. 차량 픽업에 대한 기본 지식을 알고 있으면 대처도 차분히 할 수 있다. 정 언어 때문에 자신이 없고 두렵다면 통역 앱의 도움을 받는 것도 좋다. 구글, 파파고, 삼성 갤럭시 AI폰을 활용하면 즉석에서 웬만한 통역은 충분히 가능하다. 기본적으로 상대는 비즈니스를 하는 사람들이고 나는 고객이므로, 나의 질문이나 궁금증을 해결해주려고 노력할 것이다. 걱정하지 말고 궁금한 것들은 물어보자. 특히, 서류에 사인하기 전 번역 앱으로 최종 서류 내용을 꼼꼼히 번역해 보는 것도 좋다. 혹시라도 내용을 이해하지 못해 놓치는 실수를 줄일 수 있을 것이다.

01 렌터카 사무소 찾아가기

렌터카 픽업은 주로 공항점이나 중앙역 지점에서 이루어진다. 공항이나 중앙역의 렌터카 지점들은 대개 같은 공간에 모여 있다. 그래서 Rent car 또는 Car Rental이라고 쓰인 표지판만 잘 따라가면 된다. 그러나 일부 지역들은 렌터카 사무소가 외부에 있거나 여러 군데로 나뉘어 있다. 이런 곳들은 준비 없이 가게 되면 무거운 가방을 끌고 한참을 헤매야 한다. 예약을 마치면 렌터카 사무소를 찾아가는 방법을 미리 숙지해 두는 것이 좋다.

중앙역 렌터카 사인 표지판

공항 렌터카 사인 표지판

밀라노 중앙역 허츠대리점은 한참을 이동해야 한다.

마드리드 아토차역 렌터카 사무소는 단번에 찾기 어려운 곳에 있었다.

02 렌터카 영업소 픽업 절차 및 체크 사항

렌터카 픽업 절차는 회사별로 약간의 차이는 있지만 대부분 대동소이하다. 일반적인 픽업 절차를 알아두면 어느 곳에서 렌터카를 픽업해도 큰 어려움은 없을 것이다.

렌터카 픽업 절차

❶ 렌터카 사무실에 도착한다.
❷ 카운터에서 여권, 국내운전면허증, 국제운전면허증, 신용카드를 제시한다.
❸ 추가 운전자 등록이 필요하면 등록하고 타 국가를 간다면 알려준다.

❹ 임차 영수증을 받으면 확인한다. 이상이 있으면 정정 요청을 하고 문제가 없으면 서명한다.

❺ 차 키와 렌터카 서류를 받고 주차장 위치와 차량 위치를 확인한다.

❻ 주차장으로 가서 차량을 픽업한다.

❼ 차량에 흠집은 없는지 꼼꼼하게 살피고 필요하다면 사진도 찍어둔다. 주유구의 위치와 열림 방법 등도 출발 전에 체크한다.

➡ 알아두자 1

공항점이나 중앙역점은 차량 위치만 설명해 준다. 직접 찾아가야 하고 차에 대한 설명도, 차도 봐 주지 않는다. 주차장에는 직원이 있는 곳도 있고 없는 곳도 있다. 차량에 문제가 있으면 직원에게, 없다면 픽업 사무소로 다시 가서 조치를 받아야 한다. 시내 지점은 지점 앞에서 차를 받기 때문에 담당자가 차도 봐주고 이런저런 설명도 해준다. 좀 더 편리하게 픽업할 수 있지만 차량이 적다는 것이 단점이다.

➡ 알아두자 2

현지에 도착해서 국내, 국제면허증을 놓고 왔거나 분실했다면 어떻게 해야 할까? 면허증이 없으면 차를 빌릴 수 없다. 이런 경우 시도해 볼 수 있는 방법은 다음과 같다.

국내 운전면허증을 놓고 왔거나 분실했을 경우

영문 운전경력증명서를 다운받아 보여주자. 영문 운전경력증명서는 정부24 사이트에 접속하면 발급받을 수 있다. 단 스마트폰에 공인인증서가 보관되어 있어야 발급이 가능하다. 이렇게 발급받은 영문 운전경력증명서로 렌트에 성공한 분들이 있다. 100% 성공하는 방법은 아니지만 비상시에 시도해 보자.

* **정부 24** www.gov.kr

국제운전면허증을 놓고 왔거나 분실했을 경우

온라인으로 국제운전면허증을 발급해 주는 사설업체가 있다. 구글에 international driver's license 라고 검색하면 다양한 업체들이 나온다. 이 중에서 한군데를 선택한 후 IDP를 신청하면 된다. 보통 10분 이내에 PDF로 된 라이센스를 받을 수 있다. 이 PDF 라이센스와 국내운전면허증, 여권을 가지고 가면 된다. 비용은 약 50달러 정도다. 만일 렌트가 거절되면 금액을 환불해 주는 곳이 대부분이다.

* internationaldriversassociation.com/ko

03 임차 영수증 보는 방법

예약에 이상이 없고 추가 사항이 완료되면 임차 영수증을 받게 된다. 영수증에 서명하면 이후 발생하는 모든 문제는 영수증에 표시된 내용을 기준으로 처리된다. 내용을 잘 살펴보고 서명해야 한다. 임차 영수증에서 꼭 확인해야 할 사항은 추가옵션 사항이다. 신청하지 않은 보험이나 추가옵션들이 들어가 있는 경우가 있다. 잘못된 항목이 있으면 바로 정정 요청해야 한다. 영수증에는 차량에 대한 모든 정보가 표시된다. 임차 금액 그리고 보증금까지 기재되어 있다. 이곳에 적힌 금액은 보증금이 포함된 추정 금액이다. 차후에 차를 반납하면 최종 영수증을 한 번 더 받게 된다. 실제 이용 금액은 최종 영수증에 표시된 금액이다. 임차 영수증은 렌터카 회사마다 조금씩 다르지만 형식은 유사하다. 가장 많이 이용하는 허츠 렌터카 영수증을 예로 들어 설명하면 다음과 같다.

❶ 차량 정보와 차량번호가 표시된다.
❷ 렌트 기간에 따른 요금이 표시된다. 그리고 이곳에 킬로수 무제한인지 여부도 표기된다.
❸ 보험항목 및 옵션들이 표시된다. 신청하지 않는 항목이 있다면 직원에게 확인받자.
❹ 보증금 포함 총 비용이 표기된다. 차량 반납 시에는 실비용만 청구된다.
❺ 차량의 킬로수와 기름량이 표시된다. full 8/8은 기름이 가득 채워진 것이다.
❻ 픽업과 반납지점이 표시되는 항목이고 지점의 연락처가 표기되어 있다.
❼ 해당 항목은 흡연 시 패널티 규정이다. 흡연 시 100유로의 벌금이 청구된다.

*우측 영수증 참고

➡ 알아두자 1

두 영수증의 4번 항목을 잘 살펴보자. 위쪽 영수증은 FPO 옵션이 없는 영수증이고, 아래쪽은 FPO 옵션이 있는 영수증이다. FPO 옵션이 없는 영수증은 Maximum Refueling Price라는 항목이 표시되어 있다. 기름을 가득 채워서 반납하지 않을 경우 지불해야 할 비용을 의미한다. Maximum Refueling Price를 FPO로 오인하는 분들이 있지만 다른 항목이다. 기름을 채워오지 않으면 해당 금액이 청구되니 주의하자.

➡ 알아두자 2

렌터카의 보증금은 차량 픽업 전에 미리 승인되기도 한다. 차도 받기 전인데 승인 문자를 받으면 당황할 수 있다. 정상적인 절차이니 걱정하지 않아도 된다. 사전 결제예약으로 비용 전액을 선결제한 경우에도 보증금Deposit은 동일하게 잡힌다. 카드 승인 역시 픽업 전날에 이루어진다.

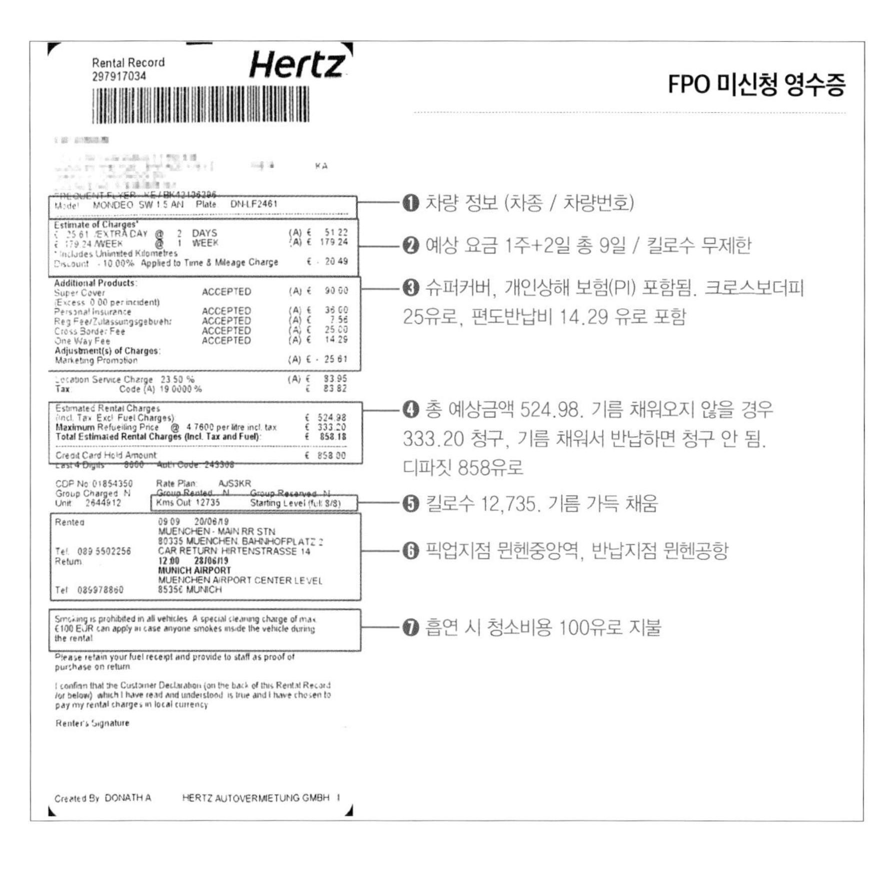

Rental Record
297917034
Hertz

FPO 미신청 영수증

Model MONDEO SW 1.5 AN Plate DN-LF2461

Estimate of Charges*
€ 25.61 /EXTRA DAY @ 2 DAYS (A) € 51.22
€ 179.24 /WEEK @ 1 WEEK (A) € 179.24
* Includes Unlimited Kilometres
Discount - 10.00% Applied to Time & Mileage Charge € - 20.49

Additional Products:
Super Cover ACCEPTED (A) € 90.00
(Excess 0.00 per incident)
Personal Insurance ACCEPTED (A) € 36.00
Reg Fee/Zulassungsgebuehr ACCEPTED (A) € 7.56
Cross Border Fee ACCEPTED (A) € 25.00
One Way Fee ACCEPTED (A) € 14.29
Adjustment(s) of Charges:
Marketing Promotion (A) € - 25.61

Location Service Charge 23.50 % (A) € 83.95
Tax Code (A) 19.0000 % € 83.82

Estimated Rental Charges
(Incl. Tax Excl. Fuel Charges) € 524.98
Maximum Refueling Price @ 4.7600 per litre incl. tax € 333.20
Total Estimated Rental Charges (Incl. Tax and Fuel): € 858.18

Credit Card Hold Amount € 858.00

CDP No 01854350 Rate Plan AJS3KR
Group Charged N Group Rented N Group Reserved N
Unit 2644912 Kms Out 12735 Starting Level (full 8/8)

Rented 09:09 20/06/19
MUENCHEN - MAIN RR STN
80335 MUENCHEN BAHNHOFPLATZ 2
Tel 089 5502256 CAR RETURN HIRTENSTRASSE 14
Return 12:00 28/06/19
MUNICH AIRPORT
MUENCHEN AIRPORT CENTER LEVEL
Tel 089978860 85356 MUNICH

Smoking is prohibited in all vehicles. A special cleaning charge of max €100 EUR can apply in case anyone smokes inside the vehicle during the rental.

Please retain your fuel receipt and provide to staff as proof of purchase on return.

I confirm that the Customer Declaration (on the back of this Rental Record /or below) which I have read and understood is true and I have chosen to pay my rental charges in local currency.

Renter's Signature

Created By DONATH A HERTZ AUTOVERMIETUNG GMBH

❶ 차량 정보 (차종 / 차량번호)
❷ 예상 요금 1주+2일 총 9일 / 킬로수 무제한
❸ 슈퍼커버, 개인상해 보험(PI) 포함됨. 크로스보더피 25유로, 편도반납비 14.29 유로 포함
❹ 총 예상금액 524.98. 기름 채워오지 않을 경우 333.20 청구, 기름 채워서 반납하면 청구 안 됨. 디파짓 858유로
❺ 킬로수 12,735. 기름 가득 채움
❻ 픽업지점 뮌헨중앙역, 반납지점 뮌헨공항
❼ 흡연 시 청소비용 100유로 지불

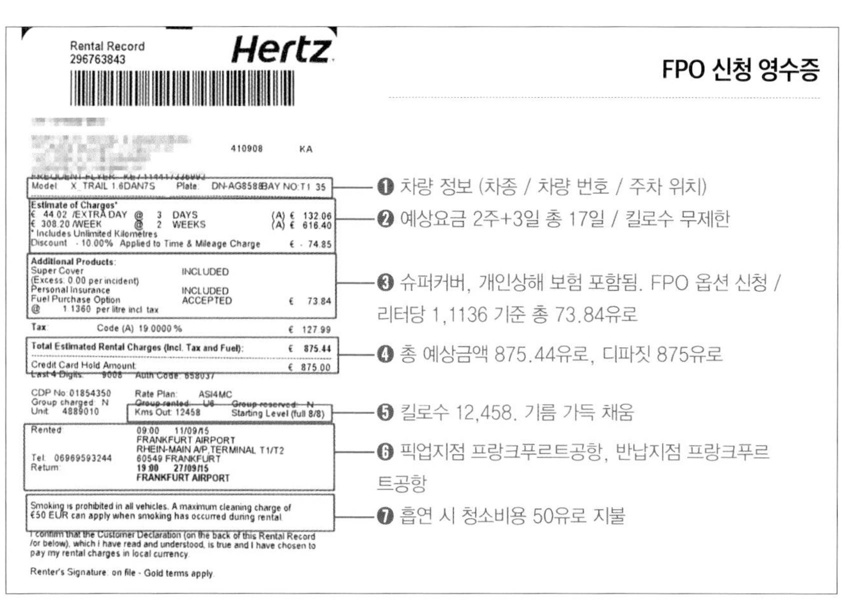

Rental Record
296763843
Hertz

FPO 신청 영수증

410908 KA

Model X TRAIL 1.6DAN7S Plate DN-AG858 BAY NO T1 35

Estimate of Charges*
€ 44.02 /EXTRA DAY @ 3 DAYS (A) € 132.06
€ 308.20 /WEEK @ 2 WEEKS (A) € 616.40
* Includes Unlimited Kilometres
Discount - 10.00% Applied to Time & Mileage Charge € - 74.85

Additional Products:
Super Cover INCLUDED
(Excess 0.00 per incident)
Personal Insurance INCLUDED
Fuel Purchase Option ACCEPTED € 73.84
@ 1.1360 per litre incl tax

Tax Code (A) 19.0000 % € 127.99

Total Estimated Rental Charges (Incl. Tax and Fuel): € 875.44

Credit Card Hold Amount € 875.00

CDP No 01854350 Rate Plan ASI4MC
Group charged N Group rented U6 Group reserved N
Unit 4889010 Kms Out 12458 Starting Level (full 8/8)

Rented 09:00 11/09/15
FRANKFURT AIRPORT
RHEIN-MAIN A/P TERMINAL T1/T2
Tel 06969593244 60549 FRANKFURT
Return 19:00 27/09/15
FRANKFURT AIRPORT

Smoking is prohibited in all vehicles. A maximum cleaning charge of €50 EUR can apply when smoking has occurred during rental.

I confirm that the Customer Declaration (on the back of this Rental Record /or below), which I have read and understood, is true and I have chosen to pay my rental charges in local currency.

Renter's Signature: on file - Gold terms apply

❶ 차량 정보 (차종 / 차량 번호 / 주차 위치)
❷ 예상요금 2주+3일 총 17일 / 킬로수 무제한
❸ 슈퍼커버, 개인상해 보험 포함됨. FPO 옵션 신청 / 리터당 1,1136 기준 총 73.84유로
❹ 총 예상금액 875.44유로, 디파짓 875유로
❺ 킬로수 12,458. 기름 가득 채움
❻ 픽업지점 프랑크푸르트공항, 반납지점 프랑크푸르트공항
❼ 흡연 시 청소비용 50유로 지불

❶ 차량 흠집 여부

서류에 표시된 흠집 이외의 다른 흠집이 없는지 살펴본다. 슈퍼커버 보험 가입 여부와 상관없이 꼭 점검해야 하며 과정은 사진이나 동영상으로 남겨둔다. 표시되지 않은 흠집이 있다면 직원에게 이야기해서 추가로 서류에 표시해 준다. 슈퍼커버를 가입했다면 2유로 동전 크기 이하의 흠집이라면 무시해도 된다. 데스크에 이야기해도 슈퍼커버 보험에 가입했으니 신경 쓰지 말라고 할 것이다. 그 정도 흠집 때문에 데스크로 힘들게 돌아갈 필요는 없다. 단, 사무소가 바로 인근이거나 직원이 있다면 이야기해 두자.

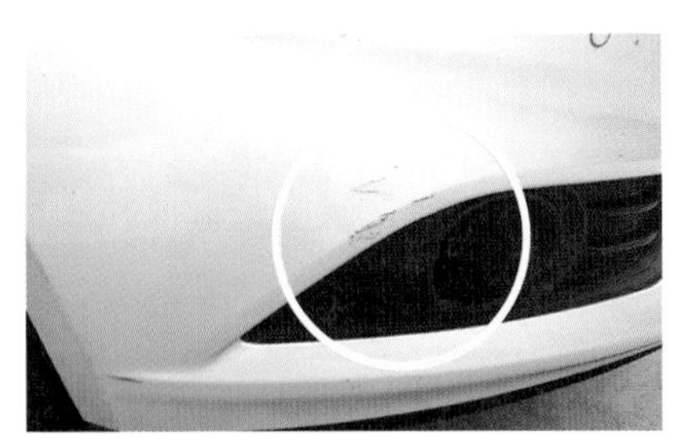

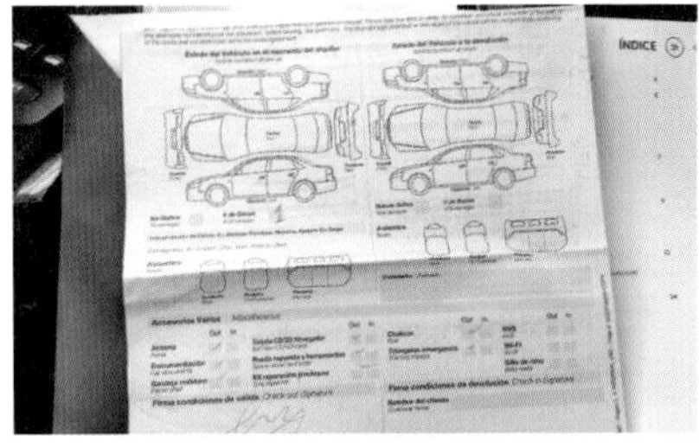

❷ 유종 파악

차량의 유종이 디젤인지 가솔린인지 확인해야 한다. 의외로 많은 사람들이 유종을 확인하지 않고 출발한다. 주유소에 도착해서야 유종을 몰라 당황한다. 유종은 주유구 커버에 스티커로 표시되어 있거나 뚜껑 안쪽에 표시되어 있다. UNLEADED는 무연휘발유를 뜻한다. E5, E10은 에탄올비율이 5%,10%섞인 휘발유차량을 의미한다.

가솔린 차량 표시

디젤 차량 표시

❸ 주유구 열림 버튼 확인

주유구 오픈 방법도 알아두어야 한다. 유럽의 경차나 컴펙트 차량들은 주유구 열림 버튼도 없는 경우가 많다. 열림 버튼이 없다면 주유구 커버를 손으로 눌러보거나 앞으로 당겨보자. 자동차 키로 열어야 하는 차량도 있다. 출발 전 확인해 보자.

차 키로 여는 주유구 뚜껑

❹ 기타 차량 조작 여부

렌터카는 주행 중 차량 이상을 발견하면 차량 교환이 쉽지 않고 시간도 많이 낭비해야 한다. 대수롭지 않게 생각하기 쉽지만 다음 항목들을 점검하고 출발하도록 하자.

1 주행거리, 기름양이 영수증과 일치하는지 확인한다.
2 사이드 미러를 조작해 본다.
3 사이드 브레이크 위치를 확인해 둔다.
4 전조등, 와이퍼, 에어컨, 히터 등도 조작해 본다.
5 트렁크에 짐을 싣기 전 스페어타이어가 있는지 리페어킷만 있는지 확인한다.
6 차 안에 담배 냄새가 나는지 확인하다. 냄새가 심하게 난다면 직원에게 이야기해서 확인을 받아 두어야 한다. 자칫하면 클리닝 비용을 청구당할 수 있다. 차량 점검은 하다 보면 30분 이상 걸리기도 한다. 당일 일정을 계획할 때 차량 수령 후 점검 시간까지 감안해서 잡아야 차질이 없다.

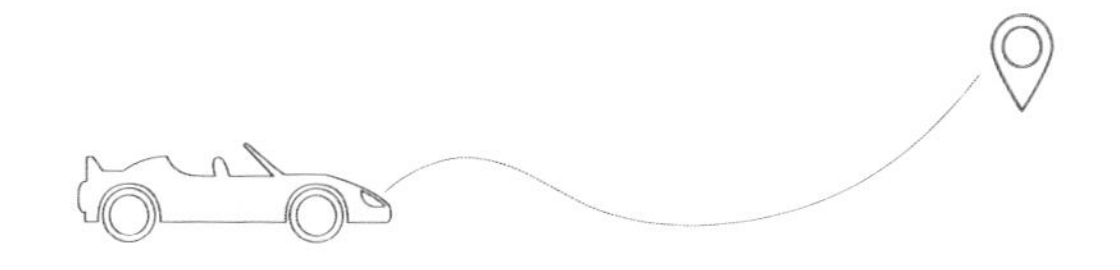

➡ 알아두자 1

디젤은 Disel이라고 표기되어 있어 확인이 쉽다. 그러나 가솔린 차량은 Gasolin이라고 표기되어 있지 않다. 가솔린 차량은 UNLEAD 또는 E5, E10등의 숫자만 덩그라니 표기되어 있다. 만일 주유구 커버에 이런 표기만 있다면 해당 차량은 가솔린 차량이다.

주의할 점은 직원의 설명이나 차량 키에 표기된 유종이 틀린 경우도 있다는 점이다. 직원이 디젤이라고 말했고 차량 키에도 디젤이라고 적혀 있지만 주유구 뚜껑에 E5, E10이 있다면 그 차종은 휘발유 차종으로 가솔린을 넣어야 한다. 한마디로 가장 믿을 것은 주유구 뚜껑에 표기된 유종이다.

2 차량 픽업 문제 발생 시 대처 방법

차량 픽업은 대부분 원활하게 이루어진다. 하지만 그렇지 못한 경우도 발생한다. 주로 차량배차 과정에서 문제가 발생하게 된다. 이런 일이 발생하면 일정에 큰 차질이 생길 수밖에 없다. 그렇다고 화를 내거나 짜증을 낸다고 일이 해결되는 것이 아니다. 대처 방법을 숙지해서 최대한 현명하게 문제를 해결하도록 하자.

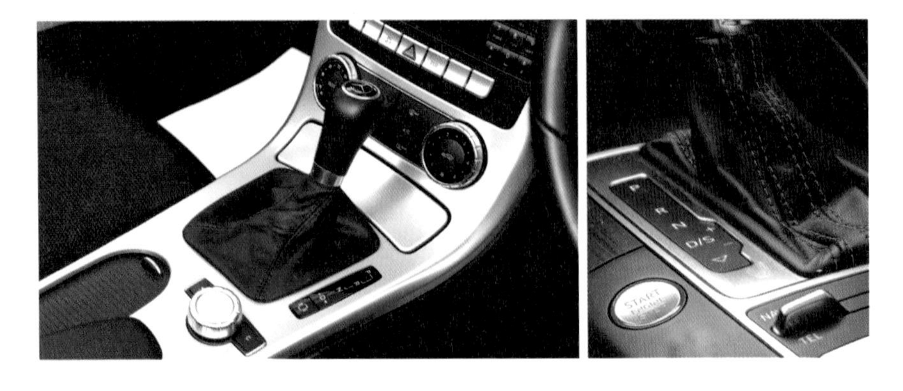

01 비행기나 기차의 연착

예상치 못한 연착 상황이 발생할 수 있다, 보통 렌터카 예약은 한 시간 이상이 경과되면 노쇼NO-SHOW로 처리된다. 렌터카 예약 시 도착 방법을 선택하고 항공편이나 열차편을 기재하게 되어 있다. 이렇게 항공편이나 열차편을 기재해 두면 연착이 되어도 연착된 시간만큼 기다려준다. 만일 연착 시간이 매우 길어지면 확실하게 예약 차량을 홀드 시켜달라고 요청해 두는 것이 필요하다. 국내지점이 있는 허츠나 한국어 상담원과 통화가 가능한 중개사이트에서 예약한 경우 상담원에게 이야기하면 업체 측에 통보를 해서 예약이 노쇼로 처리되지 않게 조치해 준다.

02 예약한 차량이 없는 경우

현지 데스크에 가보니 예약한 차량이 없다는 황당한 상황도 발생한다. 이런 경우 보통 다른 차로 대차를 받는다. 이때 원래 예약한 차량보다 다운그레이드 되거나 업그레이드될 수 있다. 업그레이드되는 경우에는 반드시 추가 요금이 발생하는지 확인한다. 다운그레이드 당한 경우에는 현장에서는 잘 모를 수 있다. 나중에 알게 되면 렌터카 회사에 차액을 돌려달라고 요청해야 한다. 이런 상황이 발생한 경우 지점에 따라 굉장히 사무적이고 불친절한 응대를 경험할 수도 있다. 크게 미안해하지 않고 차가 없으니 어쩔 수 없다는 태도를 보이면 화가 나기 마련이다. 그렇다고 흥분하거나 화를 내는 것은 좋지 않다. 싸움이 나면 경찰이 출동할 수 있고 상황만 더 좋지 않게 된다. 대차해 줄 차량이 있다면 우선 다른 차량을 사용하고 여행을 마친 후 정식으로 항의 절차를 밟는 것이 더 낫다. 직원에게 예약한 차량이 없어 대차했다는 확인서를 써줄 수 있는지 물어보자. 거절한다면 명함이라도 달라고 하고 렌트 과정을 영상으로 담아두는 것도 방법이다.

03 다른 차로 업그레이드 권유

예약한 차량은 있지만 더 좋은 차로 업그레이드를 권유받는 경우도 있다. 일반 데스크 픽업 시 이런 상황은 종종 있는 편이다. 평소 타고 싶은 차량을 권유받는다면 개인의 선택에 따라 수락 여부를 결정해도 된다. 하지만 가급적 원래 계약을 변경하지 않는 것이 좋다. 예를 들어 하루 10유로만 내면 더 고급 차량을 탈 수 있다는 말에 흔들리기 쉽다. 하지만 전체 기간을 놓고 보면 추가되는 금액이 꽤 높아진다. 그리고 계약조건이 변동되면 예약 당시 받은 할인 혜택이 적용되지 않거나 더 비싼 비용으로 다시 계약을 하게 되는 경우도 많기 때문이다.

04 오토 차량이 없는 경우

오토 차량을 예약했는데 수동차량이 배정되는 경우도 있다. 흔하지는 않지만 유럽은 오토 차량이 적어서 발생할 수 있다. 오토 차량만 운전할 수 있다고 하면 다른 등급의 차 중에서 오토차를 알아봐 준다. 이때 다운그레이드되거나 업그레이드 될 수 있다. 해당 지점에 차가 없다면 다른 지점에서 받아야 할 수도 있다. 차량을 가지고 올 때까지 기다리거나 해당 지점에 직접 가서 수령해야 하기도 한다. 다음날 와야 할 수도 있다. 차량 자체가 없다면 다른 렌터카 회사에서라도 빌릴 수 있는지 확인해 보아야 한다. 허츠처럼 국내 사무소가 있거나 예약대행사를 통한 예약이라면 차액을 보상받을 수 있다.

05 슈퍼커버 보험 가입을 요구받는 경우

예약 시 슈퍼커버 보험을 신청하지 않으면 현장에서 슈퍼커버 보험을 권유받는 일이 많다. 슈퍼커버는 보험료는 비싸지만 반드시 추가하는 것이 좋다. 현장에서 하는 것보다 예약할 때 하는 것이 더 낫기 때문에 예약 시 가입해 두자. 렌탈카스닷컴과 같은 중개사이트에서 예약한 경우에는 렌터카 사전예약 편에서 설명한 것처럼 번거로운 일이 발생할 수 있다. 중개업체의 풀 커버 보험은 전산에 반영되지 않고 렌터카 회사에서 인정하지 않기 때문이다. 그래서 보험을 강매당하는 경우가 많다. 중개회사 풀 커버 보험을 들었다면 그냥 원 계약대로 차를 받겠다고 하면 된다. 이때 담당자에 따라 심술을 부릴 수도 있다. 하지만 중개업체 예약자들이 모두 이런 경험을 하는 것은 아니다. 픽업지점과담당자에 따라 발생할 수도 있는 일이다.

3 유럽 운전 기본 지식

유럽에서 운전을 하려니 걱정되는 부분이 한둘이 아닐 것이다. 그러나 유럽의 운전 법규는 우리와 크게 다르지 않다. 너무 걱정할 필요 없다. 차이점이 있다면 우리가 잘 지키지 않는 법규들을 정확하게 지킨다는 점이다. 그래서 한국에서처럼 운전하다 보면 현지인들에게 민폐를 끼치게 되는 경우들이 생긴다. 교통법규들은 정확히 준수하고 생소한 규칙은 사전에 파악해 두자.

01 추월차선 및 추월규칙 - 추월차선 준수와 상위차로 추월규칙

유럽에서는 추월차선 규정을 반드시 지켜야 한다. 추월차선 규정은 1차로는 차량을 추월할 때에만 이용한다는 규칙이다. 추월이 끝나면 바로 주행차선으로 돌아와야 한다. 우리나라도 같은 규정이 있지만 잘 모르고 알아도 지키지 않는다. 하지만 유럽에서는 꼭 지켜야 한다. 물론 유럽에서도 이 원칙이 완벽히 지켜지는 것은 아니다. 추월차선을 정속 주행하는 차량도 가끔 볼 수 있다. 그러나 추월차량이 뒤에서 달려오면 바로 차선을 비워준다. 그리고 추월을 할 때는 반드시 앞 차량의 왼쪽인 상위차선으로만 해야 한다. 우리나라에서처럼 지그재그로 추월하는 경우는 없다. 이런 추월은 큰 사고로 이어질 수 있고 단속되면 과태료를 받는다. 절대 금물이다. 그리고 추월차선의 추월은 사이드미러에 뒷 차가 보이지 않을 때만 시도해야 한다. 추월차선에서는 굉장히 빠른 속도로 차량이 질주한다. 뒤 차량과 여유가 있다고 생각해도 그렇지 않다. 특히 독일 아우토반에서는 매우 위험하다.

02 차선표시 - 차선으로 착각하기 쉬운 중앙선

고속도로의 차선은 흰색/노란색이 사용된다. 노란색 차선은 임시차선(공사 구간)이다. 노란색 차선 구간에서는 노란색 차선을 기준으로 운전하면 된다. 국도는 중앙선이 실선인 우리나라와 달리 점선으로 표시된 곳들이 많다. 그래서 중앙선을 차선으로 착각 할 수 있으니 주의하자. 중앙선이 점선으로 되어 있기 때문에 언제든 추월이 허용된다. 그래서 국도에서는 추월 운전이 일반화되어 있다.

중앙선이 점선이다. 주의할 것.

03 우선순위 - 우선순위 통행 방법

유럽에서는 우선순위 표지판이라는 것이 있다. 우선순위 표지판은 마름모꼴 모양의 표지판으로 가운데 노란색이 칠해져 있다. 계란후라이 표지판이라고도 부른다. 유럽의 도로 곳곳에 이 표지판을 볼 수 있다. 이 표지판이 앞에 보이면 주행 중인 이 길이 우선도로이다. 나에게 우선권이 있다는 의미다. 그래서 오른쪽에서 진입하는 차량을 양보해 주거나 신경 쓰지 않아도 된다. 오른쪽 진입차량도 이 규칙을 정확히 지킨다. 불쑥 끼워들어 사고를 유발하는 경우가 거의 없다. 그런데 우선순위 표지판이 없는 경우도 있다. 그렇다고 먼저 가는 차가 우선은 아니다. 표지판이 없더라도 우선순위에 대한 규정은 있다. 다음의 규정을 꼭 지켜야 한다.

❶ **대로 우선권 :** 두 개의 도로가 만났을 때 큰길과 메인도로에 우선권이 있다.

❷ **버스, 트램 우선권 :** 버스나 트램이 정차하고 있는 경우에는 섣불리 추월을 하면 안 된다. 버스가 차선을 변경하려 할 때에도 양보를 해주어야 한다.

❸ **오른쪽 우선권 :** 교차로에서는 오른쪽에서 들어오는 차량에 우선권이 있다(영국은 왼쪽).

04 라운드 어바웃 Round about - 라운드 어바웃 통행 방법

유럽의 교차로는 라운드 어바웃Round about 방식으로 되어 있다. 라운드 어바웃이란 원형으로 된 '회전교차로'를 말한다. 국내에는 많지 않은 편이라 이용규칙을 잘 모르는 경우가 많다. 그래서 상대방에게 피해를 주거나 교통사고를 유발할 수 있다. 기본 원칙을 숙지하고 가야 한다. 라운드 어바웃 통행의 기본 원칙은 매우 간단하다. 라운드 어바웃을 돌고 있는 차량에게 우선권이 있고 회전은 우측(반시계 방향)으로 한다는 것만 알아두면 된다. 이 규칙만 정확히 지키면 라운드 어바웃 통행은 문제가 없다. 좀 더 자세한 라운드 어바웃 통행 규칙을 살펴보면 다음과 같다.

라운드 어바웃 통행 규칙

❶ 라운드 어바웃이 전방에 보이면 속도를 천천히 줄이고 회전 중인 차량이 있는지 살펴본다.
❷ 라운드 어바웃에 차량이 돌고 있으면 정지선에서 기다린다. 차량이 모두 지나가면 진입한다. 차량이 없다면 속도를 줄인 상태에서 천천히 진입하여 출구로 나간다.
❸ 라운드 어바웃 진입 후 출구가 정확하지 않다면 교차로를 계속 돌면 된다. 천천히 여러 번 돌면서 정확한 출구를 확인하고 나간다.

라운드 어바웃 방향지시등 사용 규칙

❶ 6시 방향에서 진입하여 3시 방향(첫 번째 출구 우측 방향)로 나갈 때는 우측 방향지시등을 켜고 진입한다. 나갈 때까지 방향지시등을 유지한다.
❷ 6시 방향에서 진입하여 12시 방향(두 번째 출구 직진 방향)로 나갈 때는 방향지시등을 켜지 않고 진입한다. 12시 방향 출구로 나갈 때 방향지시등을 켜고 나간다.
❸ 6시 방향에서 진입하여 9시 방향(세 번째 출구(좌측 방향)로 나갈 때는 좌측 방향지시등을 켜고 진입한다. 나갈 때까지 유지하다가 출구로 나갈 때는 우측 방향지시등을 켜고 나간다.
❹ 6시 방향에서 진입하여 다시 6시 방향(유턴)로 나갈 때는 좌측 방향지시등을 켜고 진입한다. 나갈 때까지 유지하다가 출구로 나갈 때는 우측 방향지시등을 켜고 나가면 된다.

설명이 많아 방향지시등 작동 방법이 어려워 보일 수 있다. 그러나 통행 규칙만 잘 지키면 방향지시등 작동 규칙은 잘 몰라도 된다. 오히려 방향지시등에 신경을 쓰다 보면 사고가 날 수도 있으니 통행 규칙만 잘 준수하자. 실제 유럽에서 라운드 어바웃을 만나면 방향지시등 작동 없이 통과하는 차량도 많이 있다. 이 규정을 못 지켰다 하여 단속이 되는 경우도 거의 없다. 교외 지역의 라운드 어바웃들은 나 홀로 돌 때도 많다. 이런 곳은 꼭 규칙을 지킬 것도 긴장할 것도 없다.
대도시의 라운드 어바웃은 통행량도 많고 복잡하다. 통행 규칙을 준수하고 방향지시등 사용 규칙을 준수해야 사고를 방지할 수 있다. 라운드 어바웃 통행 규칙은 매우 잘 지켜지기 때문에 서로 규칙만 잘 지키면 사고 위험은 거의 없다. 특히 이탈리아, 프랑스, 스페인, 동유럽은 규정준수율이 상대적으로 낮다. 이런 나라들에서는 현지인들의 차량 흐름을 보고 요령껏 운전해야 한다.

SPORTS
Spittal
Amlach
St Peter

05 과속 단속 - 유럽 과속카메라들의 특징

유럽도 과속 단속 카메라가 곳곳에 설치되어 있다. 이탈리아는 8천 대가 넘게 설치되어 있어 유럽에서 가장 많은 단속카메라를 운영한다. 단속카메라의 모양 및 형태는 나라별로 다르다. 눈에 띄게 설치되어 있는 것도 있지만 숨겨져 있는 것들도 있다. 앞을 촬영하는 방식인 국내와 달리 주로 뒤를 촬영하는 방식이 더 많다. 단속카메라의 속도 오차 범위는 나라마다 다르지만 보통 5~7km 이내이다. 이 정도 초과 시에는 Toleranz라고 하여 벌금이 부과되지 않는다. 하지만 그 이상이라면 1km라도 초과 시 벌금이 부과된다. 특히 +21km를 초과한 과속에 대해서는 매우 높은 벌금이 부과된다. 규정 제한속도를 20~50km 이상 초과할 경우에는 감옥에 구금시키는 나라들도 있다. 과속 범칙금은 매우 비싸기 때문에 한 번만 단속돼도 타격이 크다. 자신의 운전 실력을 과신하지 말고 평소 운전 습관도 내려놓는 것이 좋다. 아무리 운전을 잘해도 유럽에서는 초보라고 생각하고 운전해야 한다. 그런 마음가짐으로 운전한다면 과속 범칙금을 받는 일은 거의 없을 것이다.

▲ 주요 유럽국가의 제한속도 및 범칙금(가나다순)

	국가명	도시 지역	교외 지역	고속도로
노르웨이	제한속도(km)	50	80	110
	면허취소(km)	76	116	151
	무조건 감옥형	96	136	175
	+21km 과태료(€)	944	711	711
네덜란드	제한속도(km)	50	80	120
	면허취소(km)	100	130	170
	+21km 과태료(€)	157	139	121
독일	제한속도(km)	50	100	130
	면허취소(km)	80	140	171
	+21km 과태료(€)	80	70	70
영국	제한속도(km)	48	96	112
	면허취소(km)	95	145	160
	+21km 과태료(€)	95	90	95
슬로베니아	제한속도(km)	50	90	130
	면허취소(km)	100	140	190
	+21km 과태료(€)	250	80	80

스위스	제한속도(km)	50	80	120
	면허취소(km)	75	110	155
	무조건 감옥형	100	140	200
	+21km 과태료(€)	560	374	243
스페인	제한속도(km)	50	80	120
	면허취소(km)	91	141	181
	감옥형 또는 벌금	111	161	201
	+21km 과태료(€)	150	50	50
오스트리아	제한속도(km)	50	100	130
	면허취소(km)	90	150	180
	+21km 과태료(€)	50	50	50
이탈리아	제한속도(km)	50	90	130
	면허취소(km)	90	130	170
	+21km 과태료(€)	143	143	143
체코	제한속도(km)	50	90	130
	면허취소(km)	90	140	180
	+21km 과태료(€)	38	19	19
크로아티아	제한속도(km)	50	90	130
	면허취소(km)	101	141	181
	+21km 과태료(€)	135	67	67
포르투칼	제한속도(km)	50	90	120
	면허취소(km)	90	160	180
	+21km 과태료(€)	12~160	60~300	60~300
프랑스/모나코	제한속도(km)	50	80	130
	면허취소(km)	90	120	170
	조건부 감옥형	100	130	180
	+21km 과태료(€)	90	90	90
헝가리	제한속도(km)	50	80	120
	면허취소(km)	-	-	-
	+21km 과태료(€)	80	80	80

출처 : speedingeurope

06 블랙박스 - 유럽의 블랙박스 장착 규정

우리나라는 블랙박스가 필수품이지만 유럽에서는 장착율이 매우 낮다. 이제야 조금씩 보급되고 법률이 제정되는 상황이다. 개인정보와 사생활보호 원칙이 매우 중요하게 여겨지기 때문이다. 유럽에서는 블랙박스 사용 규정이 매우 까다롭고 불법인 나라들도 있다. 만일 렌터카에 블랙박스를 달고자 할 경우에는 이에 대한 법 규정을 잘 살펴볼 필요가 있다. 참고로 유럽에서는 블랙박스라는 명칭을 사용하지 않는다. 대쉬 캠 또는 대쉬보드 캠이라고 부른다.

블랙박스(대쉬 캠) 허용 국가 및 사용 조건

독일, 보스니아·헤르체고비나, 덴마크, 핀란드, 프랑스

기록을 증거로 사용하는 경우에 한함. 사고 직후 사고에 관련된 다른 사람에게 알려 주어야 한다.

영국, 이탈리아, 말타, 네덜란드, 노르웨이

개인 용도로만 사용해야하며 블랙박스 사용으로 인해 운전에 지장을 주어서는 안 된다.

세르비아, 스페인, 체코, 헝가리

카메라는 해상도가 낮아야 하며 불필요한 데이터는 5일 내에 삭제하여야 한다.

폴란드, 스웨덴

카메라는 쉽게 제거할 수 있어야 하며 기록은 정기적으로 덮어써야 함. 관련 없는 제3자의 개인정보는 보호되어야 한다.

블랙박스 부분적 허용 또는 사용금지 국가

사용금지 권고국

벨기에, 룩셈부르크, 포르투갈, 스위스

사전 승인 하에 사용 가능

오스트리아

나라별로 블랙박스 장착 규정이 다르다. 그래서 사고 시 영상촬영용으로 사용하고 싶다면 핸드폰 어플을 사용하는 것이 좋다. 이마저도 블랙박스 사용금지국 에서는 조심해야 한다. 특히 국경 검문소에서는 잠시 치워두자.

Tip

모형 블랙박스가 차량털이 예방효과가 있을까?

모형 블랙박스를 달면 차량털이 예방효과가 있다고 생각할 수 있다. 하지만 오히려 위험한 일이다. 차 안에 그런 제품이 달려 있으면 오히려 범죄를 유발하기 쉽다. 모형이라도 달아두지 않는 것이 좋다.

07 주요 교통표지판

유럽의 교통표지판도 우리와 크게 다르지 않다. 몇 가지 다른 교통표지판만 숙지해 두면 큰 문제는 없다. 유럽에서 많이 보게 되고 꼭 지켜야 하는 교통표지판은 다음과 같으니 참고하도록 한다.

- 더 많은 교통표지판을 알고 싶다면 다음 사이트를 참고하자.
  www.gettingaroundgermany.info/zeichen2.shtml

	고속도로 시작		라운드 어바웃		일단정지
	고속도로 종료		내 쪽이 우선. 흰색 화살표 방향에 우선권이 있음		모든 종류의 차량 추월금지
	자동차 전용도로		상대방에 양보		3.5톤 이상의 자동차 추월 금지
	자동차 전용도로 종료		최저속도 제한		지정된 높이 이상의 차량 주행 금지
	고속도로 출구표시		최대속도 제한		지정된 폭 이상의 차량 주행 금지
	우선순위 도로(지속성). 우선순위 도로 종료 표지판이 나올 때까지 우선권이 있음		우선권(1회성). 다음 교차로 또는 합류지점에서 우선권이 있음		이륜, 사륜차 주행금지
	우선순위 도로 종료		속도제한 해제		주차디스크가 필요한 주차장
	주정차 금지		막다른 길. 유턴할 수 없는 경우도 있을 수 있음		파크라이드. 대중교통을 이용할 수 있는 유·무료 주차장
	제한적 정차 금지. 3분 이내의 정차만 허용됨		특정지역(마을) 종료. 50km 속도제한도 해제됨		보행자 도로
	양방향 정차 금지. 정차 금지구역의 중앙을 의미함. 짧은 정차는 허용됨		특정지역(마을)이 시작됨. 표지판을 보는 즉시 50km로 감속해야 함. 표지판 주변에 과속카메라 주의		조용함이 요구되는 지역 시작. 반드시 서행하거나 대기함. 놀고 있는 아이들 주의. 주차나 경적은 금물
	차량 진입 금지		버스정류장		전방 위험지역 표시
	일방통행 진입 금지		주차장		일방통행 도로
	양보 표지		실내주차장		

08 기타 유의사항 - 안전운전에 필요한 다양한 규칙

❶ 전 좌석 안전벨트 착용

유럽에서는 뒷좌석도 안전벨트 착용이 의무이고 단속대상이기 때문에 차량 탑승자 전원은 꼭 안전벨트를 매도록 한다.

❷ 운전 중 스마트폰 또는 내비게이션 조작

주행 중 내비게이션이나 스마트폰을 조작하다가 적발되면 현장에서 과태료 처분을 받게 된다. 벌금은 나라마다 다르지만 평균 100유로 정도 선이다. 발부받은 딱지는 현장에서 바로 내거나 5일 이내에 납부해야 한다. 그렇지 않으면 벌금 액수가 늘어난다. 스페인이나 슬로베니아에서는 두 배까지 오르기도 한다. 안전운전을 위해서도 절대로 조작하지 말자.

❸ 공사 구간

산악지역에는 도로공사 구간을 만나는 일이 자주 있다. 바리케이드 앞에서 대기하다가 파란불에 진입하면 된다. 관계자가 있는 곳도 있지만 신호등만 놓여 있는 곳도 많다. 이를 무시하고 진입하면 사고가 날 수 있으니 꼭 신호를 지켜야 한다.

❹ 터널

터널 중에는 일방통행만 되는 곳들이 있어서 주의해야 한다. 이런 터널은 신호등을 보고 통행해야 한다. 이를 모르고 무심코 진입했다가는 대형사고로 이어질 수 있다. 특히 터널은 어둡고 차들도 크게 속도를 줄이지 않기 때문에 각별히 조심해야 한다.

❺ 국경 통과

유럽은 솅겐 조약으로 인해 국가 간 이동이 자유롭다. 서유럽 중에선 스위스를 제외하고는 국경 통과 시 검문소나 검문 절차가 없다. 그냥 서울에서 경기도 넘어가듯이 지나가면 되고 국경에 설치된 국가 표지판이 지금 국경을 통과하고 있다는 사실을 알려줄 뿐이다. 국경 검문소가 있는 스위스나 동유럽 등도 검문 절차가 까다롭지는 않다. 특히 한국인은 특별한 추가 검색 없이 통과할 수 있다. 검문소에선 여권, 운전면허증을 보여주면 된다.

❻ 주간 전조등(Day light)

유럽연합은 2011년부터 주간전조등을 켜고 주행하는 것을 의무화했다. 그래서 2011년 생산 차량부터 자동점등 장치를 달고 출시된다. 렌터카 대부분도 주간전조등이 자동으로 작동된다. 주의할 것은 주간전조등 이외에 다른 점등 장치는 조작하지 않는 것이다. 본인도 모르게 주차등이나 안개등 혹은 상향등을 켜고 다닐 수 있다. 만일 맞은편 차량이 헤드라이트로 몇 차례 신호를 보내거나 운전자가 화난 표정과 손짓을 한다면 상향등이 켜져 있을 가능성이 높다. 계기판을 살펴보고 잘못 조작된 점등이 있는지 확인하도록 한다.

❼ 상향등

유럽에서 상향등의 의미는 우리와 조금 다르다. 국내에서는 위협이나 분노의 표시로 사용하는 반면 유럽에서는 양보의 의미로 사용된다. 교차로에서 맞은편 차량이 상향등을 깜빡이면 먼저 가라는 표시이다. 국도에서는 마주 오는 차가 상향등을 두 번 깜빡일 때는 전방에 차량 단속이 있다는 신호이다. 하지만 고속도로에서 1차로 주행 중 뒤차가 상향등을 번쩍이며 달려온다면 빨리 비키라는 경고의 의미다.

셍겐 조약이란?

EU 회원국 간 무비자 통행을 규정한 국경 개방 조약!

• 현재 솅겐 조약에는 독일, 이탈리아, 프랑스 등 EU 27개 국가 중 23개국이 가입되어 있다. EU 회원국이 아니지만 솅겐 조약에 가입한 나라는 스위스, 리히텐슈타인, 아이슬란드, 노르웨이 등이다.

• 솅겐 국가가 아닌 나라(비非 솅겐국) : 영국, 아일랜드, 불가리아, 사이프러스, 루마니아

※ 솅겐 국가에 포함되지 않는 나라를 방문할 때는 ETIAS 승인으로 비자 면제를 받을 수 없다.

4 고속도로 & 국도 운전하기

유럽의 고속도로는 우리와 큰 차이가 없다. 고속도로 요금 지불 방식이 국가마다 다른데 이 부분만 알아두면 된다. 국도 운전은 수시로 변경되는 속도제한 표지판과 추월차량들만 유의하면 된다. 특히 국도는 과속 단속이 주로 이루어지는 곳이다. 사고도 국도에서 발생하는 경우가 많다. 운전에 주의를 기울일 필요가 있다.

고속도로 시작 표지판

고속도로 종료 표지판

01 유럽 고속도로의 특징

차량이 많지 않고 교통법규를 잘 준수해서 운전하기는 훨씬 수월하다. 교통체증도 거의 없어서 장시간 운전을 해도 운전 피로는 적다. 고속도로의 최고 제한속도는 나라별로 다르지만 120~130km이다. 도로 상태는 서유럽의 경우 우리와 비슷하다. 동유럽은 조금 떨어지는 곳들도 있지만 무난하다. 이정표들도 잘되어 있고 휴게소와 간이 파킹장도 많이 마련되어 있어서 불편함은 없다. 고속도로 풍경은 멋진 곳들도 많지만 우리와 크게 다르지 않은 곳도 많다. 유럽의 풍경을 제대로 즐기려면 국도를 이용하는 것이 좋다.

국가	고속도로 명칭	최고 제한속도
영국	Motorway	115km
프랑스	Autoroute	130km
독일	Autobahn	(구간별 속도제한 있음) 속도 무제한은 일부 구간에 한함
벨기에	Autosnelweg	120km
네덜란드	Autosnelweg	100~120km
스위스	Autobahn/Autoroute	120km
오스트리아	Autobahn	130km
이탈리아	Autostrada	130km
스페인	Autopista	120km
포르투갈	Autoestrada	120km
헝가리	Autopaly	130km
체코	Dalnice	130km
크로아티아	Autocesta	130km

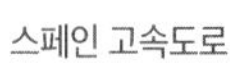
스페인 고속도로

독일 고속도로

02 고속도로 통행료 징수방식

고속도로 통행료 지불 방식은 크게 세 가지로 구분된다.

1. 통행료 무료 2. 비넷Vignette 통행스티커 3. 톨게이트 이용

국가별 통행료 지불 방식을 살펴보면 다음과 같다.

국가별 통행료 지불 방식

국가	통행료 지불 방식
영국, 독일, 벨기에, 네덜란드, 스웨덴	고속도로 통행료 없음. 영국(일부 구간 부과)
프랑스, 스페인, 포르투갈, 이탈리아,크로아티아, 노르웨이, 폴란드, 세르비아,아일랜드, 터키, 마케도니아	구간별 톨게이트 방식
스위스, 오스트리아, 체코, 헝가리, 슬로베니아, 불가리아, 슬로바키아, 루마니아,라트비아, 몰도바	기간별 통행권 방식(Vignette/Tollsticker) 대부분 국가가 디지털 비넷으로 전환되고 있다.

03 비넷Vignette의 종류와 구입 방법

유럽 일부 국가들은 비넷이라는 통행스티커를 부착하는 방식으로 고속도로 요금을 부과한다. 동유럽 국가들 대부분이 비넷 제도를 가지고 있고 서유럽에서는 스위스가 유일하다. 비넷은 보통 10일, 한 달, 1년 단위로 판매된다. 스티커 방식으로 차량 앞 유리에 부착하는 방식이 가장 일반적이지만 최근에는 차량번호를 등록하는 디지털 비넷 방식으로 대부분 변경되고 있는 추세다. 비넷을 부착하거나 등록하면 유효기간동안 고속도로를 자유롭게 이용할 수 있다. 비넷은 국경 근처에 도착하면 양쪽 국가의 휴게소, 주유소에서 구입할 수 있다. 동유럽에서는 국경 인근에 봉고차를 세워두고 팔기도 한다. 비넷은 국경을 넘기 전에 구매하는 것이 가장 좋다. 만일 구매 타이밍을 놓쳤다면 국경 진입 후 바로 구매하면 된다.

유럽 자동차 여행 시 주로 여행하는 나라들의 비넷들은 다음과 같다.

오스트리아 비넷과 함께 붙인 스위스 비넷. 상단 정중앙에 붙이면 된다.

비넷에 대한 몇 가지 오해

• 비넷은 구매했다고 끝나는 것이 아니다. 스티커 비넷을 구입한 경우에는 정확한 위치에 부착을 해야 단속되지 않는다. 비넷 단속은 단속카메라로 자동으로 이루어진다. 정해진 위치에 부착하지 않으면 카메라가 인식하지 못해 미부착으로 처리될 수 있다. 검문을 통해 단속하기도 한다. 역시 부착 방법이 잘못되면 과태료를 받을 수 있다. 부착 방법은 스티커 뒷면에 설명되어 있다. 부착 위치를 확인하고 꼭 정해진 위치에 부착하도록 한다.

• 비넷 비용이 비싸다고 생각할 수 있다. 특히 스위스 비넷은 1년짜리만 판매하다 보니 더욱 그렇다. 하지만 따지고 보면 그렇지 않다. 톨비를 받는 나라들을 여행하다 보면 며칠만 운전해도 고속도로 톨비가 꽤 많이 나온다. 이런 면에서 비넷은 오히려 저렴하게 고속도로를 이용하는 방법이다. 물가 높은 스위스에서 톨비를 받는다면 2~3일만 고속도로 운전을 해도 비넷 비용 이상의 톨비를 내야 할 수도 있을 것이다. 그렇게 보면 너무 아깝다는 생각을 할 필요는 없다.

• 나라별로 비넷을 구매하더라도 유료 터널과 다리에서는 별도의 통행료를 지불해야 하는 곳들도 있다. 이런 곳을 만나면 비넷을 샀는데 왜 요금을 추가로 내야 하는지 어리둥절 할 수 있는데 비넷과 별도로 통행료가 징수되니 참고하도록 한다.

❶ 스위스 비넷

스위스 비넷은 1년권 만으로 판매되고 전통적으로 스티커 방식으로 운영되었다. 하지만 2023년 8월 1일부터 디지털 비넷이 도입되어 이제 스티커 비넷과 디지털 구매 두 가지 방식으로 운영되고 있다. 가격은 기간에 상관없이 40프랑(2024년 기준)이며 유효기간은 전년도 12월 1일부터 다음해 1월 31일까지로 총 14개월이다.

비넷을 구입하지 않거나 올바르게 부착하지 않다가 단속되면 200프랑(한화 26만 원)의 높은 벌금을 물게 된다. 국도로만 다닌다면 비넷이 필요 없지만 스위스는 고속도로와 국도의 경계가 모호해서 자칫하면 실수하기 쉽다. 스위스를 국도로 잠깐 경유하는 것이 아니라면 구매하는 것이 안전하다.

비넷은 휴게소, 주유소에서 판매하고 국경 검문소에서도 구매할 수 있다. 디지털 비넷의 경우에는 차량번호를 사전에 알고 있어야 등록이 가능하다. 따라서 렌터카 여행자는 이전처럼 스티커 방식을 이용하면 된다. 아니면 스위스 진입 전에 미리 숙소에서 온라인으로 디지털 비넷을 등록해도 된다. 스위스 비넷에 대한 좀 더 자세한 정보는 이곳을 참고하면 된다.

bit.ly/2tgx9Qu

• 스크래퍼라는 비넷 제거 도구를 패키지로 묶어서 조금 더 비싸게 판매하는 곳들이 있다. 여행자는 스크래퍼가 필요 없다. 이런 곳을 만나게 된다면 비넷만 달라고 하자.

• 독일과 같은 스위스 인접국가에서는 렌터카 직원이 스위스 비넷 구매를 권유하기도 한다. 하지만 안전하게 정식 판매점에서 구매하는 것을 권장한다.

❷ 오스트리아 비넷

오스트리아 비넷은 스티커 방식의 비넷과 디지털 비넷 두 가지 방식을 통해 구매할 수 있다. 1일권, 10일권, 2개월권, 1년권 이렇게 네 가지 기간 중에서 선택할 수 있다. 1일권은 디지털 비넷이 도입되며 추가된 비넷으로 ASFINAG 유료판매점 또는 ASFINAG 앱을 통해서만 사용할 수 있다. 전통적인 스티커 비넷은 10일권은 T, 2개월권은 M, 1년권은 J가 스티커에 표시되어 있으며 구매하면 개시일에 구멍을 뚫어 유효기간을 표시한다. 국경 인근의 주유소,휴게소에 가면 손쉽게 구매할 수 있다. 만일 비넷을 미부착하거나 올바르게 부착하지 않아 단속되면 120유로의 벌금을 내야 한다. 좀 더 자세한 정보는 이곳에서 확인하면 된다.

오스트리아 비넷 판매가격 (2024년 기준)

기간	요금
10일권	9.90€
2개월권	29.00€
1년권	96.40€

www.asfinag.at/toll/vignette

오스트리아 비넷 앞뒤 모습

오스트리아 비넷 판매점 표지판

➡ 알아두자 1

오스트리아에서 빌린 차량은 연간비넷이 붙어 있거나 디지털 비넷이 등록되어 있다.

➡ 알아두자 2

스티커 비넷은 상단과 하단으로 나뉘어져 있는데 상단만 뜯어서 붙이면 된다. 하단 스티커는 구매 영수증 역할을 하니 보관해 둔다.

➡ 알아두자 3

디지털 비넷은 온라인 구매 시 약 18일간의 대기기간이 발생한다. 따라서 디지털 비넷을 구매하더라도 여행 중에 온라인으로 구매하지 말고 비넷 판매점이나 비넷 자판기에서 등록한다. 오프라인에서 등록한 비넷은 바로 활성화된다.

❸ 체코 비넷

체코 비넷은 2021년 1월부터 온라인 등록방식으로 변경되었다. 날짜는 기존과 동일하게 10일권, 1개월권, 1년권으로 판매한다. 차량번호를 온라인 사이트에서 입력하고 등록하는 방식이기 때문에 차량 수령 전에는 할 수 없다. 렌터카를 수령하고 체코로 간다면 하루 전날 스마트폰으로 등록하면 된다.이때 현지유심을 사용하고 있다면 온라인 결제가 되지 않을 것이다. 결제하는 동안만 국내유심으로 변경 후 로밍을 OFF한 후 다른 사람의 핸드폰으로 테더링을 이용하며 결제를 진행하면 된다. 만일 온라인 결제에 실패할 경우에는 국경 근처에 주유소에 가면 비넷 등록 서류가 있다. 이 서류를 작성하고 현장에서 등록할 수 있다. 키오스크도 있지만 아직은 일부 구간에만 존재한다. 비넷을 등록하고 나면 2~3분 내로 바로 등록이 되기 때문에 바로 고속도로를 운행해도 된다. 하지만 만일을 대비하여 온라인 등록확인서는 보관해 두는 것이 좋다. 만일 비넷을 등록하지 않고 운전하다 단속에 걸릴 경우 약 5,000코루나의 높은 과태료를 지불해야 하니 주의하자. 또한 체코도 비넷을 부착하고도 별도의 통행료를 지불해야 하는 구간들이 있으니 참고하자.

edalnice.cz/en/index.html#/validation

오스트리아 비넷 판매 가격 (2024년 기준)

종류	요금
10일권	310 Kč (12€)
1개월권	440 Kč (16.502€)
1년권	1500 Kč (56.50€)

❹ 슬로베니아 비넷

슬로베니아 비넷도 스티커 방식이었지만 2022년 2월 1일부로 전자 비넷으로 변경되었다. 기간은 7일권, 1개월권, 1년권으로 판매된다. 슬로베니아 비넷 역시 차량번호를 등록해야 하기 때문에 사전에 온라인으로는 구매하기 어렵다,. 따라서 국경 근처의 편의점이나 주유소에서 전자 비넷을 구매한다고 하면 직원이 등록해 준다. 영수증만 잘 소지하고 있으면 된다. 슬로베니아 비넷에 대한 좀 더 자세한 정보는 이곳을 참고하면 된다.

www.dars.si/TOLLING

슬로베니아 비넷 가격 (2024년 기준)

기간	3.5톤 이하 및 높이 1.3m이하 일반차량
7일권	16€
1개월권	32€
1년권	117.50€

❺ 헝가리 비넷

헝가리는 예전부터 전자 비넷 제도를 운영하고 있다. 국경 주변에 가면 비넷 판매점이 있고 이곳에서 등록비용을 내고 차량번호를 등록하면 된다. 만일 등록을 못하고 고속도로에 진입한 경우 60분간의 유예기간이 있다. 그 안에 비넷을 구매하면 벌금이 과금되지 않는다. 온라인으로도 구매가 가능하지만 처음 해보면 익숙하지 않아 실수할 수 있다. 국경 근처에서 구매하는 것을 추천한다. 그리고 승용차는 D1등급으로 7인승 이상 승합차와 캠핑카는 반드시 D2비넷을 부착해야 한다. 이를 모르고 D1스티커를 부착하고 다니다 벌금을 내는 경우가 종종 있다. 헝가리 비넷에 대한 좀 더 자세한 정보는 이곳을 참고하면 된다.

헝가리 비넷 등록소

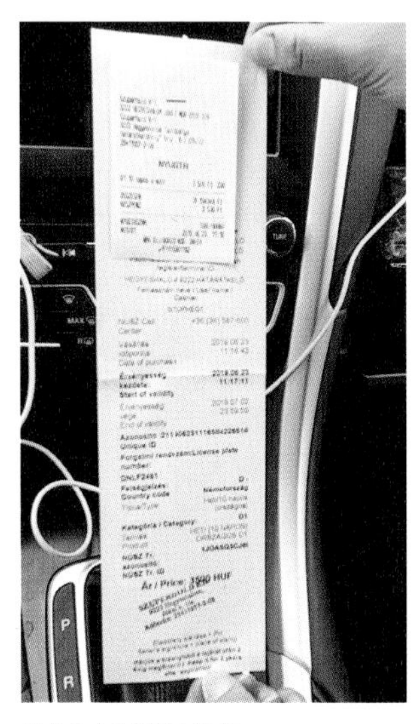
헝가리 비넷 등록 영수증

en.autovignet.hu/

헝가리 비넷 가격(2023년 기준)

기간	D1(일반 오토바이 및 7인승 이하 차량)	D2(7인승이상 승합차, 캠핑카 등)
10일권	HUF 5,500	HUF 8,000
1개월권	HUF 8,900	HUF 12,600
1년권	HUF 49,190	HUF 69,830

❻ 비넷에 대한 추가 참고사항

1. 비넷 사용 국가에서 픽업하면 해당 국가의 비넷은 구매하지 않아도 된다.

2. 타 국가의 비넷이 붙어 있다면 유효기간을 반드시 확인하자. 유효기간이 지난 비넷은 소용없다.

3. 비넷 구입 시 '비넷'이라고 발음하면 못 알아듣는 경우가 많다. 이런 경우 '빈옛', '벤넷', '빙예트', '빈예트' 등으로 말하면 된다.

4. 비넷은 고속도로 이용에만 필요하다. 국도로만 다닌다면 구매하지 않아도 된다. 그러나 국도로 다니다 길을 잘못 들면 고속도로로 진입해 버릴 수 있다. 유의하도록 한다.

5. 여행기간이 길고 여러 나라를 경유한다면 비넷 구입도 잘 계산해야 한다. 7일이나 10일권 비넷을 사고 다니다 다시 해당 국가를 다시 갈 때 이미 유효기간이 끝나버릴 수 있기 때문이다.

6. 유럽 전역의 비넷 규정 및 요금은 이곳에서 확인하면 된다.

www.dalnicni-znamky.com/en

04 톨게이트 이용하기

유럽의 톨게이트 시스템은 우리와 크게 다르지 않다. 고속도로 진입 시 티켓을 발부받고 나갈 때 요금을 지불하면 된다. 티켓 없이 정해진 요금을 결제하는 구간별 지불 방식도 동일하다. 톨비 요금은 현금, 카드 모두 가능하고 우리나라의 하이패스와 같은 개념의 무정차 자동결제 시스템 방식도 국가별로 운영하고 있다.

진입 시 티켓을 발부받는다.

정해진 요금을 결제하는 구간별 톨게이트

❶ 톨게이트 정산 시스템

유인 부스로 운영되는 우리나라와 달리 유럽은 무인 정산과 유인 부스를 혼용하는 방식으로 이루어져 있다. 전체적으로 무인 정산 방식의 톨게이트가 더 많은 편이다.

게이트 진입 전부터 표지판으로 안내해 주기 때문에 미리 확인할 수 있다. 톨게이트 상단에도 그림으로 표기되어 있어 구별은 쉽다.

이탈리아 유인 부스 톨게이트

현금, 카드, Telepass로 나눠어진 이탈리아 톨게이트

❷ 톨게이트 게이트 구분

우리나라는 유인 부스를 운영하기 때문에 하이패스차로 진입만 주의하면 된다. 하지만 유럽에서는 결제 수단별로 게이트가 나뉘어져 있다. 하이패스와 같은 무정차 자동결제 게이트, 현금전용 게이트, 현금+카드겸용 게이트, 카드전용 게이트, 유인 부스 등으로 구분된다. 이 구분은 톨

톨게이트 진입 전에 안내 표지판이 있어 잘 보고 진입하면 된다.

❸ 무인 정산기 이용 방법

처음 보는 무인 정산기를 만나면 당황할 수 있다. 하지만 이용 방법은 간단하다. 한두 번 해보면 금세 익숙해진다. 무인 정산기들의 모양은 나라별로 각기 다르지만 이용 방법은 크게 다르지 않다.

1 고속도로 진입 시 받은 티켓을 티켓 투입구에 넣는다.

2 요금이 표시되면 원하는 지불수단(동전, 지폐, 카드)을 투입한다.

3 영수증이 필요하면 영수증 발행 버튼을 누르면 영수증이 출력된다.

4 차단기가 열리면 나가면 된다. 무인 정산기 종류는 국가별로 다르기 때문에 유튜브에 국가명+toll이라고 검색하면 사용법을 설명한 영상들이 많다. 이런 자료를 보고 가는 것을 추천한다.

이탈리아 무인 정산기 왼쪽의 빨간색 버튼은 직원 호출 버튼이다.

프랑스 무인 정산기

❹ 톨게이트 요금

유럽 국가들의 고속도로 이용 요금은 비싼 편이다. 그래서 장거리 여행은 고속도로 이용료 부담도 만만치 않다. 나라별로 요금 산정 기준이 다르지만 평균 요금은 1km당 0.256유로(337원)이다. 전 세계에서 고속도로 구간별 요금을 지불하는 나라 중 유럽 국가들의 요금이 가장 비싼 것으로 알려져 있다. 요금은 비싸지만 정체구간은 거의 없는 편이다. 그래서 고속도로 비용을 지불하는 것이 아깝지는 않게 느껴진다. 유럽 각국의 톨비를 예측할 수 있는 사이트가 있다는 점은 앞에서 언급을 하였다. 알뜰한 여행을 계획한다면 미리 파악해 두고 예산 수립에 참고하도록 하자.

❺ 톨게이트 결제 중 문제 발생

결제시 문제가 발생하면 정산기에 있는 빨간색 버튼 또는 Help표시 버튼을 눌러서 직원과 통화한다. 그러나 영어를 못하는 직원도 많아서 의사소통이 안 되는 경우가 많다. 의사소통이 안 되면 직원이 나와서 일처리를 도와주기도 한다. 이럴 때 뒤 차량이 늘어서 있으면 당황하여 진땀이 날 것이다. 하지만 유럽에서는 이런 상황이 종종 발생한다. 차량들도 느긋하게 기다려 주는 편이라 너무 당황할 필요 없다. 시간이 걸려도 침착하게 천천히 처리하면 된다. 뒤 차량에 미안하다는 제스처를 취해서 양해를 구하자.

알아두자

톨게이트에서 카드를 잘 인식하지 못하는 경우도 있다. 그래서 카드 전용보다는 현금과 카드가 같이 되는 곳이나 유인 부스로 진입하는 것이 좋다.

❻ 주요 국가별 톨게이트 시스템

국가	결제수단	자동결제시스템 (진입금지)	부스운영여부	기타
이탈리아	지폐, 동전, 카드 (Carte)	Telepass	무인+유인 혼합 타 국가에 비해 유인 부스가 많은 편이다.	
프랑스	지폐, 동전, 카드 (Carte)	Telepeage (주황색으로 t라고 표기되어 있다.)	대부분 무인 부스이고 일부 유인 부스가 있다.	동전으로만 지불해야 하는 곳이 있으니 잔돈을 많이 가지고 있는 곳이 좋다.
스페인	지폐, 현금, 카드 (TARJETAS)	via-t(V라고 표기되어 있다.)	대부분 무인 부스이고 일부 유인 부스가 있다.	
포르투칼	현금, 카드, 이지톨 등록	Via Verde	무인+유인 부스운영	
크로아티아	현금, 카드	ENC	무인+유인 부스운영	
노르웨이	현금, 카드	AUTOPASS		

나라별 톨게이트 이용 방법

이탈리아

사람이 있는 유인 부스가 많기 때문에 톨게이트 이용이 가장 수월한 편이다. VISA, MASTER, AMEX 등 카드 대부분 사용 가능하다. 게이트 그림 표시도 직관적으로 잘 표시되어 있다. 하이패스와 같은 Telepass 게이트로만 진입하지 않으면 크게 문제없다.

이탈리아 유인 부스

포르투갈

일반적인 톨게이트는 무인 부스와 유인 부스를 같이 운영하고 카드, 현금 모두 가능하다. 무정차 통행 시스템은 Via Verde로 녹색의 V자 모양을 하고 있다. 이곳으로만 진입하지 않으면 된다.

포르투갈 톨게이트

크로아티아

유인 부스도 많이 있어서 이용은 편리하다. 현금, 카드 모두 이용이 가능하다. 크로아티아의 무정차 통행 시스템은 ENC라고 부른다. 이 표시가 있는 게이트로만 진입하지 않으면 문제없다. 만일 고속도로 진입 시 ENC 게이트로 잘못 들어가면 티켓을 받지 못한다. 그러면 다음 정산 톨게이트에서 무조건 최대치의 통행료를 지불해야 하니 주의하도록 한다. 크로아티아는 5월부터 10월까지는 통행료가 일시적으로 10% 정도 오르니 참고하자.

크로아티아 톨게이트

프랑스

무인 부스가 대부분이다. 카드, 현금 모두 사용 가능하다. 프랑스는 특이하게 동전바구니에 동전을 넣어서 정산을 하는 톨게이트가 있다. 꼭 동전을 지참하자. 그리고 하이패스 같은 무정차 통행 시스템 표시는 주황색 t자 표시만 단독으로 되어 있다. 이것을 톨게이트 표시라고 생각하여 잘못 진입하는 경우가 많은데 유의하도록 한다. 티켓을 받을 때나 정산할 때 모두 초록색 화살표가 표기되어 있는 곳으로 진입하면 된다.

동전바구니 결제 방식

스페인

무인 부스와 유인 부스가 같이 운영되고 유인 부스도 많은 편이다. 카드, 현금 모두 사용가능하다. Manual이라고 표시된 게이트는 사람이 돈을 받는 유인 부스를 의미한다. TARJETAS는 표시는 CARD 가능이라는 뜻이다. SOLO TARJETAS라고 쓰여진 곳은 ONLY CARD라는 뜻이니 참고하자. 스페인의 무정차 통과 시스템은 T또는 VIA-T라고만 적혀 있다. 이곳으로 진입하지만 않으면 된다.

스페인 톨게이트

Special Page

포르투갈의 이지톨Easy tall 시스템

포르투갈은 다른 나라와 달리 이지톨(Easy toll/E-TOL)이라는 독특한 통행 시스템을 운영한다. 이지톨은 특정 구간을 전자 통행료 방식으로 지나는 것을 말한다. 하이패스처럼 생각할 수 있지만 톨게이트가 없어서 개념은 다르다. 이지톨은 두 가지 방법으로 이용할 수 있다. 첫째 하이패스와 같은 단말기를 이용하는 방법이다. 단말기는 포르투갈에서 렌트하는 차량에 기본으로 부착되어 있거나 옵션으로 선택할 수 있다. 둘째 신용카드를 등록기계에 등록하는 것이다. 스페인을 비롯한 타 국가에서 렌트한 차량들은 이 방법을 이용해야 한다. 등록 기계는 스페인에서 포르투갈로 진입하는 주요 고속도로 초입 4곳에 설치되어 있다.

이지톨 등록 구간

A28고속도로 – Viana do Castelo 서비스 지역
A24고속도로 – Chaves / Verin 국경에서 3.5km
A25고속도로 – 알토 드 레오 밀 서비스 지역
A22고속도로 – Castro Marim / Ayamonte 국경 옆

이지톨 Easy toll 신용카드 등록 방법

❶ 스페인에서 포르투갈로 입국하면 Easy toll 등록 표지판이 나온다.
❷ 표지판을 따라 옆길로 빠지면 작은 게이트가 나온다. 이곳에 이지톨 등록 기계가 있다.
❸ 신용카드나 체크카드를 등록기에 넣는다. (Visa, Master 및 Maestro만 가능) 등록 비용인 0.74유로가 승인되고 카드가 나온다.
❹ 차량번호는 카메라로 자동 등록된다. 영수증은 해지할 때 필요하니 꼭 챙겨둔다.
❺ 등록이 완료되었다. 30일 동안은 자유롭게 이용할 수 있다. 요금은 자동으로 결제된다.

이지톨 등록 안내 표지판

이곳에 신용카드를 넣고 등록하면 된다.

이지톨 인식 장비

이지톨 Easy toll 결제 방법

이지톨 등록을 한 후 다시 고속도로를 달리다 보면 이지톨 안내 표지판이 나타난다. 표지판에는 차종별로 요금이 적혀 있다. 곧이어 여러 개의 카메라와 센서가 달린 철골 구조물들을 지난다. 이곳에서 차량정보 확인과 함께 요금체크가 이루어진다. 이렇게 체크된 요금은 48시간 이후부터 전산에 반영되고 등록한 카드로 요금이 지불된다. 한번 지날 때마다 0.5~1.5유로의 요금이 결제된다.

이지톨 Easy toll을 등록하지 못한 경우

스페인에서 포르투칼 진입 위치에 따라 이지톨 등록기계가 없는 곳이 있다. 또는 그냥 지나쳐서 등록을 못하는 경우도 생긴다. 우선 카드를 등록하지 못해도 고속도로 이용에 문제는 없다. 미납된 요금은 온라인으로 사이트를 통해 지불하면 된다. 요금은 이지톨 이용 후 48시간 이후에 조회되고 이용일로부터 5일 이내에 납부해야 한다. 요금 조회 및 결제는 이곳에서 처리하면 된다.

paytolls.vialivre.pt/portalweb/

알아두자

❶ 이지톨을 미등록하고 지난 후 톨게이트 직원에게 요금을 내려는 분들이 있다. 요금은 48시간이 지나야 확인되기 때문에 낼 수가 없다.

❷ 이지톨 시스템에 등록된 카드는 30일간 유효하다. 렌터카를 반납하고 나면 바로 등록해 둔 카드를 해지해야 한다. 해지는 포르투갈 통행료 사이트에서 하면 된다. 이지톨 등록 시 발급된 영수증이 필요하다.

❸ 이지톨은 이지톨 전용구간만 유효하다. 일반 톨게이트 구간에서는 티켓을 받고 톨비도 별도로 내야 한다. 그리고 이지톨은 하이패스와 같은 무정차 통과 시스템이 아니다. 이지톨을 등록했다고 하여 톨게이트에서 하이패스 구간인 Via Verde 게이트로 진입하면 안 된다.

❹ 포르투칼에서 렌트할 경우 영업점에서 하이패스와 같은 단말기를 대여할 수 있다. 단말기를 대여하면 이지톨 구간은 물론 일반 톨게이트에서도 무정차 통행 전용게이트(V표시)를 이용할 수 있다. 렌트카 대여 시 함께 대여하는 것이 좋다.

*** 이지톨 등록 카드 해지 방법**

웹사이트 하단에 Easytoll Service 메뉴가 있다. 이곳에서 Cancel Easytoll Account에서 차량번호(Your License Plate)와 영수증에 기재된 등록번호(Your Easytoll Indentifier)를 입력한 후 취소 버튼을 누르면 된다.

*** 카드 해지 사이트**

❼ 다리 통행료

유럽의 일부국가들은 톨게이트와 비넷과 별개로 추가 요금을 지불하고 건너야 하는 다리들도 존재한다. 특히 영국과 같은 나라는 14개의 유료 다리가 있어 가장 많은 수를 차지하고 있는데 보통 1.5파운드의 비용을 지불해야 한다.
각국의 유료 통행 다리 개수는 다음과 같다.

국가	수량	평균 통행료
영국	14개	1.5파운드
아일랜드	1개	-
프랑스	5개	5.17유로
크로아티아	1개	-

국가	수량	평균 통행료
덴마크	3개	-
노르웨이	11개	1.5~4크로나
스웨덴	4개	-

❽ 터널 통행료

터널 역시 별도의 요금을 지불해야 하는 곳들이 있다. 가장 많은 유료 터널이 있는 곳은 프랑스와 오스트리아로 각각 6개의 유료 터널을 가지고 있다.

국가	수량
아이슬란드	1개
영국	3개
벨기에	1개
네델란드	2개
아일랜드	2개
스위스	2개
슬로베니아	1개

국가	수량
오스트리아	6개
프랑스	6개
크로아티아	1개
노르웨이	4개
이탈리아	4개
스페인	2개

유료 다리와 터널은 처음 유럽 자동차 여행을 하는 한국인들이 주로 가는 여행 코스들에서는 만나는 일은 드문 편이다. 그러나 비넷 사용국에서 이런 곳을 만나면 비넷을 구매했는데 요금을 따로 내야 하는 것이 맞는지 의아할 수 있다. 사전에 이런 점을 알아두면 당황하지 않을 것이다.

05 고속도로 휴게소 이용하기

유럽에는 대형 휴게소도 많지만 작은 휴게소가 더 많은 편이다. 유럽의 대형 휴게소들은 유럽에 본사를 둔 다국적 기업들이 주로 운영한다. 대표적인 곳이 이탈리아에 기반을 둔 오토그릴 AUTOGRILL로 다니다 보면 자주 볼 수 있다. 유럽의 휴게소는 이용 용도와 차종별로 진입로가 구분되어 있다. 주유소만을 이용하는 차량의 진입로와 휴게소를 이용하려는 차량의 진입로가 구분되어 있는 것이다. 오토바이, 승용차, 트럭 등의 주차구역도 따로 분리되어 있다. 그래서 차량이 많아도 크게 혼잡하지 않게 이용할 수 있는 형태로 구성되어 있다.

독일 휴게소 진입구

이탈리아 휴게소 진입구

❶ 대형마트 구조의 유럽의 휴게소

유럽의 휴게소는 마트처럼 구성되어 있다. 하나의 건물에 식당, 상점, 화장실이 모두 모여 있고 정해진 출입구를 통해서만 이용할 수 있다. 일반적인 휴게소 내부는 입구로 들어서면 먼저 식음료 공간이 나타난다. 그다음 안쪽은 각종 상품이 진열된 마트 공간이다. 휴게소 규모에 따라 상품진열코너의 크기는 비례하는데 규모가 큰 곳은 중형마트를 방불케 한다. 다양한 생활용품을 비롯해 술, 장난감. 선물, 과일, 유제품, 육류 및 농수산품 등 다양한 물건을 판매한다. 이런 상품 진열대는 출구까지 이어져 있다. 출구 앞에는 계산대가 있어 구매한 물건의 계산을 마친 후 출구로 나가는 방식으로 이루어져 있다.

독일의 중간 규모 휴게소

유럽에서 자주 볼 수 있는 오토그릴 본사는 이탈리아다.

❷ 유럽 휴게소들의 푸드코트

유럽 휴게소에도 다양한 간식은 물론 식사할 수 있는 푸드 코트가 매우 잘 갖추어져 있다. 나라별로 차이는 있지만 꽤 근사한 식사를 할 수 있는 곳들도 많다. 메뉴를 보고 주문하는 방식과 진열된 음식 중 원하는 것들을 선택하고 비용을 계산하는 주문형 방식으로 나뉘어져 있다. 단품 요리들은 보통 햄버거, 피자. 파니니와 같은 간단하게 먹을 수 있는 음식들이 대부분이다. 주문형 요리들은 파스타, 스테이크를 비롯한 다양한 요리들을 레스토랑 못지않은 퀄리티로 먹을 수 있다.

음식을 선택 후 계산하는 방식의 휴게소 푸드 코트

이탈리아 휴게소 스테이크 메뉴

단품 요리 메뉴들

❸ 유럽 휴게소들의 화장실

화장실은 대부분 휴게소 건물 안에 있다. 유럽은 휴게소 화장실도 요금을 내야 하는 나라들이 있다. 주로 통행료를 지불하는 나라들의 화장실은 무료로 운영되지만 비넷 이용 국가나 무료인 나라들은 유료인 경우가 많다. 유료 화장실은 출입기계에 동전을 넣고 들어가는 개찰구 방식이 일반적이다. 이용 요금은 70~80센트 정도이다. 이런 개찰구 방식의 화장실들은 요금을 지불하면 바우처를 지급해 주기도 한다. 유럽 전역에서 휴게소 화장실 체인사업을 운영하는 SANIFAIR사가 운영하는 휴게소들이 대표적이다. 이런 화장실은 요금을 투입구에 넣으면 티켓처럼 생긴 50센트~1유로짜리 바우처가 나온다. 예를 들면 화장실 요금이 70센트인 경우 1유로를 넣으면 30센트와 함께 50센트 바우처가 나오는 것이다. 이 바우처는 휴게소에서 현금처럼 사용할 수 있다. 한 번에 여러 장을 모아서 사용도 가능하고 같은 브랜드의 휴게소라면 유럽 전역에서 3년 내에 동일하게 이용할 수 있다. 유럽의 고속도로 휴게소 운영 기업들은 이런 식으로 바우처를 발급하여 더 많은 소비를 이끌어내는 전략을 사용한다.

독일의 Sanifair사의 휴게소 화장실 바우처. 휴게소 운영회사별로 이런 바우처가 발행되고 오스트리아, 벨기에, 프랑스 등에서도 이런 바우처 제도를 운영하는 휴게소들이 많다.

간이 파킹장

❹ 간이 파킹장

우리나라의 졸음쉼터와 같은 간이 휴게소 개념의 파킹장들도 많이 있다. 우리나라 졸음쉼터 크기만큼 작은 곳도 있고 수십 대 이상의 차를 주차할 수 있을 만큼 큰 곳도 있다. 간이 파킹장에는 잔디밭과 테이블이 있어 도시락이나 간식을 먹을 수 있다. 화장실은 없는 곳도 있지만 있는 곳은 무료로 사용이 가능하다. 하지만 일반 고속도로 휴게소보다 청결하지는 않다.

❺ 고속도로 휴게소에서의 차숙

드물긴 하지만 고속도로 휴게소에서 차숙을 시도하려는 분들이 있다. 주로 비용에 민감한 장기 여행자들이 숙소 비용을 절약하기 위해서 선택하기도 하고 숙소를 구하지 못해 궁여지책으로 선택하기도 한다. 실제 유럽은 장기 여행자가 많아서 세계 각국의 여행객들이 휴게소 내에 차숙을 하는 경우도 적지 않다. 하지만 차숙은 범죄에 노출되는 경우가 많다. 실제 피해 사례가 현지 뉴스에 나오는 경우도 종종 있다. 최근에는 이민자들의 급증으로 인해 치안상태도 더 좋지 않다. 정말 불가피한 경우가 아니라면 차숙은 하지 않는 것이 좋다.

06 국도 운전 시 주의사항

자동차 여행의 장점은 국도 풍경을 즐기며 드라이브 할 수 있다는 점이다. 국도를 달리며 이름 모를 마을을 지나면서 보는 풍경은 사진이나 영화로만 보던 바로 그 풍경들이다. 그러나 국도 운전이 생각만큼 낭만적이지 않다. 과속카메라에 단속되는 경우도 많고 바짝 붙어 뒤따라오는 현지인의 차량도 신경이 쓰인다. 유럽의 국도들은 주로 마을을 통과하는 방식이다 보니 속도 조절에 신경도 많이 써야 한다.

국도의 최대 속도는 70~110km정도 된다. 생각보다 빠른 편이다. 빠른 속도로 달리다 마을을 만나면 50km이하로 감속해야 한다. 마을 앞에는 하얀색이나 노란색으로 된 표지판에 마을 이름이 적혀 있다. 이 표지판이 보이면 바로 50km이하로 감속하면 된다. 마을 안에서는 50km미만으로 서행을 해야 한다. 그리고 마을이 끝나는 지점에는 동일한 표지판에 사선이 그어져 있는 표지판이 놓여 있다. 이 표지판을 지나면 다시 80km 이상으로 달리면 된다. 유럽의 국도들은 이렇게 마을을 관통하는 방식으로 이루어져 있다. 그래서 속도를 줄이고 높이는 일을 반복하게 된다. 마을 앞에서 속도를 갑자기 줄이는 게 처음에는 쉽지 않다. 그래서 속도를 제때 줄이지 못하고 마을에 진입하는 경우가 많게 된다. 이때 마을 입구에 단속카메라가 설치되어 있다면 영락없이 단속에 걸리게 된다.

독일 남부 국도

스위스의 아름다운 국도

오스트리아 잘츠캄머구트 국도

프랑스 와인 국도

마을 시작 알림 표지판

마을 종료 안내 표지판

마을 진입 시 50km로 속도를 낮추어야 한다.

마을 종료와 함께 70km로 속도제한이 변경된다.

마을 안에 위치한 과속 단속 카메라

현지인들의 과속 또한 신경이 쓰이는 부분 중 하나이다. 현지 차량들은 제한속도보다 빨리 달리고 구불구불한 길들도 빠른 속도로 능숙하게 주행한다. 그래서 초행길인 여행자의 차량 뒤에는 차들이 꼬리를 물고 늘어서 있는 경우가 많다. 다행히 경적을 울리거나 위협하는 일은 별로 없다. 하지만 은근히 심적 부담이 된다. 그래도 규정 속도대로 페이스를 유지하면 된다. 바짝 붙어서 뒤따르다가 추월할 수 있는 상황이 되면 추월을 해서 지나가기 때문이다. 현지인들은 해당 구간의 단속카메라 위치를 알고 있으니 요령껏 속도를 높이고 줄일 수 있다. 하지만 여행자는 이를 알 수가 없다. 따라서 현지인들을 따라 규정 속도를 지키지 않다가는 어느 순간 나만 단속되기 쉽다. 이때는 속도를 높일 것이 아니라 잠시 갓길로 피해 추월해 가게끔 해주자. 국도에서는 맨 앞에서 달리는 것보다 현지 차량을 따라다니는 것이 여러모로 좋다. 또 한 가지 주의해야 할 점이 있다. 국도 구간에는 경찰의 암행단속이 많다는 점이다. 주로 산길이나 코너 구간이 많은 길들에 잠복해 있다. 스피드건으로 과속을 단속하거나 차선을 넘지 않는지를 단속한다. 일반 오토바이로 위장하여 법규 위반 차량을 뒤 따르는 경우도 있다. 이렇게 뒤 따라오다가 단속지점에 가면 수신호로 위반차량임을 알려주어 검문받게 만드는 방법을 사용하기도 한다. 이런 단속 구간은 운전자끼리 미리 알려주는 것이 일상적이다. 국도 주행을 하다보면 맞은편 차량들이 헤드라이트를 점멸하거나 상향등을 연속으로 점멸하는 경우가 있다. 앞쪽에서 경찰 단속한다는 신호를 보내주는 것이다. 이런 신호를 받으면 속도를 확인하고 주의하여 단속 구간을 지나가도록 한다.

07 산악도로

유럽은 알프스산맥이 여러 나라에 걸쳐져 있다. 그래서 패스라 불리는 산악 고갯길이 많다. 우리나라 대관령이나 미시령 고갯길과 비슷하다고 생각하면 된다. 이런 길들은 풍광은 대단히 아름답지만 위험한 것도 사실이다. 우리나라의 산악도로들은 가드레일이 잘 되어 있고 반사경도 곳곳에 설치되어 있다. 하지만 유럽의 산악도로들은 낮은 돌 기둥 몇 개로 가드레일을 대신하거나 반사경조차 없는 곳이 많다. 그래서 이런 코스를 만나면 걱정이 될 수 있다. 그러나 우리나라의 산악도로를 운전할 수 있다면 충분히 운전할 수 있다. 우선 차량이 그렇게 많지 않다. 그리고 운전 수칙을 준수하기 때문에 안전한 편이다. 오다가다 만나는 대형버스나 오토바이들만 조금 조심하면 된다. 겨울철에도 이런 곳은 스키 시즌으로 항상 많은 관광객이 오간다. 그래서 눈이 많이 오더라도 제설작업이 수시로 이루어진다. 통행이 불가능한 곳들은 미리 도로가 차단되어 진입할 수 없다.

오스트리아 글로스그로커너 산악도로

5 시내 운전

자동차 여행 중 가장 긴장되고 어려운 것이 시내 주행이다. 국내와 다른 일부 교통 규칙과 트램, 자전거 등이 자동차와 같이 달리는 환경은 긴장감을 주기에 충분하다. 구도심 지역은 좁은 길과 일방통행 그리고 진입 금지 구역 등이 상당히 많아서 더욱 운전이 쉽지 않다. 대도시는 차량 통행량도 많고 정체도 심하고 주차도 쉽지 않다. 따라서 대도시에서는 가급적 운전을 삼가고 대중교통을 이용할 것을 권장한다.

01 시내 운전에 필요한 정보

❶ 신호등과 정지선 … 정지선을 넘으면 보이지 않는 신호등

우리나라는 신호등이 정지선 앞쪽에 멀리 설치되어 있다. 그래서 정지선을 지키지 않아도 신호등을 볼 수 있다. 그러나 유럽은 정지선 바로 위쪽에 신호등이 설치되어 있다. 정지선을 지키지 않으면 신호등을 볼 수 없다. 유럽에서 신호등은 정지선을 기준으로 6m 이내에 설치되어야 하고 대부분 이보다 가깝게 설치되어 있다. 시민들의 교통의식도 높은 편이긴 하지만 구조 자체가 정지선을 지킬 수밖에 없게 설계되어 있다고 볼 수 있다.

정지선 바로 위에 설치되어 있어 정지선을 넘으면 보이지 않는다.

도로 양 옆쪽에 설치되는 방식이 많다.

❷ 좌회전 … 좌회전 신호등이 거의 없는 유럽

우리나라도 비보호 좌회전 구간이 있지만 좌회전 신호가 별도로 있다. 하지만 유럽은 대부분 비보호 좌회전 방식을 사용한다. 차선에서 대기하다 직진 신호가 들어오면 맞은편 도로를 확인하고 방향지시등을 켠 후 좌회전하면 된다. 복잡한 교차로에서는 좌회전 신호등이 있다. 좌회전이 안 되는 곳은 금지 표지판이 있기 때문에 이를 잘 보고 운전하면 된다.

비보호 좌회전 방식이 대부분이다.

복잡한 도로는 별도의 좌회전 신호가 있기도 하다.

❸ 우회전 … 우회전 신호등이 거의 있는 유럽

우리나라는 우회전 신호등이 없기 때문에 눈치껏 우회전을 하지만 유럽은 우회전 신호등이 있다. 신호등이 없는 곳도 전방 신호등이 녹색일 때만 우회전이 가능하다. 한국처럼 우회전을 눈치껏 하다간 과태료가 부과되고 사고도 발생할 수 있다. 유럽은 보행자가 우선이라 우회전 신호를 받고 우회전을 하더라도 갑자기 끼어드는 보행자와 자전거를 잘 살펴보아야 한다.

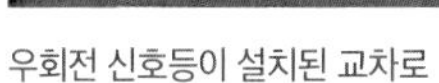

우회전 신호등이 설치된 교차로

우회전 신호등은 직진 신호와 동시에 켜진다.

❹ 보행자 보호 … 무단횡단자도 지켜주는 보행자 보호

유럽에서는 무조건 보행자가 우선이다. 우리나라는 신호등이 없는 횡단보도에서는 사람이 차에게 양보를 하는 상황이 많이 발생한다. 하지만 유럽에서는 상상하기 어려운 광경이다. 독일이나 스위스와 같은 국가에서는 건널목에 서 있기만 해도 차가 멈추기도 한다. 보행자가 우선이다 보니 무단횡단도 빈번하게 일어난다. 유럽에서는 빨간불에는 당연히 멈춰야 하고 파란불에도 사람이 없는 것을 확인하고 가야 한다는 말이 있다. 그만큼 보행자가 우선이다. 우리로서는 참으로 부러운 모습이 아닐 수 없다.

유럽에서는 무단횡단이 빈번하다.

➡ 알아두자

유럽에서는 황색불에 주행하다 단속에 걸리면 30유로 내외의 벌금을 받게 된다. 따라서 황색불이 켜지면 바로 차를 정차해야 한다. 우리나라에서처럼 황색불에 지나가다가는 낭패를 볼 수 있다.

기타 유의사항

● 공회전

유럽에서는 잠시 정차하더라도 반드시 시동을 꺼야 한다. 공회전을 하고 있으면 행인들이 창문을 두드리며 시동을 끄라고 하기도 한다. 또한 경찰에 걸리면 바로 단속 대상이다. 그만큼 공회전에 민감하다. 잠시 정차하더라도 시동은 반드시 꺼야 한다.

● 상향등

우리나라에서 상향등은 주로 경고, 위협, 항의의 표시로 사용하는 편이다. 그러나 유럽에서는 상향등의 점멸 횟수에 따라 그 의미가 달라진다. 상향등 한 번은 양보를 의미한다. 상대 차량이 상향등을 한 번 점멸하면 이는 양보를 하겠다는 의미로 해석하면 된다. 그러나 상향등을 두 번 점멸할 경우에는 경고 또는 항의표시가 된다. 주로 규정속도보다 너무 늦거나 비정상적인 주행을 할 때 후방 차량이 사용한다. 앞서 설명한 것처럼 반대쪽 차선의 차가 점멸할 경우에는 경찰 단속을 주의하라는 의미로도 사용을 한다.

● 비상등

우리나라에서는 잠시 정차를 하면 비상등부터 켜는 것이 보통이다. 고맙다는 표시나 미안하다는 표시로 사용하기도 한다. 그러나 유럽에서는 긴급 상황이거나 비상 상황일 경우에만 비상등을 사용한다. 유럽에서 고맙다는 인사는 주로 엄지손가락을 들어서 표현하거나 손을 들어 표시한다. 미안하다는 표현 역시 손을 들어서 한다. 유럽 차량들은 선팅이 거의 되어 있지 않기 때문에 이런 수신호가 통용된다. 물론 나라별로 비상등을 이런 의사소통수단으로 사용하는 곳들도 있다. 뒤 차량에게 미안함이나 고마움을 표시할 경우 부분적으로 사용을 해도 크게 문제가 되진 않는다. 하지만 일반적인 것은 아니다. 만일 현지인에게 양보를 받았다면 수신호로 고마움을 표시하면 된다. 그리고 잠시 정차가 필요한 경우에는 우측 방향지시등을 켜두고 있으면 된다.

● 경적

유럽에서는 경적을 울리는 경우가 매우 드물다. 정말 긴급한 상황이 발생하지 않는 한 경적 사용이 법으로 금지되어 있기 때문이다. 그래서 신호대기 시 지체한다고 해서 곧바로 경적을 누르거나 운전이 서툴다고 경적으로 항의를 하지 않는 편이다. 따라서 유럽에서는 한국처럼 앞 차량이 조금 늦게 가거나 신호대기에서 지체했다고 경적을 울려서는 안 된다. 유럽에서의 운전은 양보와 배려를 우선으로 하면서 느긋이 기다려주는 여유를 갖는 것이 좋다.

● 자전거

유럽에서 자전거는 차로 인식되어 같이 주행하며 자전거도로가 잘되어 있어서 자전거 운전자

잠시 정차 중에는 비상등이 아닌 우측 방향지시등을 켜두고 있어야 한다.

자전거 접촉사고를 유의하자.

자전거 전용도로는 보행 중이라도 침범하지 말아야 한다.

리스본, 밀라노, 취리히, 프라하와 같은 대도시들은 트램과 차량이 같이 다니는 도로들이 있어 주의하도록 해야 한다.

들도 안심하고 주행을 한다. 따라서 자전거에 주의해야 한다. 절대로 자전거 전용도로로 주행하거나 주정차를 하면 안 된다. 자전거를 추월할 때에도 최소 1미터 이상의 거리를 유지하고 조심스럽게 추월해야 한다. 그리고 보행 중에도 자전거 전용도로를 침범해서 걸으면 안 된다. 자칫하면 부딪혀 부상을 입을 수 있다. 자전거 운전자가 부상을 당할 경우 치료비를 전액 배상해야 함은 물론이다.

● 트램

유럽의 도심들은 트램을 자주 볼 수 있다. 트램 전용차선으로만 다니는 경우도 있지만 트램과 자동차가 같이 다니는 곳도 많다.따라서 자칫하면 트램과 접촉사고가 날 수도 있으니 주의해야 한다. 전용차선의 경우 시작 부분에 표지판이 있거나 바닥에 표기되어 있다. 하지만 처음 유럽에서 운전하는 사람이 이를 확인하기는 쉽지 않다. 그래서 가급적 도심으로는 차량을 가지고 가지 않는 것이 좋다.

➡ 알아두자

볼라드 Bollard

유럽에는 골목 안쪽 도로에 차량 진입을 막는 구조물이 설치된 곳들이 많다. 이런 진입방지 시설을 볼라드라고 부른다. 볼라드가 있는 도로들은 차량 진입을 시간별로 통제하기 위해서 설치된다. 평소에는 도로 바닥에 숨어 있다가 통행 제한 시간에 올라온다. 거주자들은 출입증명을 하면 구조물이 내려가고 차량이 지나가면 다시 올라온다, 시내 골목골목을 주행하다 이런 볼라드를 만날 수 있기 때문에 주의해야 한다. 앞 차량이 볼라드를 통과한다고 멋모르고 따라 들어갔다가 올라오는 볼라드에 차량이 파손되거나 전복되는 상황이 발생하기도 한다. 매우 주의해야 한다.

빨간 신호등인 경우에는 통행이 제한된다.

마을 진입을 막아둔 볼라드

02 주요 국가별 규제 및 통제구역(L.E.Z/Z.T.L/Crit'Air)

유럽도 대기오염이 심각해지면서 차량 통행 제한 조치들을 적극적으로 시행하고 있다. 유럽의 주요 대도시들은 이런 정책을 예전부터 시행하고 있고 점차 참여하는 도시들이 늘어나고 있다. 현재 독일, 프랑스,이탈리아,스페인,벨기에,영국,오스트리아,덴마크에서 시행중이며 체코도 곧 시행 예정이다. 이런 정책들은 유럽 여러 나라를 다니는 자동차 여행자들에게 곤란한 상황을 초래한다. 보호구역을 운전하려면 환경스티커를 부착해야 하는데 여행자들이 이를 구입하기가 불편하기 때문이다. 환경스티커는 나라별로 구입이 가능한 곳도 있고 불가능한 곳도 있다. 나라별로 환경규제정책을 알아두고 해당한다면 사전에 준비를 해두어야 한다.

환경규제지역에 대해서 특히 주의해야 할 나라는 독일과 이탈리아다. 그리고 최근 규제를 강화하고 있는 프랑스도 리스카를 운전한다면 주의해야 한다. 다른 나라들은 대부분 대형차량에 한하여 제한하고 있기 때문에 일반 렌터카 운전자들은 신경 쓰지 않아도 된다. 해당 국가에서 차량을 빌리는 경우에는 기본적으로 스티커가 부착되어 있기 때문에 신경 쓸 필요 없다.

그린 스티커 독일에서 렌트하는 차량에는 기본으로 부착되어 있다.

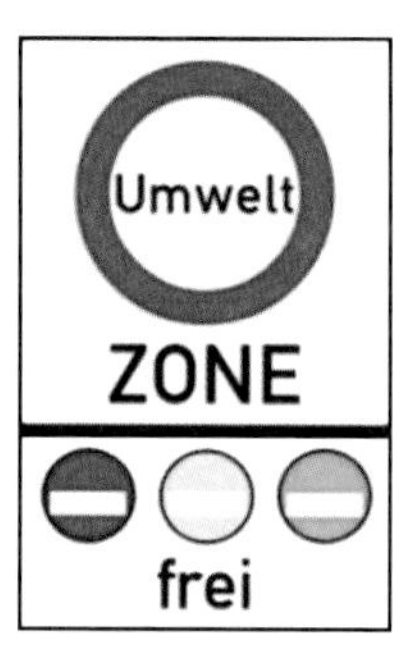

독일 배기가스 규제지역 표지판

❶ 독일 (Umweltplakette zone)

독일은 2007년부터 적극적인 환경보호정책을 시행하고 있다. 현재 50개가 넘는 지역 이 환경구역으로 설정되어 있다. 환경 구역은 그린(4등급) 스티커를 받아야만 자동차 통행이 가능하다. 독일에서 빌린 차량은 그린 스티커가 부착되어 있으니 신경 쓰지 않아도 된다. 그러나 다른 나라에서 빌려서 독일을 여행한다면 그린 스티커를 부착해야 한다. 스티커는 관할 시청에서 구매가 가능하다. 그리고 ATU, TÜV Nord, TÜV Rheinland, DEKRA 와 같은 카센터나 인증기관에서도 판매한다.

❷ 이탈리아 ZTL (Zona Traffico Limitato)

이탈리아의 통행 제한 구역은 ZTL이라고 부른다. 환경오염과 문화유적 보호 차원에서 도심의 일정 구역을 차량 출입 제한지역으로 설정해 둔 것이다. ZTL은 이탈리아 전역에 설정되어 있다. 이탈리아는 밀라노, 볼로냐 등 일부 도시를 제외하면 여행자가 통행 스티커를 구매할 수 없다. ZTL로 지정된 구역은 진입하지 않는 것만이 최선이다.

❸ 프랑스 (Crit'Air)

프랑스는 파리, 스트라스부르, 리옹, 안시, 그레노블등 5개의 관광도시에서 환경보호 정책을 시행중이다. 이 도시들은 대기오염 보호 구역으로 대기 오염이 심한 날에는 통행이 전면 금지되기도 한다. 이곳을 통행하기 위해서는 Crit'Air 환경 스티커를 구입해서 차량 앞면에 부착해야 한다. Crit'Air 환경 스티커는 오프라인에서 구매할 수 없고 온라인으로 신청해야 하다 보니 몇 가지 문제점들이 발생한다. 아래 Q&A 내용을 참고하자.

Crit'Air 2등급 스티커

Q 렌터카 운전자도 스티커를 구매해야 하나요?

A 프랑스의 크리테르(Crit'Air) 스티커는 차량 소유자에게 부착 의무가 있다. 따라서 렌터카 운전자는 해당이 없다. 물론 다른 나라에서 빌린 차량에 이 스티커가 없다면 프랑스에서 환경보호구역을 운행할 때 단속될 수 있다. 벌금은 차량 소유자인 렌터카 회사가 지불해야 하지만 이 문제로 렌터카 회사와 여행자 사이에 마찰이 있을 수 있다. 따라서 환경보호정책을 시행하는 도시에 간다면 사전에 렌터카 회사와 이에 대해 이야기해두는 게 좋다. 단, 렌터카가 아닌 리스카의 경우는 다르다. 프랑스에서 리스카를 이용하는 경우라면 스티커는 이용자에게 부착 의무가 있다. 리스카는 이용하는 사람의 명의로 차가 등록되기 때문이다.

그런데 문제는 직접 스티커를 발급받아 부착하려고 해도 쉽지가 않다. 스티커를 택배나 우편으로 받는 게 거의 불가능해졌기 때문이다. 그런데도 2024년부터 일부 프랑스 도시에서는 모든 차량 이용자에게 실물 스티커를 요구 중이라고 한다. 기존에는 스티커를 미리 우편으로 배송받거나 PDF 임시서류를 대용으로 사용하면 되었지만 현재는 이 방법도 여의치 않은 상황이다. 현재 이 정책은 과도기 상황이라 정확한 정책이 결정되는 기간 동안 리스카 회사에서는 범칙금이 나오면 프랑스 본사에서 대신 납부해 주겠다는 공지를 홈페이지에 게시해 놓고 있다. 최종적으로 정책이 결정되면 다시 달라진 내용을 홈페이지에 공지할 예정이므로, 반드시 사전에 최신 정보를 업데이트하여 확인할 필요가 있다.

시트로엥과 푸조 리스 측에서는 아직까지 면세 리스 차량에 범칙금을 부과한 사례는 없다고 한다. 그래도 만약 범칙금을 내야 할 경우, 시트로엥과 푸조 리스의 경우 증빙서류를 제출하면 범칙금을 환급해 준다고 하니 참고하자. (※아래 QR을 이용하여 반드시 최신 정보 확인할 것.)

씨트로엥 유로패스 코리아

유로카 푸조리스

이탈리아 ZTL의 모든 것

이탈리아 여행자들에게는 ZTL이 큰 두려움으로 다가온다. ZTL이 부담되는 것은 사실이지만 이것 때문에 이탈리아 렌터카 여행을 포기할 순 없다. ZTL은 잘 모를 때에는 두렵지만 잘 알아두고 나면 크게 걱정하지 않아도 된다.
ZTL에 대해서 알아두어야 할 사항을 정리하면 다음과 같다.

이탈리아 로마의 ZTL구역

1. ZTL 구역

대도시는 주요 관광 유적지가 밀집된 곳과 중심 지역은 대부분 해당한다. 소도시는 구도심과 주요 관광지에 적용되어 있다.

피렌체의 ZTL 구역

소도시 ZTL 표지판

2. ZTL 확인 방법

ZTL구역 앞에 ZTL 표지판이 세워져 있다. 빨간 원이 그려져 있고 상단에 Zona Traffico Limitato라고 표기되어 있다. 하단에는 통행 금지 시간 및 통행 가능 예외 차량 등의 출입 제한 조건 등이 명시되어 있다. 이 표지판이 보이면 절대로 진입하지 말아야 한다. 빨간 원만 그려져 있고 Zona Traffico Limitato라고 표기되어 있지 않으면 통행 제한 표시로 ZTL은 아니다. 빨간 원 표시가 없이 ZTL이라는 문구와 전광판으로만 이루어진 형태도 있다.

가장 일반적인 ZTL 표지판

전광판 형식의 ZTL 표지판

전광판에 VARCO ATTIVO는 통행 금지를 의미한다. 그외 신호등 형태로 이루어진 ZTL 표지판도 있다.

3. ZTL 단속 시간

24시간 통행 제한 구역이 있는 곳도 있지만 대부분 운영시간이 정해져 있다. 운행 시간은 ZTL구역마다 조금씩 다르다. 보통 주중은 아침부터 저녁까지이고 일요일과 공휴일은 해제되는 곳이 많다.

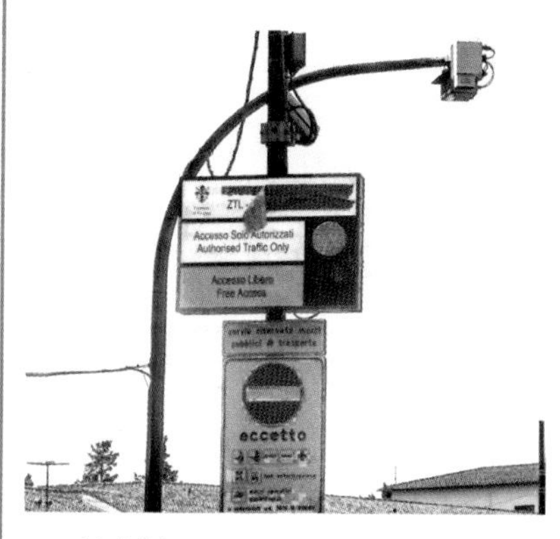

ZTL 단속카메라

4. ZTL 위반 벌금

ZTL 위반은 단속카메라로 촬영되고 교통국으로 차량정보가 전송되어 과태료가 부과된다. 과태료는 1회 위반 시 80~100유로 선이다. 과태료는 몇 달 후에 우편으로 고지서가 오기 때문에 바로 위반 여부를 확인할 수는 없다.

5. ZTL 회피 방법

ZTL 구역에 진입한 다음 이를 피해 다닌다는 것은 불가능하다. 진입하지 않는 것이 최선이다. ZTL이 있는 지역에 갈 경우에는 ZTL외곽의 주차장을 확인해 두어야 한다. ZTL 외부에는 주차장이 잘 갖추어져 있다. 이곳에 주차를 하고 다니면 걱정할 필요 없다.

6. 내비게이션의 ZTL 안내 여부

내비게이션은 ZTL 안쪽으로 길 안내를 잘 하지 않는다. 그래서 내비게이션이 ZTL를 피해준다고 생각할 수 있다. 하지만 그렇지 않다. ZTL 구역을 통과하는 것이 효율적이지 못하기 때문에 길 안내를 하지 않는 것이다. 만일 최적경로가 ZTL를 지나는 것이라면 해당 경로로 길을 안내한다. WAZE나 가민 내비게이션은 별도의 ZTL 패치를 하면 ZTL 구역을 경고하거나 회피해주기도 한다. 하지만 완벽하지 않다. ZTL 경고 어플인 ZTL Rader을 설치하는 것도 도움은 된다. 하지만 모두 완벽히 ZTL를 피해주는 것은 아니다. 표지판을 잘 보고 들어가지 않는 것이 최선이다.

7. 예약한 호텔이 ZTL 안에 있는 경우

ZTL내에 있는 숙소 이용고객들은 호텔에 차량번호를 알려주면 단속되지 않게 처리해 준다. 숙소에 주차장이 없는 경우 15분 동안 짐을 내릴 수 있는 시간을 보장해 주거나 호텔앞에 차를 세우고 짐을 내리면 직원이 발렛파킹을 해주기도 한다. 그러나 모든 숙소가 해당되는 것은 아니다. 사전에 미리 확인을 해두어야 한다.

8. 렌터카 지점이 ZTL안에 있는 경우

렌터카 지점들은 대부분 ZTL구역 밖에 위치하고 있다. 일부 도시의 시내지점이 ZTL구역 범위 내에 있긴 하지만 이런 곳은 ZTL 카메라를 피해서 갈 수 있는 경로를 알려준다.

9. ZTL에 모르고 진입하면?

인근에 사설 유료 주차장이 있다면 일단 그곳에 주차를 한다. 도심 지역의 ZTL 내에는 관리인이 있는 사설 유료 주차장들이 있다. 이곳에 주차하면 ZTL 단속기록을 삭제해 준다. 주차비는 매우 비싸지만 벌금보다는 저렴하다. ZTL 진입 후 한 시간 이내에 주차를 해야 적용을 받을 수 있다. 주차장이 만차라 주차를 할 수 없다면 꼼짝없이 벌금을 내야 한다.

ZTL에 대해선 너무 걱정할 필요는 없다. 인터넷에 보면 ZTL에 대해서 잘못되거나 과장된 정보들이 많다. 이런 과장된 정보가 ZTL를 더 두렵게 만든다. 이런 글들을 보면 마치 ZTL을 만날 수밖에 없고 피할 수도 없는 것처럼 묘사되어 있다. 하지만 실제 그렇지 않다. 소도시들의 ZTL은 표시가 잘 되어 있다. 제한지역도 주로 성벽 안쪽의 구도심이다. 이런 곳은 딱 봐도 들어가면 안 될 것처럼 되어 있다. 그래서 단속될 가능성은 거의 없다. 대도시는 복잡하기 때문에 좀 더 ZTL에 대해서서 주의를 기울여야 한다. 하지만 대도시 관광을 위해 자동차를 이용할 필요는 없다. 대도시에서 자동차는 오히려 불편만 초래할 뿐이다. 자동차는 숙소나 주차장에 두고 도보나 대중교통을 이용해도 충분하다. ZTL이 무엇인지 모르고 진입하다 단속에 걸리는 것은 어쩔 수 없다. 하지만 알면서도 무모하게 운전을 감행하는 것은 바보 같은 짓이다. 원칙만 잘 지키면 ZTL은 걱정할 필요 없다.

10. ZTL 참고 사이트와 어플

- **Accessibilità Centri Storici**

검색창에 도시 이름을 입력하면 ZTL구역을 구글 지도에 표시해준다. 주요 도시만 확인할 수 있다. 단점이라면 단속되지 않는 ZTL지역까지 모두 보여 주다보니 전부 차를 가져가면 안된다고 오해를 할 수 있는 부분이 있다.

🌐 www.accessibilitacentristorici.it/ztl

- **나비투고**

가민내비를 대여해주는 업체로, ZTL 지도를 수시로 업데이트하여 공개하고 있다. 구글 지도에 연동되어 있어 좀 더 쉽게 확인할 수 있고 더 많은 지역을 확인할 수 있어 추천한다.

🌐 blog.naver.com/navi2go

- **ZTL RADER**

스마트폰 어플로는 ZTL RADER가 가장 많이 사용된다. 인식률과 사용 편리성이 좋다. 설치 및 사용 방법 은 여행 준비편(044p) 참고. 그러나 이런 정보들이 실제 운전 시 ZTL을 피하게 해주는 것은 아니다. 사전에 ZTL 구역을 확인하는 용도로만 사용해야 한다.

ZTL Rader 어플 실행 화면. 안전한 곳에서는 웃는 아이콘이 표시된다.

인근에 오면 놀란 표정을 지으며 경보를 울린다.

유럽 주요 시내 도로의 주행을 미리 체험할 수 있는 사이트가 있다. 원하는 도시를 선택하면 실제 도로 주행 화면이 음악과 함께 플레이 된다. 시내 도로 운전을 간접적으로 체험해 볼 수 있다.

🌐 driveandlisten.herokuapp.com/

파리의 시내 주행 영상

알아두자 **ZTL 표지판 이해하기**

❶ ZTL 1구역으로 허가된 차량을 제외하고 10시부터 16시까지, 17시부터 22시까지 통제됨
❷ 전자 제어 카메라로 단속되고 있음
❸ 호텔 투숙객은 예외
❹ 5톤 이상 차량 금지. 물건 납품은 6시부터 10까지, 16시부터 17까지만 가능. 단, 목요일 아침, 토요일, 휴일은 제외
❺ 최고 속도 20킬로미터. 캠핑카, 트레일러 진입 금지
❻ 통행 신호등
❼ 단속 카메라

ZTL에 대한 더 자세한 내용이 필요하다면 필자의 다른 저서인 이탈리아 자동차 여행책을 참고하자. 필자가 운영 중인 드라이브인 유럽 카페에도 ZTL에 대한 내용을 확인할 수 있다.

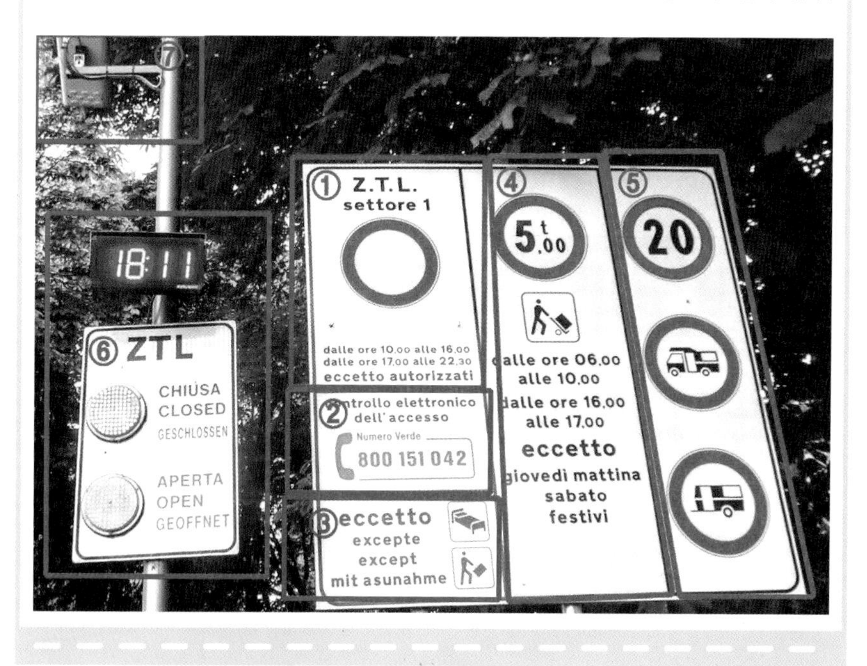

6 주차하기

자동차 여행자에게 주차는 매우 중요하다. 여행의 시작이 주차장에서 시작하여 주차장으로 마무리된다고 해도 과언이 아니다. 각종 사고도 주차장에서 많이 발생한다. 그리고 주차 규칙을 제대로 알지 못하면 과태료를 부과받을 수 있다. 따라서 주차 정보는 사전에 충분히 확인하고 여행을 시작하는 것이 좋다.

01 유럽의 주차환경

주차 대수를 표기해 주는 주차장 전광판 곳곳에 이런 전광판이 있어서 주차 가능 여부를 확인할 수 있다.

야외 주차장은 모두 이런 주차미터기에서 주차 티켓을 발부받는다.

주차장을 찾지 못해 어려움을 겪을 일은 거의 없다. 도심이나 마을로 들어서면 곳곳에 주차장 안내표지판을 볼 수 있다. 지역별로 다르지만 시내의 주차장 표지판들은 전광판 형식으로 되어 있고 현재 주차가능 수량을 표시하여 주차 가능 여부를 알 수 있다. 유명 관광지들의 주차장은 유럽이라고 별반 다르지 않다. 조금 더 비싸고 주차장도 부족하다. 그래서 이런 곳들은 가급적 오전 일찍 방문하는 것이 좋다.

주차비는 평균 1시간에 1.5유로 수준이다. 더 저렴한 곳도 있고 더 비싼 곳도 있다. 요금 정산은 주차미터기 또는 무인 정산기를 이용한다. 도로 주차장들이나 야외 공영주차장들은 관리인이 없고 거의 대부분 주차미터기를 사용한다. 공영주차장 중에는 무료 주차장들도 많다. 이런 곳은 파킹디스크(Parking disc)라는 주차시간 표시판을 사용해야 한다. 이런 방식들이 생소하기 때문에 사전에 알아두는 것이 좋다.

유럽은 어느 나라를 가더라도 차량털이의 위험이 높은 편이다. 그래서 주차는 가급적 실내 지하주차장을 이용하는 것을 권장한다.

특히 차 안에는 어떠한 물건도 두어서는 안 된다. 매우 중요하게 지켜야 하는 규칙이니 꼭 명심하자. 특히 누구나 자유롭게 접근할 수 있는 무료 주차장에서 이런 범죄가 더 자주 발생한다. 특히 이탈리아, 스페인, 프랑스, 동유럽 등 다소 치안이 좋지 않은 나라에서는 비용이 들더라도 안전한 실내주차장을 이용하도록 한다.

주차장을 찾는 방법은 구글 지도를 활용하거나 주차장 어플을 활용하면 된다. 목적지를 살펴보면 주변에 주차장들이 표시되어 있다. 주요 관광지 동선을 고려하여 주차장들을 클릭해 보고 후기를 살펴본다. 그리고 스트리트뷰로 주변도 한번 살펴보면 된다. 미리 방문한 사람들이 이용했던 주차장을 참고하는 것도 유용하다. 방문하는 도시의 주차장은 출발 전에 미리 알아두고 가면 현지에서 주차장 찾느라 고생하지 않아도 된다. 미리 동선에 맞추어 정해두면 관광 시간도 더 효율적으로 활용할 수 있으니 미리 공부해 두자.

무료 주차장은 파킹디스크라는 시간 표시판을 사용한다.

02 주차장별 이용 방법

❶ 실내주차장

실내주차장 이용 방법은 우리나라와 동일하다. 들어갈 때 티켓을 뽑고 출차 전에 정산기에 티켓을 넣고 요금을 결제한다. 결제된 티켓을 받아 출구에 있는 차단기에 넣고 나가면 된다. 실내주차장은 대부분 이런 방식으로 운영된다. 유럽의 실내주차장들은 진, 출입구가 좁고 주차 공간도 작은 곳들이 많다. 주의하지 않으면 차량에 스크래치 사고를 낼 수 있으니 조심하도록 하자. 실내주차장에는 무료 화장실이 대부분 구비되어 있다. 화장실 찾기가 쉽지 않은 유럽에서 유용하게 사용할 수 있다. 일부 주차장들은 주차티켓에 있는 번호를 입력해야 문이 열리는 곳들이 있다. 화장실 문이 잠겨 있고 문 옆에 키패드가 달려있다면 주차티켓에 표기된 번호를 입력하면 된다. 주차티켓은 차안에 두지 말고 가지고 다니는 것이 좋다. 주차티켓을 태그해야 문이 열리는 주차장들이 있기 때문이다. 그리고 타워 주차장은 정산기가 1층이나 옥상층에만 있는 경우가 많다. 티켓을 가지러 불필요한 걸음을 해야 하니 소지하는 것이 좋다.

❷ 유료 공영주차장

유료 공영주차장은 두 가지 방법으로 운영된다. 티켓을 발부받고 정산한 후 출차하는 방식과 주차미터기를 사용하여 티켓을 차 안에 두는 방식이다. 주차 차단기가 있는 주차장들은 실내 주차장 이용 방법과 동일하게 이용하면 된다. 차단기가 없는 주차장은 주차 후 근처에 있는 주차미터기에서 주차티켓 영수증을 발급받아 차 안 대시보드에 올려두면 된다. 유럽에서는 가장 일반적인 방식이다. 이런 방식을 Pay and Display 방식이라고 부른다. 우리에게는 생소한 방식이고 나라별로 기계도 천차만별이라 처음 이용하려면 어려울 수 있다. 하지만 잘 모른다 해도 현지인들에게 도움을 요청하면 대부분 친절하게 알려준다. 너무 걱정하거나 어려워 할 필요는 없다.

주차티켓

입구에서 티켓을 받으면 된다.

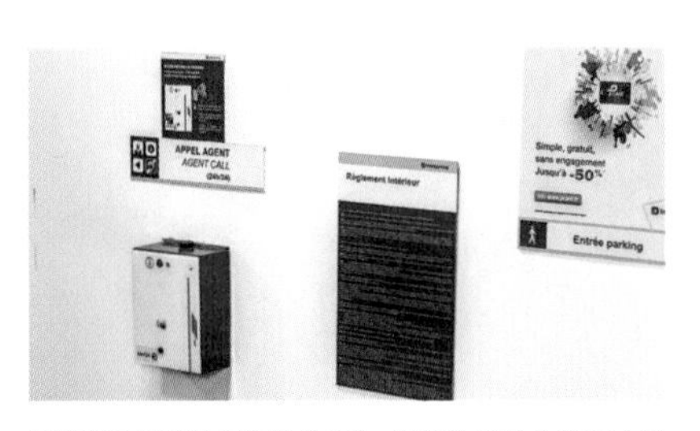

주차권이 있어야 출입할 수 있는 주차장. 벽면에 네모난 박스에 주차권을 태그해야 문이 열린다.

근처의 주차미터기에서 티켓을 받는다.

❸ 가변 주차장

길가에 주차하는 주차장이다. 관광지 주차장에도 있지만 주로 도시에서 많이 볼 수 있다. 가변 주차장은 모두 주차미터기를 사용하는 Pay and Display방식이다. 평일 낮에는 요금을 받지만 8시 이후에는 대부분 무료 주차가 가능하고 휴일에는 무료이다. 그러나 가변 주차장은 가급적 이용하지 않는 것이 좋다. 우선 차량털이 범죄의 위험이 높다. 야간에 무료 주차가 된다고 이런 곳에 차를 주차했다가 차량털이를 당하는 경우가 빈번하다. 그리고 유럽의 독특한 주차문화 때문에 차량 범퍼 손상이 발생할 수 있다. 파리와 같은 대도시에서는 주차 시 차 간격을 많이 두지 않는 편이다. 심한 곳은 차와 차 사이가 거의 붙어 있다. 이렇다 보니 주차 시 앞차와 뒷차를 차로 밀면서 공간을 만들고 나갈 때도 같은 방식으로 나간다. 이 과정에서 범퍼에 손상이 생기게 되는데 누구도 크게 개의치 않는다. 자동차의 범퍼에 대한 인식이 완전히 다르기 때문에 이런 광경을 보면 놀랄 수밖에 없다. 렌트한 차량은 범퍼가 손상되면 보험을 들었다 하더라도 찜찜할 것이다. 이런 이유로 가변 주차장은 무료 주차가 가능해도 이용하지 않는 것을 추천한다.

치안이 좋고 유동 인구가 많은 도시의 대로변에는 차 안에 모든 짐을 치운 경우 잠시 세워도 크게 위험하지는 않다.

골목 안쪽의 가변 주차장은 위험하기 때문에 피하는 것이 좋다.

특정 도시들은 차 간격이 없을 정도로 붙여서 주차하는 경우도 많다.

유럽의 주차미터기

주차미터기 사용법

주차미터기는 나라별, 도시별로 수많은 형태로 존재한다. 그래서 같은 유럽 사람들도 처음 보는 주차미터기를 만나면 사용법을 확인해야 한다. 여행자는 당연히 더 어려울 것이다. 그러나 알고 보면 이용 방법은 간단하고 기계는 달라도 모두 방식은 비슷하다. 그래서 몇 번 해보다 보면 익숙해진다. 생소한 기계들은 현지인들에게 물어보면 된다. 유튜브에 europe parking machine 이라고 검색해 보면 사용법을 설명한 영상들이 있다. 영상을 보고 참고하는 것이 좋다.

기본적인 주차미터기의 사용법은 다음과 같다.

❶ 차량을 주차한 후 근처에 있는 주차미터기로 간다.

❷ 주차미터기에 보면 시간을 표시하는 디스플레이 창이 있고 현재 시간이 표시되어 있다.

❸ 동전 투입구에 동전을 투입한다.(동전만 되는 곳이 많다)

최근에는 차번호를 먼저 입력하는 형식의 미터기로 많이 교체되고 있다. 주차미터기에 알파벳 키보드가 달려있는 곳은 이런 곳들이니 참고하자.

❹ 동전을 투입하면 투입된 금액만큼 현재 시간이 늘어난다.

❺ 예상 이용 시간에 도달하면 확인버튼을 누른다. 그럼 주차티켓 영수증이 출력된다.

❻ 출력된 주차티켓 영수증을 차 안쪽 대시보드 앞에 놓아두면 된다.

예를 들어 주차장에 도착한 시간이 오전 10시이고 약 2시간 정도 주차를 한다고 가정해 보자. 주차를 하고 현재 시간을 확인 한 후 동전을 주차미터기에 넣는다. 동전을 넣어 표시된 시간이 12시가 되면 확인버튼을 눌러 티켓을 받으면 되는 것이다. 주차미터의 확인버튼은 대부분 녹색버튼이고 다른 색이라고 해도 크기가 가장 크기 때문에 쉽게 알아볼 수 있다.

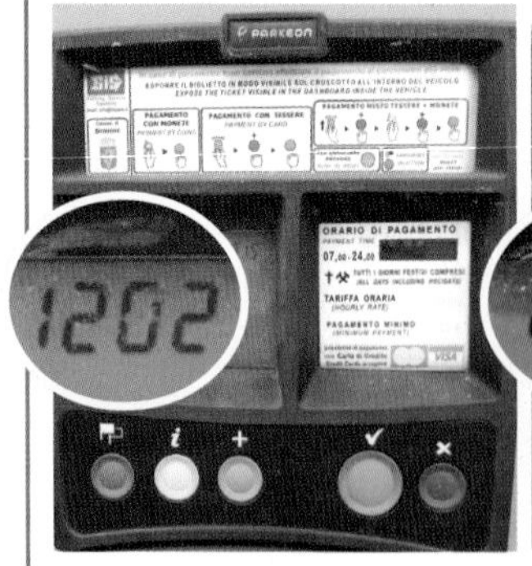

모니터에 표시된 12:02분은 현재 시간이다.

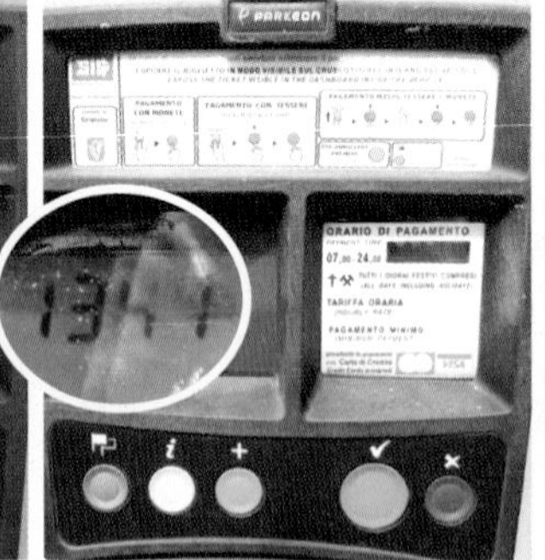

주차할 시간만큼 돈을 넣어 13:41분까지 시간이 올라간 상태이다. 제일 큰 녹색버튼을 누르면 영수증이 출력된다.

가장 기본적인 미터기

유럽 각국의 다양한 주차미터기들

알아두자 주차미터기 사용 팁

❶ 가장 작은 단위의 동전부터 넣어보고 원하는 시간을 맞추도록 한다.
❷ 주차 시간은 여유 있게 설정해 두자. 5분만 초과해도 단속될 수 있다.
❸ 주차미터기가 없으면 현지인에게 물어보자. 무료라고 생각했다가 딱지를 받을 수 있다.
❹ 주차장 바닥에 숫자가 표시된 곳들은 숫자를 먼저 입력하고 시간을 설정해야 한다.
❺ 차량번호를 먼저 입력해야 하는 기계들도 있다. 키패드가 달린 미터기들은 차량번호를 먼저 입력해야 하는 기계들이다.

번호가 표시된 주차장은 번호를 입력한다.

주차 단속 중인 주차 단속 요원

키패드가 달린 미터기들은 차량번호를 먼저 입력해야 하는 기계들이다

스위스의 미터기 주차구역 번호를 먼저 입력하고 돈을 넣어야 한다.

무료 야외주차장

무료 주차장은 정해진 시간 동안 주차를 할 수 있다. 최대 주차 가능한 시간이 표지판에 표시되어 있다. 시간은 파킹디스크Parking disc라는 시간 표시판을 이용하여 확인한다. 주차장 표지판인 P표시 밑에 디스크 모양의 안내판이 있다면 이곳은 파킹디스크가 필요한 주차장이다. 무료 주차 시간은 15분부터 최대 2시간 정도까지 다양하다. 보통 1~2시간인 경우가 가장 많다. 이용 방법은 파킹디스크에 도착한 시각을 표시한 후 대시보드 앞에 놓아두면 된다. 파킹디스크는 시간을 30분 단위로만 표시할 수 있다. 그래서 1~29분 사이에 도착했을 경우 30분에 맞추고 31~59분 사이에 도착했다면 정시에 맞추면 된다. 예를 들어 2시 17분에 도착했다면 2시 30분으로 표시하는 것이다. 2시 43분에 도착했다면 3시로 맞추면 된다. 파킹디스크는 운전석이나 보조석 문의 포켓에 들어있거나 조수석 수납함에 들어 있다. 만일 없다면 주유소나 마트에서 적은 비용으로 구매할 수 있다.

2시간 무료 주차가 가능한 파킹디스크 주차장

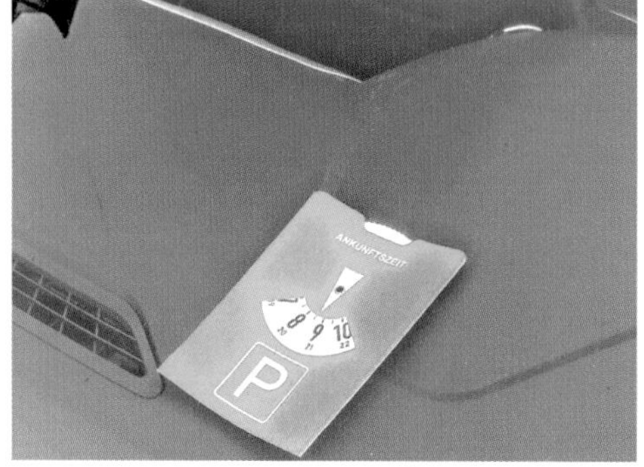

파킹디스크

알아두자

주차장의 입구와 출구표기는 모두 해당 나라의 언어로 표기되어 있다.
나라별 입구와 출구 표기를 알아두도록 하자. 주차장뿐만 아니라 모든 곳에서 동일하게 사용된다.

	입구	출구
스페인어	Entrada	Salida
포르투갈	Entrada	Saída
프랑스어	Entrée	Sortie
이탈리아	Entrada	Uscita

주차장 출구 표지판

03 국가별 주차선의 의미

국가별로 주차선 색상이 의미하는 바가 조금씩 다르다. 이탈리아에서는 파란색 주차선이 유료 주차를 의미하지만, 스위스에서는 무료 주차를 의미한다. 국가별 주차선은 다음과 같다.

스위스

흰선 : 유료 주차장
파란선 : 무료 주차장(파킹디스크 필요)
노란선 : 거주자 주차구역/호텔 무료 주차장

파란색 파킹디스크 필요 무료 주차장

흰색 유료 주차장

체코

흰색점선 : 유료주차
파란색 : 거주민 주차(표지판에 RESERVE라는 표시가 있음)
노란색 : 건물 출입구, 소방차 전용 등 주차 금지구역

흰색 유료주차

파란색 유료 주차

프랑스

흰색 점선 : 무료 주차 단, PAYANT 표시는 유료 주차구역
파란선 : 유료 주차구역
노란선 : 배달 차량 전용

바닥에 PAYANT표시가 있으면 유료 주차구역이다.

Livraison이라고 표기된 노란선은 주차금지다. 단 점선과 실선 한 개는 밤과 공휴일에는 주차가능하다. 실선 두 개는 절대 금지구역이다.

독일

주차선은 모두 흰색이며 표지판으로 유료, 무료 주차 구역을 구분한다.

라인에 흰색선이나 돌길로 주차선을 표시한다.

이탈리아

흰색 : 무료
파란색 : 유료
노란색 : 거주자 주차구역

흰색 무료 주차

스페인

흰색 : 무료 주차구역
파란색 / 녹색 : 유료 주차구역
노란색 : 화물차 지정 주차구역

흰색 무료 주차

04 주차장 이용 시 유의사항

❶ 차 안에 절대로 물건을 두지 않는다

유럽에서 주차할 때 꼭 지켜야 하는 철칙은 차 안에 물건을 두고 내리지 않는 것이다. 실내주차장에서도 꼭 지켜야 한다. 유럽 차량들은 선팅이 되어 있지 않아 차안이 고스란히 보인다. 그래서 물건이 보이면 바로 표적이 된다. 현지인들의 차량을 보면 내부가 깨끗이 비워져 있는 것을 볼 수 있다. 거치대는 물론 동전 하나라도 차 안에 보이면 안 된다.

내부에 아무것도 두지 않는 현지인 차량

❷ 주차장에서 트렁크를 열지 말자

관광지 주차장에서 트렁크를 열어 캐리어에서 짐을 찾고 관광을 하는 사람들이 있다. 매우 위험한 행동이다. 짐을 보여주는 자체가 차량털이 범죄의 표적이 될 수 있다. 짐을 꺼낼 일이 있다면 숙소 주차장이나 출발 전에 미리 정리해 두어야 한다.

짐 정리는 출발 전에 미리 해야 한다.

❸ 가능하다면 CCTV 촬영지점에 주차한다

주차공간이 여유가 있다면 CCTV가 촬영되는 지점에 차량을 주차한다. 사각지대나 구석은 좋지 않다. 지하주차장들은 비교적 안전한 편이지만 차량털이 범죄가 많은 로마, 파리, 바르셀로나, 나폴리, 프라하, 부다페스트 등 주요 대도시에서는 지하주차장에서도 차량털이 범죄가 발생하기도 한다. 이런 곳에서 차량털이를 당하는 차들은 CCTV사각지대나 구석진 곳에 세워 둔 차들이다.

CCTV촬영위치에 세우는 것이 좋다.

❹ 차종에 따라 전면, 후면주차를 달리한다

세단 차량들은 트렁크를 벽면에 밀착해서 주차하는 것이 좋다. 트렁크를 열 수 없기 때문에 차량털이 예방법이 될 수 있다. 뒷좌석에서 짐을 꺼낼 수 있는 SUV나 웨건은 반대로 통로 쪽으로 보이게 주차하는 것이 낫다. CCTV에 더 잘 보이고 통로 쪽은 지나가는 사람들이 많기 때문에 범죄 예방효과가 있다.

세단은 트렁크를 벽면에 SUV는 통로 방향이 유리하다.

❺ 평행 & 전면 주차 연습을 하는 것이 좋다

유럽은 평행 주차장이 많고 야외 주차장과 고속도로 휴게소는 전면주차 방식이 많다. 익숙하지 않다면 어려움을 겪을 수 있다. 사전에 미리 연습을 해두고 가는 것이 좋다. 인도나 화단이 있는 주차장은 전면주차를 해야 한다.

도로변 평행주차

도로변 평행주차

인도나 화단이 있는 주차장은 전면주차를 해야 한다.

❻ 에어비앤비 이용 시 주차장이 없다면 실내주차장을 이용해라

에어비앤비나 아파트형 숙소는 주차장이 없는 경우가 많다. 이런 경우 호스트는 한 번도 차량털이 사고가 없었다고 하면서 집 앞 도로변에 세워도 된다고 이야기하는 경우가 많다. 하지만 호스트 말을 믿고 주차를 한 후 차량털이를 당한 사례가 빈번하게 있다. 심지어 맞은편에 경찰서가 있었음에도 당했다. 주차장이 제공되지 않는 숙소라면 근처에 실내주차장을 찾아서 이용해라. 거리가 있더라도 그게 훨씬 안전하다.

❼ 파크앤 라이드(Park&Ride)를 잘 활용한다

도심 안에 주차할 경우에는 꼭 시내 중심으로 차를 가지고 가지 않아도 된다. 복잡하고 주차요금도 비싸며 실내주차장도 차량털이 위험이 있기 때문이다. 유럽은 파크앤 라이드 제도가 잘 갖추어져 있다. 기차역이나 지하철역의 주차장에 차를 세우고 대중교통이나 셔틀버스를 이용하여 관광지를 다녀오는 방식이다. 기차역이나 지하철역 주차장이 더 위험해 보일 수 있지만 외곽에 위치한 이런 주차장이 도심 안 주차장보다 상대적으로 안전하다. 유명 관광지 주차장도 조금 떨어진 주차장에서는 셔틀버스를 이용할 수 있으니 저렴하고 안전한 주차장을 잘 찾아보자.

파크앤 라이드 방향 표시

7 주유하기

유럽의 주유소는 우리와 크게 다르지 않다. 차이점이 있다면 셀프와 무인 주유소가 많고 후 결제 방식이 다르다는 점이다. 셀프 주유 방식은 이미 우리나라도 대중화되었기 때문에 특별한 차이점은 아니다. 결제 방식은 다르기 때문에 이 부분은 알아두고 가야 한다. 그리고 유종을 나라별로 다양하게 표기하기 때문에 이 부분 역시 확인해 둘 필요가 있다.

01 유럽 주유소의 특징

주유소는 쉽게 찾을 수 있다. 주유소는 유인, 무인 주유소로 나뉘어져 있는데 무인 주유소의 비율도 상당히 높다. 유럽에서의 주유는 기본적으로 셀프 주유 방식이다. 이탈리아를 비롯한 몇 나라는 직원이 주유해 주는 곳들도 있긴 하다. 이런 곳은 직원 주유와 셀프 주유를 선택할 수 있게 되어 있다. 직원이 기름을 넣어줄 경우 기름 값이 좀 더 비싸다는 점은 알아두자. 유류비는 우리나라와 유사하거나 10~20% 정도 더 비싼 수준이다. 나라별로 편차가 크기 때문에 여러 나라를 다니는 여행일 경우 국경을 넘기 전에 저렴한 국가에서 기름을 넣고 가는 것이 현명하다. 유럽의 주요 정유회사들은 Shell, Esso, Aral, Total, BP, OMV,Eni 등이 있고 주유소의 대부분은 이런 로고가 달린 주유소들이다.

유럽의 일반 셀프 주유소

무인 정산 셀프 주유소

02 유종 확인 방법

유럽은 나라별로 유종을 표기하는 명칭들이 조금씩 다르다. 디젤의 경우에는 큰 차이가 없지만 휘발유의 경우에는 나라별로 표기가 제각각이다. 나라별 표기 방법을 알아두어야 혼유사고를 예방할 수 있다.

국가	휘발유 표기	경유 표기
독일	Bleifrei,evo,super95,98	Diesel
프랑스	Essence Sans Plomb	Diesel, Gazole
이탈리아	Benzina Sense Plombo	Diesel, Gasolio
스위스	Benzin,Bleifrei	Diesel
오스트리아	Benzin	Diesel
스페인, 포르투갈	Gasolina,efitec,sin Plombo	Diesel, Gasoleo
체코	Natrual	Diesel

❶ 유럽 각국의 유종 표기방법

가솔린(휘발유)

가솔린은 나라별로 다양한 용어로 부른다. 프랑스의 경우에는 Essence 독일은 Benzin 이탈리아는 Benzina 체코 Natural 등으로 부른다. 그러나 주유기에는 대부분 Super Plus나 S/Plomb 등으로 표시되어 있다. 여기에 옥탄가에 따른 일반과 고급 휘발유를 표기하는 95, 98등의 숫자가 표기되어 있다.

Super Senza라고 표시된 녹색이 가솔린 주유기이다.

디젤(경유)

디젤은 그대로 'Diesel'이라고 표기하고 있어 구분에 어려움은 없다. 그러나 일부 다른 표기법을 사용하는 곳도 있다. 이탈리아에서는 Gasolio 이라고 표기하고 프랑스에서는 'Gazole'이라고 표기하는 곳들이 있다. 발음이 가솔린과 비슷해서 휘발유라고 착각하기 쉽다. 주의하도록 한다.

디젤은 그대로 Disel이라 구분이 쉽다.

❷ 유종 구분 방법

유종 구분이 복잡해 보인다면 주유기 색상으로 구분하면 쉽다. 유럽 어느 곳을 가더라도 디젤은 노란색이나 검은색 주유기로 되어 있다. 가솔린은 녹색으로 되어 있기 때문에 이것만 기억해도 된다. 이 밖에도 주유기에는 유럽에서 공통으로 사용하는 기호가 표시되어 있다. 이 표시를 보고 구분해도 된다. 가솔린은 원안에 E로 표기하고 디젤은 사각형에 B로 표시되어 있다. 옆에 표시된 숫자들은 바이오 연료 비율인데 크게 중요한 것은 아니다. 가장 낮은 숫자가 가장 저렴하고 표준이기 때문에 가솔린은 E5를 디젤은 B7를 주유하면 된다.

녹색 가솔린 주유기

➡ 알아두자 1

나라별 연료비를 확인하는 방법

유럽 국가별 연료비를 확인할 수 있는 사이트가 있다.이 곳에서 나라별 연료비를 확인해 두면 참고가 된다. 나라별로 보면 스페인,오스트리아, 체코,헝가리,슬로베니아등이 저렴한 편이다. 독일은 보통이며 스위스 ,프랑스, 이탈리아, 포르투갈 등은 비싼 편이다. 유럽도 고속도로 주유소는 좀 더 비싸고 국도 주변은 조금 더 저렴하다.

www.cargopedia.net/europe-fuel-prices

03 주유 방법

주유 방법은 국내 셀프 주유소와 동일하다. 그래도 이해를 돕기 위해 일반적인 주유 순서를 설명하며 다음과 같다. 해당 방법은 유인 주유소에서 셀프 주유를 하는 방법이다.

주유기 앞에 자동차를 정차하고 시동을 끈다.

주유구 커버를 열고 유종에 맞는 주유기를 선택한다.

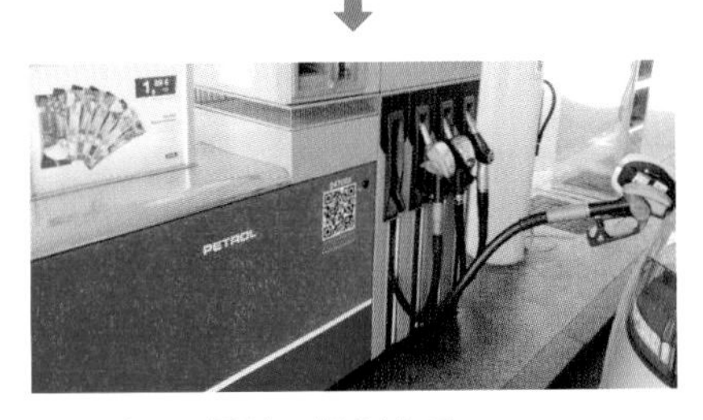

주유구에 주유기를 넣고 기름을 넣는다.

주유가 끝나면 주유기에 표시된 번호를 확인하고 상점으로 가서 결제한다.

대다수의 주유소는 선 주유, 후 결제 방식이다. 주유를 마치면 주유기 번호를 확인한다. 주유기 번호는 주유기에 큼직하게 표시되어 있다. 주유소 내에는 편의점 같은 상점이 하나씩 있다. 이곳에 들어가서 계산을 하면 된다.

이해를 돕기 위해 계산 방법을 설명하면 다음과 같다.

❶ 주유를 마치면 차는 그대로 둔다. 절대 계산 전에 이동하면 안 된다.

❷ 상점에 들어가서 계산대에서 주유기 번호를 말하고 결제한다.

❸ 카드와 영수증을 챙기고 차로 돌아온다.

결제는 주유소 내의 상점에서 하면 된다.

주유소 상점은 편의점과 같고 계산대에서 주유기 번호를 말하고 결제하면 된다.

➡ 알아두자 1

❶ 결제를 먼저 하고 주유를 하는 방식도 있다. 주유기를 넣어도 기름이 나오지 않는다면 선결제 방식으로 이해하면 된다. 이런 곳은 주유기나 상점에 가서 카드를 넣고 선승인을 해야 한다. 선 승인은 최대 금액이 결제되고 난 후 최종적으로 실금액만 청구된다. 우리나라처럼 실시간으로 승인, 취소 후 재결제가 되지 않아서 당황할 수 있으니 참고하자. 주유기를 통해 선결제하는 것이 복잡하면 상점에서 직원에게 얼마를 주유하겠다고 말하면 금액만큼 주유기를 세팅해 준다.

❷ 주유소에 진입했는데 주유구 방향을 모를 때가 있다. 이때에는 차량계기판 연료게이지를 표시하는 주유기 사인을 보면 된다. 주유기 그림 옆으로 삼각형의 방향 표시가 있는데 삼각형이 오른쪽에 있으면 주유구가 오른쪽에, 삼각형이 왼쪽에 있으면 왼쪽에 주유구가 있다는 뜻이다.

프랑스에 있는 Total사의 주유기 결제를 먼저 해야 주유를 할 수 있다.

주유기 아이콘에 있는 삼각형 방향이 주유구 방향이다.

04 무인 주유소 이용 방법 및 주의사항

❶ 무인 주유소 이용 방법

무인 주유소는 직원은 없고 무인 주유기만 놓여 있다. 무인 주유기는 종류가 다양하기 때문에 이용 방법도 다양하다. 하지만 일반적인 주유 방법은 다음과 같다.

1 카드 투입구에 신용카드를 넣는다(현금 전용이면 현금을 넣는다).

2 주유할 주유기의 번호, 기름 종류를 선택한다.

3 신용카드 PIN 번호(비밀번호)를 입력하고 카드를 뺀다.

4 주유기로 주유를 시작하고 주유가 완료되면 주유기를 원위치 한다.

❷ 무인 주유소 이용 시 주의사항

1 카드 결제 시 먼저 100~150유로 정도의 금액이 선승인된다. 그리고 주유를 마치고 나면 실제 금액만 청구된다. 국내에서도 방법은 같다. 하지만 국내에서는 선승인→주유→주유 완료→선승인 취소→실주유 금액 재승인 과정이 실시간으로 이루어진다. 하지만 유럽에서는 그렇지 않다. 실주유 금액은 50유로인데 한동안 선승인 금액이었던 150유로로만 표시된다. 그래서 잘못 청구된 것이 아닌지 당황해 하는 분이 많지만 염려할 것은 없다. 전표 미매입 상태로 되어 있다가 자동 취소되고 실주유 금액만 카드사로 청구된다. 우리보다 시간이 한참 더 걸릴 뿐이다. 보통 다음날 카드어플에 가서 확인해 보면 실금액만 청구된 것을 확인할 수 있다. 문제가

발생할 것을 대비해서 주유 영수증은 꼭 보관해 두는 것이 좋다.

2 현금 결제 시 거스름돈이 나오지 않는다. 따라서 주유하려는 정확한 금액을 넣어야 한다. 당연히 거스름돈이 나올 거라고 생각하고 큰 단위의 지폐를 넣었다가 낭패를 보는 경우가 많다.

주유로 인한 대부분의 문제는 무인 주유소에서 발생한다. 주로 거스름돈을 못 받거나 고장난 주유기로 인해 돈을 날리는 경우가 많다. 주유소에는 처리해 줄 사람이 없고 갈 길은 바쁘기 때문에 피해보상을 받지 못하는 경우가 많다. 기름이 절반 정도 비워지면 수시로 가득 채워 무인 주유소를 이용하게 되는 상황을 만들지 않는 것이 좋다.

무인 주유기

고장난 무인 주유기. 고장 안내문도 없는 기계들도 있으니 주의하자.

정보 플러스⁺

• 무인 주유기에서는 거스름돈 대신 바우처가 나오는 곳도 있다. 그러나 다시 올 일없는 주유소의 바우처는 여행자에게는 불필요할 뿐이다. 이런 경우에는 현지인과 교환하는 방법이 있다. 현지인에게 바우처를 주고 해당 금액만큼 현금을 받는 것이다. 흔쾌히 이런 부탁을 들어주는 고마운 현지인들이 있다, 따라서 이런 경우를 당하면 그냥 포기하지 말고 한번 시도해 보자.

• 24시간 영업하지 않는 주유소도 많다. 이런 경우에는 상점 주변이나 1번 주유기를 살펴보면 결제할 수 있는 정산기를 찾을 수 있다. 늦은 밤 상점이 문을 닫은 이후의 결제는 이곳에서 시도해 보자.

➡ 알아두자

결제하기 전에는 절대로 차를 이동하면 안 된다. 기다리는 뒤차를 배려해서 자리를 옮겨주는 불필요한 친절을 베풀다간 도주하는 것으로 오해받을 수 있다. 매장에선 CCTV로 상황을 확인하는 만큼 불필요한 오해를 주는 행동을 할 필요 없다. 유럽 사람들은 주유를 마친 후 차를 바로 빼지 않고 그 자리에서 짐도 정리하고 차 유리도 닦고 쓰레기도 버리고 화장실도 다녀온다. 그래도 누구도 뭐라 하거나 빨리 가라고 재촉하지 않는다. 우리로서는 답답하지만 기다렸다가 차량이 빠지면 주유를 해야 한다. 그리고 결제하러 갈 때 도난 방지를 위해 차 문은 꼭 잠가두자.

매장 내 카운터에서 CCTV로 확인하는 모습

주유는 모두 끝났지만 볼 일을 마칠 때까지 그냥 주유기 앞에 세워둔 차량들. 차 빼달라고 경적을 울리면 안 된다.

8 식당, 마트 이용하기

여행에서 음식이 차지하는 비중은 매우 크다. 맛있게 먹은 음식은 여행의 추억을 배가 시키는 법이다. 자동차로 여행하면 기동성이 있고 여러 다양한 음식을 맛볼 기회가 더 많다. 유럽 현지에서 레스토랑 및 마트 이용 방법에 대해서 살펴보도록 하자. 아주 쉬운 일 같아도 문화를 몰라서 실수하는 경우가 종종 생긴다. 기본적인 매너를 익혀야 어글리 코리안이라는 눈총을 피할 수 있다. 물과 술을 구매하는 방법도 단순하지만 잘 모르면 낭패를 당하기 쉽다.

01 현지 식당 이용하기

유럽이 처음인 경우 현지 식당의 에티켓을 몰라 매너에 벗어나는 행동을 할 수가 있다. 다음의 몇 가지 유의사항을 알아두면 도움이 된다.

❶ 자리는 안내해 주는 곳에 앉아야 한다

대부분의 식당은 입구에서 직원을 기다린 후 자리를 안내받는 것이 기본이다. 우리나라처럼 불쑥 들어가 아무 곳에나 앉는 것은 매너가 아니다. 입구에서 직원에게 인원수를 말하면 자리를 안내해 준다.

❷ 직원을 소리 내 부르지 않는다

직원을 부를 때에는 눈이 마주칠 때까지 기다리거나 손을 살짝 들면 된다. 직원들은 항상 고객을 주시하고 있기 때문에 눈을 마주치는 것으로 의사표시가 대부분 가능하다. 소리를 내 부른다거나 손을 흔드는 행위는 자제하자.

❸ 음료 먼저 주문하고 식사를 선택한다

유럽의 레스토랑은 물이나 음료를 먼저 주문하고 식사를 주문한다. 식사는 보통 음료+에피타이저+메인메뉴 또는 음료+메인메뉴+디저트 구성으로 주문하면 된다. 물론 메인메뉴와 음료만 주문해도 상관없다. 많은 레스토랑에서 오늘의 메뉴라는 런치 코스를 판매한다. 저렴하고 가성비도 좋아 이런 메뉴를 주문하는 것도 좋다.

❹ 생수와 탄산수를 구별하자

물을 주문할 때에는 일반 생수와 탄산수로 구분하여 말해야 한다. 그냥 'Water'라고 주문하면 탄산수를 가져다줄 수 있다. 일반 생수를 마시려면 'Still Water'나 'No Gas Water'라고 말하면 된다. 수돗물은 무료로 제공한다. Tap Water를 달라고 하면 유리병에 가져다준다.

❺ 재촉하지 않는다

주문을 받고 음식이 나오고 계산을 하는 과정이 모두 오래 걸리는 편이다. 그렇다고 재촉하는 것은 에티켓이 아니다. 유럽 사람들은 기다림에 익숙하고 누구도 이에 대해 불평하지 않는다.

❻ 계산은 테이블에서 한다

식사를 마치면 계산서를 요청한다. 계산에도 시간이 많이 소요되기도 하니 참고하자. 급하다고 카운터로 가서 계산하는 것은 에티켓이 아니다.

❼ 팁 문화를 알고 가자

유럽에도 팁 문화가 있지만 의무적인 것은 아니다. 대부분의 식당에는 서비스 요금이 계산서에 포함되어 있기 때문에 팁은 주지 않아도 된다. 하지만 동유럽의 주요 관광지 식당들은 팁을 요구하는 곳들이 많다. 서유럽에서는 팁에 대한 부담 없이 서비스가 마음에 들었다면 팁을 주면 되고 동유럽에서는 팁을 요구하는 곳에서는 약간의 팁을 주는 것이 필요하다고 생각하면 된다. 팁은 정해진 룰은 없다. 요금의 10% 정도를 주거나 거스름돈을 받지 않는 방식으로 주면 된다.

부야베스 Bouillabaisse … **프랑스**

생선과 다양한 해산물 마늘, 양파, 감자 그리고 올리브 오일을 넣고 끓인 스튜이다. 남프랑스 마르세이유의 대표적인 요리다. 한국의 매운탕과 비슷하다.

크레이프 crêpe … **프랑스**

밀가루나 메밀가루로 반죽물을 만들어 팬에 얇게 부친다. 그 위에 다양한 토핑 재료를 얹어서 싸 먹는 요리이다. 간식이나 디저트 개념으로 즐겨 먹는다. 크림이나 시럽, 초콜릿과 과일 등을 넣어서 먹지만 햄이나 계란, 치즈 등을 넣어서 식사대용으로 먹기도 한다.

비너슈니첼 Wiener Schnitzel … **오스트리아**

송아지고기를 얇게 슬라이스한 후 밀가루, 빵가루, 달걀물을 입혀서 기름에 튀겨낸 요리이다. 일본으로 넘어가 돈가스가 되었다고 한다. 전통 비너슈니첼은 소스없이 레몬즙을 뿌리고 크렌베리잼을 발라서 먹는다.

타파스 Tapas … **스페인**

타파스는 식사 전에 술과 곁들여서 간단하게 먹을 수 있는 애피타이저이기도 하고 술안주로도 애용된다. 보통 한입 크기로 먹을 수 있게 만들어진 핑거푸드류의 요리들로 수많은 종류가 있다.

마르게리타피자 Piazza Margherita … **이탈리아**

이탈리아의 대표 피자이다. 바질, 토마토소스, 모차렐라 치즈만으로 구워낸다. 이탈리아의 국기와 비슷한 색상의 재료로 만들어지기 때문에 가장 대중적인 피자이기도 한다. 기본에 충실한 담백한 맛이다.

피오렌티나 T-bone Steak … 이탈리아

티본스테이크로 소의 안심과 등심 사이에 T자형의 뼈 부분에 있는 부위로 만드는 스테이크이다. 스테이크 자체는 특별할 것은 없지만 이것을 이탈리아 피렌체에서 즐긴다면 사정이 달라진다. 최상급의 퀄리티와 엄청난 크기로 티본스테이크의 신세계를 맛볼 수 있다.

부르스트 Wurst … 독일

부르스트wurst는 한마디로 독일식 소시지이다. 주재료는 돼지고기이며 여기에 소금 및 다양한 향신료를 넣어서 만든다. 소시지는 유럽의 여러 나라에서도 즐겨 먹지만 독일식 소시지가 가장 유명하다.

슈바이네학센 Schweinhaxe … 독일

독일식 족발요리로 겉은 바삭한 식감을 즐기고 속은 부드러운 살코기를 먹을 수 있다. 독일의 대표적인 요리 중 하나로 체코에서는 이를 콜레뇨Koleno라고 부른다.

에스까르고 Escargot … 프랑스

달팽이요리다. 프랑스 부르고뉴Bourgogne 지방의 전통요리이다. 세계 3대 미식 요리 중 하나로 손꼽힌다. 달팽이를 미리 삶아두고 여기에 버터와 마늘, 파슬리 다진 것을 섞어서 채운다. 그리고 오븐에서 버터가 녹을 때까지 구워내면 된다.

스비치코바 Svickova … 체코

소고기를 삶은 후 익힐 때 나오는 육즙에 밀가루를 섞고 채즙을 넣어서 만든 소스를 두른다. 그리고 그 위에 하얀 크림 소스와 잼을 얹어서 크레들리키라는 찐빵과 함께 먹는다. 체코의 전통요리로 한국인의 입맛에도 잘 맞는 요리이다.

굴라시 Gulas … 헝가리

유럽의 육개장이라 불릴 만큼 한국인에게도 친숙한 맛을 선사하는 굴라시는 헝가리의 대표음식이지만 동유럽 국가에서는 대부분 먹을 수 있다. 조리법만 조금 다르다. 소고기를 볶은 후 양파와 파프리카를 넣어 오랫동안 끓여서 깊은 맛이 나게 만든다.

빠에야 paella … **스페인**

프라이팬에 고기, 해산물, 채소를 넣고 볶은 후 물을 부어 끓인 다음 쌀과 샤프란 향신료를 넣어 천천히 익힌 요리다. 스페인의 대표적인 요리중 하나이다. 해산물과 쌀로 조리한 음식이라 한국 사람에게도 잘 맞는 음식이다.

아로스 칼도소 데 마리스코 Arroz de Marisco … **스페인, 포르투칼**

해산물과 쌀을 넣고 걸쭉하게 끓여낸 요리이다. 스페인의 발렌시아에서 유래한 음식이다. 하지만 스페인은 빠에야가 더 유명하고 포르투칼에서 더 유명한 요리가 되었다. 빠에야와 비슷하나, 국물이 많아 죽과 같은 질감을 가지고 있다. 매콤한 맛이 있어 한국인의 입맛에도 무척 잘 맞는 음식이다.

바칼라우 Bacalhau … **포르투칼**

바칼라우는 포르투갈어로 대구라는 뜻이다. 바칼라우 요리는 365개가 넘어 매일 한 개씩 새로운 요리를 만들어 먹을 수 있다는 말이 있을 정도. 일각에서는 조리법이 천 개가 넘는다는 말도 있다. 포르투갈의 국민 음식으로 어느 지역 어느 식당에 가도 바칼라우 요리를 맛볼 수 있다.

03 현지 마트 이용하기

유럽은 대형 체인마트들도 많지만 특색 있는 로컬마트들도 많이 볼 수 있다. 유럽의 마트 물가는 매우 저렴하다. 물가가 비싸기로 유명한 스위스가 국내 마트와 유사하고 대다수 유럽 국가의 마트 물가는 국내에 비하면 많이 저렴하다. 특히 농수산물, 유제품, 고기류, 와인, 빵 등 식료품 물가는 한국에 비해 훨씬 저렴하고 품질도 매우 좋다.

이 중에서 가장 저렴한 마트 체인은 알디ALDI나 리들LIDL을 꼽을 수 있다. 독일계 마트인 두 곳은 유럽 여러 곳에 매장을 운영하고 있으며 다른 체인마트에 비해서 조금 더 저렴하니 참고하도록 하자.

국가별 주요 마트 브랜드

국가	마트 브랜드
독일	ALDI, Lidl, EDEKA, REWE, KAUHLAND
스위스	Coop, Migros, Denner
이탈리아	Conad, Eataly, Eurospin
프랑스	Carrefour, Monoprix, Casino
오스트리아	SPAR, Billa, MERCUR, Penny
스페인	Mercadona, Carrefour
체코	Billa, Tesco, Krone
영국	Tesco, Sainsbury's

마트 이용 방법은 국내와 다르지 않다. 카트는 보통 1유로를 투입하면 된다. 카트는 실내에 없고 출입구 앞이나 야외 주차장 부스에 놓여 있다. 미리 가지고 들어가야 한다. 계산 방법 역시 한국과 동일하다. 봉투는 무료로 주는 일반 비닐봉지가 있고, 장바구니는 별도로 구매해야 한다. 일반 비닐봉지는 계산대 하단에 놓여 있으니 가져가면 된다. 만일 없다면 플라스틱 백을 달라고 하면 알려준다.

마트에서 주의할 물품은 생수이다. 유럽은 탄산수 소비량이 상당히 많은 편이다. 마트에는 생수만큼 탄산수 종류도 많다. 그래서 아무 생각 없이 물을 사면 탄산수를 사올 수 있다. 탄산수와 생수는 육안으로 보면 구분이 쉽지 않다. 자동차 여행자는 한 번에 여러 개의 물을 사서 차에 싣고 다니게 된다. 이때 잘못해서 탄산수를 사면 낭패를 볼 수 있다. 생수와 탄산수는 나라별로 표기법이 각각 다르다. 미리 탄산수 구별법을 알아두고 가는 것이 좋다.

생수와 탄산수를 구별하는 간단한 방법은 물병의 바닥을 보는 것이다. 평평하거나 가운데만 살짝 들어간 것은 생수이다. 그러나 바닥이 평평하지 않고 안쪽으로 여러 개 들어가 있는 것은 탄산수라고 보면 된다. 물병을 눌러보는 방법도 있다. 잘 눌리면 생수, 단단하게 눌러지지 않으면 탄산수이다. 마지막으로 가장 확실한 방법은 성분 표시를 확인하는 방법이다. 물 성분표에 CO2함유량이 표시되어 있는 것은 탄산수이다. 그래도 확실하지 않다면 직원이나 현지인에게 'Still water' 혹은 'No gas water'가 맞는지 물어보자.

9 사건 사고 및 범죄 대처 방법

유럽의 대 도시들은 각종 소매치기와 절도가 만연하여 치안이 좋지 않다. 자동차 여행자는 차량털이 범죄도 주의해야 한다. 도난이나 절도 범죄 이외에도 다양한 자동차 관련 사고가 일어날 수 있다. 따라서 출발 전에 주로 발생할 수 있는 범죄, 사건, 사고 유형을 알아두고 예방 및 대처법을 파악해 두자.

01 교통사고 - 차대차 사고

유럽에서 교통 사고위험은 낮은 편이다. 하지만 순간 방심하면 피할 수 없는 것이 교통사고이다. 범퍼 접촉 수준의 경미한 사고는 그냥 한번 훑어보고 헤어지는 경우도 있지만 큰 사고라면 다음의 절차를 따르도록 한다.

❶ 먼저 다친 사람이 있는지 확인한다. 다친 사람이 있다면 유럽 공통 구급번호인 112로 전화해서 도움을 요청한다(직접 할 수 없다면 주변 행인에게 부탁). 다행히 다친 사람이 없다면 사고 부위를 촬영해 두고 삼각대 설치 후 경찰에 신고한다. 경찰에는 보통 상대방인 현지인 운전자가 먼저 신고를 할 것이다. 이때 먼저 잘못을 인정하는 말이나 행동을 하면 안 된다.
❷ 경찰이 도착하면 경찰의 통제에 협조한다. 폴리스 리포트를 반드시 받아두어야 하며 쌍방이 사고경위서를 작성한다. 사고경위서는 차내에 비치되어 있다.
❸ 렌터카 응급지원센터에 연락하여 사고접수를 한다. 연락처는 임차계약서에 기재되어 있다. 사고접수는 육하원칙에 의거하여 설명하면 된다. 한국어 통역은 어렵기 때문에 지인이나 영사콜센터에 도움을 요청하는 것이 좋다. 이때 반드시 보험접수번호Assistance Number를 메모해 두어야 한다. 재통화 시 이 번호만 말하면 상황설명을 반복하지 않아도 된다.
❹ 운행에 지장 없는 경미한 손상이라면 그냥 타고 다닌다고 말한 후 반납해도 된다. 하지만 파손 범위가 크다면 견인서비스를 신청하거나 직접 안내받은 정비소로 이동하여 차량을 수리한다.
❺ 차량 수리가 길어지거나 불가능할 경우에는 렌터카를 교체받는다.

낯선 타지에서 사고에 능숙하게 대처하기란 힘든 일이다. 경찰에 신고를 하고 렌터카 회사에 사고접수를 하는 것이 우선이다. 그다음은 직원과 경찰의 지시에 따르면 된다.

02 파손(타이어 펑크 & 차량유리 손상)

파손이 발생하면 사진을 찍어두고 먼저 렌터카 긴급출동 서비스센터에 연락해서 사고접수를 한다. 24시간 이내에 연락해야 한다. 이후 사고 조치는 담당직원의 안내에 따라 처리하면 된다. 이때 폴리스 리포트가 필요한지 꼭 확인하자. 슈퍼커버 가입 차량은 이런 제3자가 개입하지 않는 사고에는 폴리스 리포트가 필요는 없다. 하지만 독일 등 일부 나라는 폴리스 리포트가 필요한 지점들이 있다. 실제로 폴리스 리포트가 없다는 이유로 보험처리가 안 되는 사례도 종종 있었기 때문이다. 대부분의 나라에서는 단순사고의 경우 경찰이 출동하지 않는 경우가 많다. 출동하더라도 일부 국가는 출동비를 받는 곳도 있으니 참고하자. 슈퍼커버를 가입했다면 모두 보상이 되니 걱정할 필요 없다. 참고할 것은 유럽의 긴급출동 서비스는 우리나라만큼 빠르지 않다. 그래서 하루 일정을 고스란히 손해봐야 한다. 그래서 인근 정비소에서 자비로 수리를 하고 여행을 지속하는 분들도 있다. 이것은 엄밀히 말하면 임대조약 위반이다. 신고하지 않고 자비로 수리한 경우 보험 적용이 되지 않아 보상은 받지 못한다.

타이어 펑크는 가장 흔한 사고 중 하나이다.

➡ 알아두자

❶ 스페어 타이어나 리페어킷으로 자가 수리를 하고 차량 교체를 하더라도 기름은 가득 채워서 반납해야 한다. 사고로 인해 차량을 교체하는 것이라도 기름을 채우지 않으면 비싼 유류대가 청구된다. 가는 길에 주유소를 만나면 기름을 꼭 채우고 반납하도록 한다.

❷ 긴급출동 서비스 신고는 연결이 잘 되지 않는 편이다. 몇 번을 연락해야 간신히 연결되는 경우가 많다. 그래도 신고를 해야 하기 때문에 지속적으로 하도록 한다. 폴리스 리포트는 받아두면 좋지만 이런 경미한 사고는 발급해 주지 않는 편이다. 이런 경우에는 사고를 신고하면 사고접수번호(Police Report Number)가 발급된다. 이 번호를 제출하면 된다.

03 차량털이

주차한 차량의 유리를 깨고 물건을 훔쳐가는 차량털이 범죄는 유럽에서 만연한 범죄 중 하나다. 차량털이 사고도 차대차 사고 처리방법과 동일하다. 렌터카 회사의 긴급출동 서비스에 신고접수하고 경찰에 사고 신고를 하면 된다. 범인을 잡을 길은 요원하다. 차량털이 범죄가 빈번한 도시들은 범인을 잡으려는 노력도 거의 하지 않는 편이다. 고작 폴리스 리포트를 작성해 주는 것이 전부이다. 폴리스 리포트를 받고 차량은 인근 렌터카사무소에 반납하고 다른 차로 교체받으면 된다.

차량털이를 당한 차량

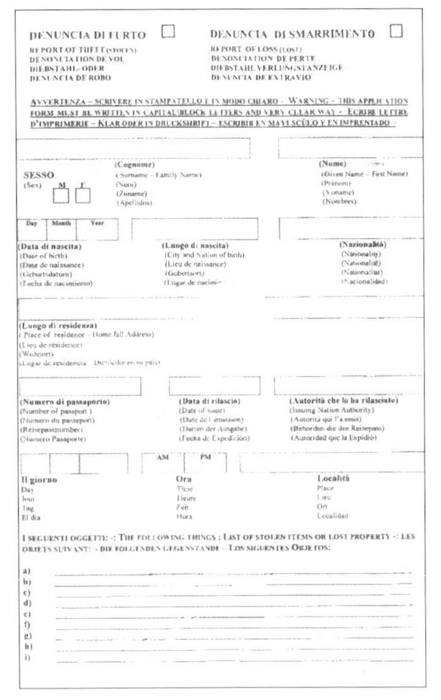

DENUNCIA DI FURTO ☐
REPORT OF THEFT (STOLEN)
DENONCIATION DE VOL
DIEBSTAHL- ODER
DENUNCIA DE ROBO

DENUNCIA DI SMARRIMENTO ☐
REPORT OF LOSS (LOST)
DENONCIATION DE PERTE
DIEBSTAHL VERLUNGSTANZEIGE
DENUNCIA DE EXTRAVIO

AVVERTENZA – SCRIVERE IN STAMPATELLO E IN MODO CHIARO - WARNING – THIS APPLICATION FORM MUST BE WRITTEN IN CAPITAL\BLOCK LETTERS AND VERY CLEAR WAY - ECRIRE LETTRE D'IMPRIMERIE – KLAR ODER IN DRUCKSHRIFT – ESCRIBIR EN MAYUSCULO Y EN IMPRENTADO -

SESSO (Sex) M F

(Cognome)
(Surname – Family Name)
(Nom)
(Zuname)
(Apellidos)

(Nome)
(Given Name – First Name)
(Prénom)
(Vorname)
(Nombres)

Day | Month | Year

(Data di nascita)
(Date of birth)
(Date de naissance)
(Geburtsdatum)
(Fecha de nacimiento)

(Luogo di nascita)
(City and Nation of birth)
(Lieu de naissance)
(Gebertsort)
(Lugar de nacimi-

(Nazionalità)
(Nationality)
(Nationalité)
(Nationalitat)
(Nacionalidad)

(Luogo di residenza)
(Place of residence – Home full Address)
(Lieu de résidence)
(Wohoort)
(Lugar de residencia Domicilio en su país)

(Numero di passaporto)
(Number of passport)
(Numero du passeport)
(Reisepassnumber)
(Numero Pasaporte)

(Data di rilascio)
(Date of issue)
(Date de l emission)
(Datum der Ausgabe)
(Fecha de Expedición)

(Autorità che lo ha rilasciato)
(Issuing Nation Authority)
(Autorità qui l'a emis)
(Behorden die den Reisepass)
(Autoridad que la Expidió)

AM | PM

Il giorno
Day
Jour
Tag
El dia

Ora
Time
Heure
Zeit
Hora

Località
Place
Lieu
Ort
Localidad

I SEGUENTI OGGETTI: -: THE FOLLOWING THINGS ; LIST OF STOLEN ITEMS OR LOST PROPERTY -: LES OBJETS SUIVANT: - DIE FOLGENDEN GEGENSTANDE – LOS SIGUENTES OBJETOS:

a)
b)
c)
d)
e)
f)
g)
h)
i)

폴리스 리포트

정보 플러스⁺

차량털이 범죄가 많은 곳들이다. 이곳에선 더욱 주의하자.
스페인-바르셀로나, 세비야 / 이탈리아-로마, 나폴리 / 프랑스-파리, 마르세유, 에즈 / 스위스-몽트뢰성 주변 주차장 / 포르투칼-리스본 인근 / 체코-프라하 / 헝가리-부다페스트

04 차량 경고등 점멸 시 조치 방법

렌터카는 대부분 신차급 자동차가 배정된다. 그래서 차량 경고등이 들어오는 경우는 많지 않다. 하지만 주행거리가 많은 차량을 받는 경우도 많다. 새 차라도 경고등이 들어오는 경우가 있다. 가장 흔한 경고등은 엔진오일 경고등이다. 디젤차량은 ADBLUE(요소수) 경고등도 자주 발생한다. 이런 오일류 부족 경고는 주유소에서 엔진오일이나 ADBLUE(요소수)를 구입하여 보충하면 해결된다. 그 다음은 엔진 경고등이나 타이어 공기압 센서 경고등이 들어오는 경우가 많다. 차량 경고등은 노란색과 적색으로 구분된다. 노란색 경고등은 주의표시라 주행하는 데 당장 문제는 없다. 반납일이 멀지 않다면 그대로 타고 다니다 반납해도 문제가 없다. 물론 인근에 카센터나 렌터카 대리점이 있다면 점검을 받아보는 것이 좋다. 적색 경고등이 들어온다면 경고 표시이다. 안전을 위해 당장 운행을 중지하는 것이 좋다. 차를 세우고 긴급출동 서비스에 연락하여 견인서비스를 요청하도록 한다.
주요 차량 경고등은 다음과 같으니 참고하도록하자.

❶ 빨간색 경고등

빨간색 경고등은 주로 엔진 상태와 관련이 있을 때 들어온다. 냉각수 수온, 엔진오일, EPS(전자식 파워스티어링), 브레이크 이상 등의 경고를 나타낸다.

1 엔진오일 경고등

엔진오일이 부족하거나 오일이 제대로 순환되지 않을 때 들어온다. 계속 주행하면 엔진에 큰 손상을 입을 수 있다. 즉시 차를 세우고 엔진오일을 확인해 본다. 오일 부족 상태라면 근처의 주유소로 이동하여 엔진오일을 구매하고 보충하면 해결된다. 오일량이 정상인데도 경고등이 계속 켜진다면 오일 순환의 문제이다. 차를 교체해야 한다.

2 냉각수 과열 경고등

냉각수가 120도 이상으로 과열되면 들어온다. 이 경고등이 들어오면 즉시 차를 세우고 긴급출동 서비스에 연락하여 견인차를 불러야 한다. 이 상태로 정비소를 찾아서 이동하는 것도 위험하다. 그대로 주행하면 엔진헤드 손상으로 엔진에 큰 손상을 초래할 수 있다. 엔진 손상은 보험처리가 되지 않는다. 주의할 점은 엔진을 식힌다고 냉각수 캡을 열고 물을 보충하는 것이다. 자칫 큰 화상을 입을 수 있다. 긴급조치가 필요하다면 에어컨을 작동하자. 에어컨을 작동하면 냉각판이 작동하여 열을 식히는 데 도움이 된다.

3 배터리 경고등

배터리 전압이 낮거나 발전기에 이상이 있을 때 점등된다. 시동이 꺼질 수 있기 때문에 즉시 안전한 곳으로 이동해야 한다. 차를 세우고 긴급출동 서비스를 신청하도록 한다.

4 에어백 경고등

점등 원인은 다양하다. 당장 운행에도 지장은 없다. 하지만 사고 시 에어백이 작동되지 않을 수 있다. 일정이 많이 남았다면 안전하게 차량을 교체받는 것이 좋다.

5 안전벨트 경고등

안전벨트 미착용 시 점등한다. 차의 안전과는 상관없지만 운전자의 안전을 위해 적색등으로 들어온다. 탑승자 모두 안전벨트를 필수로 매도록 한다.

6 주차브레이크 경고등

주차브레이크를 해제하지 않고 주행하면 점멸한다. 경고등과 함께 알림 소리도 발생한다. 인지하는 순간 바로 주차브레이크를 해제해야 차량 손상을 막을 수 있다.

7 EPS경고등

전동식 파워스티어링에 이상이 생길 때 점등한다. EPS에 문제가 생기면 핸들 조작이 묵직해지고 제어가 안 될 수 있다. 즉시 안전한 곳에 차를 정차시키고 긴급출동 서비스를 요청하도록 한다.

❷ 주황색 경고등

주황색 경고등은 당장 운행에는 지장이 없다. 하지만 정비소에 방문하여 점검을 받거나 조치를 받는 것이 좋다.

1 엔진 경고등

엔진제어에 문제가 있거나 배기가스 관련 제어장치에 문제가 있을 때에 들어온다. 엔진 점화장치와 관련된 센서 불량인 경우가 대부분이다. 즉시 점검을 받는 것이 좋다. 주유 후 연료캡을 제대로 닫지 않을 때에도 들어온다, 연료 유증기가 대기오염을 일으키기 때문에 이를 예방하는 차원에서 들어온다고 한다.

2 타이어 공기압

타이어 공기압에 문제가 있으면 들어온다. 실제 타이어 공기압 불량인 경우도 있지만 일교차가 큰 경우 센서 오류로 들어오기도 한다. 만일 이 경고등이 들어오면 육안으로 먼저 타이어를 살펴보자. 이상이 없다면 리셋하고 다시 들어오는지 확인하도록 한다. 만일 고속도로 주행시 이 경고등이 들어온다면 안전한 갓길에 차를 정차시키고 점검해야 한다. 문제가 있다면 긴급출동 서비스를 불러야 한다.

3 ESP경고등

ESP(Electtonic Stability Program)는 차체 제어장치를 뜻한다. 제조사별로 명칭은 각기 다르다. 자동차가 도로에 미끌어지는 아이콘으로 표시된다. 이 기능은 자동차가 미끄러지지 않게 잡아주는 역할을 한다. 이 경고등이 계속 들어와 있다면 ESP가 작동하지 않는 것이다. 오르막길을 오를 때 점멸하는 것은 현재 바퀴가 미끄러져서 EPS가 작동한다는 의미이다. 상황이 개선되면 자동으로 정상으로 돌아온다.

4 DPF경고등

DPF(Disel Particulate Filter)는 디젤엔진 차량에서만 볼 수 있는 경고등이다. DPF는 RPM과 속도가 지나치게 높을 때 점멸된다. 특별히 조치할 것은 없다. 하지만 경고등을 지우기 위해 자주 시동을 끄고 켜면 이 기능이 고장날 수 있다.

5 브레이크 경고등

브레이크 패드 교체 주기가 되면 들어온다. 반납이 얼마 남지 않으면 그냥 타고 다니다 반납해도 된다. 하지만 일정이 많이 남았다면 차량을 교체해야 한다.

6 이모빌라이저 경고등

이모빌라이저(Immobilizer)는 차 키에 내장된 작은 칩을 지칭한다. 이 칩이 해당 차량과 암호통신으로 키와 차가 일치하는지를 확인하다. 이 기능에 문제가 생겨 인식하지 못하면 이 경고등이 들어온다. 몇 번 리셋해보고 안되면 긴급출동서비스를 요청한다.

7 워셔액 부족 등

말 그대로 워셔액이 부족하면 점멸된다. 주유소에서 워셔액을 사서 보충하면 문제없다.

8 전구 경고등

차량에 장착된 각종 전구등에 문제가 있으면 점멸된다. 각종 전등을 조작해보고 확인한다.
방향지시등이나 브레이크등이 점멸되지 않는다면 정비소에 가서 전구를 교체하도록 한다.

05 혼유 사고

자주 발생하지 않지만 종종 발생한다. 주유 중에 혼유 사실을 알게 되면 바로 주유를 멈추어야 한다. 먼저 주유소에 해당 사실을 알리고 긴급출동 서비스에 연락하여 조치를 따라야 한다. 만일 혼유한 사실을 모르고 주행하면 얼마 못가 노킹현상(차떨림)이 발생하고 차량이 멈추게 된다. 영수증을 확인해 보자. 이때 몇 번씩 시동을 켰다 끄는 행동을 할 수 있는데 절대 금물이다. 비상등을 켜고 긴급출동 서비스에 연락하도록 한다. 혼유 사고는 자차보험 적용대상이 아니기 때문에 엄청난 수리비를 물게 될 수 있다. 또한 렌터카 계약은 즉시 종료된다. 따라서 픽업 시 유종을 정확히 확인하고 혼유 사고가 발생하지 않도록 각별히 조심해야 한다.

정확한 유종을 확인하고 주유하도록 한다.

06 차량 절도사건 처리 방법

스페인 세비야 인근에서는 타이어를 찢고 운전자의 주의를 분산시킨 후 차 안의 물건을 가져가는 절도사건이 많이 발생한다. 오토바이나 차량을 이용해 2인 1조로 움직이면서 주차 혹은 정차한 차량의 타이어를 칼로 손상시킨다. 렌터카 픽업 주차장에서부터 손상시키는 경우도 있다. 차량이 출발하면 따라오면서 타이어가 펑크 난 걸 알려주고 도와주는 척하며 접근한다. 운전자와 동승자가 모두 내려 타이어를 살펴볼 때 차 안에 둔 가방 등을 훔쳐 달아나는 수법이다. 바르셀로나는 시내에서 신호 대기 중에도 이런 일이 발생한 사례도 있다. 가급적이면 바르셀로나에는 차량을 가져가지 않는 것이 좋다.

바르셀로나에서 프랑스로 넘어가는 고속도로 그리고 발렌시아에서 바르셀로나로 들어오는 고속도로에는 차량절도단도 성행한다. 이들은 달리는 차 옆으로 다가와 손가락으로 타이어를 가리키며 갓길로 차를 세우라고 한다. 타이어에 문제가 생겼나 싶어서 갓길에 차를 세우면 일행이 뒷바퀴로 가서 알 수 없는 말로 혼을 빼놓는 사이 다른 일행이 몰래 차 안의 짐을 훔쳐서 달아난다. 보통 그들이 떠난 뒤에야 도난 사실을 알기 때문에 각별히 조심해야 한다.

차량털이 사고가 빈번한 스페인 바르셀로나 AP-7고속도로

정보 플러스+

차량 범죄예방 팁

타이어 펑크를 알려주며 접근한다면 바로 차에서 내리지 않는다. 한 사람만 내리고 동승자는 차 안의 소지품을 잘 챙긴다. 차에서 내린 후에도 창문과 문은 닫고 반드시 잠금해 두어야 한다. 차가 정말로 펑크가 났다면 긴급출동 서비스와 경찰에 신고를 한다. 통화가 안 되도 상관없다. 도둑에게 신고를 하고 있다는 것을 보여주는 것이 중요하다. 도둑들은 보통 사고처리를 도와준다며 잘 아는 타이어 수리점이 있으니 안내해 주겠다고 하는 수법을 사용한다. 괜찮다고 사양하고 경찰과 렌터카 회사에 신고 했으니 경찰이 도착하면 처리하겠다고 말하도록 한다. 절대로 그들이 하라는 대로 따르거나 따라가지 말아야 한다.

바르셀로나 렌터카 관련 범죄 요주의 지역

① 몬주익 언덕 주차장
② EL Prat 공항 또는 Sants 기차역 렌터카 임차하여 나오는 길
③ AP-7 등 주요 고속도로
④ 기타 주요 관광지 주변 주차장 또는 노상 주차장

07 사복경찰을 만날 경우

동유럽의 고속도로에서는 가짜 사복경찰 도둑들이 있다. 가짜 경찰들은 옆 차선으로 다가와 크락션을 울리며 유리창을 열고 가짜 신분증을 보여준다. 보통 요란스럽게 화난 표정과 손짓을 하면서 차를 갓길에 대라고 한다. 실제 사복경찰의 불심검문이 없는 것은 아니다. 하지만 진짜 사복

경찰들은 차 뒤에서 상향등을 번쩍이고 차 앞으로 이동하여 뒷유리에 Polizai 시그널이 뜨고 따라오도록 유도한다. 가짜들처럼 요란스럽게 크락션을 울려대거나 신분증을 흔들지 않는다.
이런 가짜 사복경찰을 만나면 무시하고 그냥 갈 길을 가는 것이 상책이다. 그러면 계속 따라붙으며 더 소란을 피우지만 응대하지 않으면 제풀에 지쳐서 포기하고 다른 타깃을 노린다.
긴가민가해서 갓길에 세운다면 경찰이 내리는 폼을 보고 한 번 더 판단할 수 있다.

진짜 사복경찰은 실제 권총을 허리에 차고 있고 신분증을 정확히 보여주고 여권과 면허증을 요구하지만 가짜는 위조지폐를 단속한다는 둥 하면서 지갑도 달라고 한다. 진짜 경찰은 절대 지갑을 요구하지 않는다. 검문을 당할 경우 차 안에서 내리지 말고 창문만 살짝 내린 후 응대하고 신분증을 보여달라고 하자. 신분증을 제시 못하거나 가짜 같다면 경찰서로 가자고 요구하고 여권이나 면허증은 절대로 건네지 말아야 한다.

08 각종 소매치기 유형 및 대처 방법

유럽 대도시와 유명 관광도시에서는 소매치기 범죄가 빈번하기 때문에 많은 주의가 필요하다. 나라를 막론하고 주요 도시는 모두 소매치기들이 있고 특히 대중교통을 이용할 경우가 가장 위험하다. 각별히 주의하도록 한다.

❶ 테이블에 놓인 소지품 절도

유럽에서는 카메라, 스마트폰, 지갑 등을 테이블에 올려두는 것은 위험하다. 가방을 바닥에 내려놓거나 다른 의자에 두는 것도 금물이다. 너무나도 태연하게 자기 물건인 것처럼 들고 가는 일이 다반사이다. 큰 가방은 발 밑에 두고 작은 가방은 끌어안거나 등 뒤에 두는 것이 가장 안전하다.

❷ 웃으며 접근하는 도둑들

유럽에서 소매치기를 가장 많이 당하는 때는 출퇴근 시. 대낮에도 유명 관광지 인근 정류장에는 항상 소매치기가 있다고 보면 된다. 보통 3~4인조씩 움직이면서 타깃을 둘러싸고 작업하기 때문에 주의하면 눈치챌 수 있다. 가방은 뒤로 매지 말고 지갑은 훔치기 어려운 안쪽에 보관한다. 스마트폰은 반드시 손목걸이를 걸어 손에 쥐고 있어야 한다. 지하철의 경우 상대적으로 끝칸이 안전하니 참고하자.

테이블에 스마트폰 등을 두고 자리를 비우면 도둑맞기 십상이다.

❸ 경찰 사칭

동유럽에서 주로 많이 발생한다. 가짜 신분증을 보여주며 여권을 보여 달라고 하거나 위조지폐를 확인한다면서 지갑을 보여달라고 하고선 그대로 들고 달아나버린다. 또는 주차위반을 했다며 벌금을 내라고 요구하기도 한다. 이런 일을 당하면 경찰서로 가자고 하면서 아무것도 건네주지 말아야 한다. 완강하게 경찰서행을 요구하면 대부분 그냥 사라진다.

❹ 오물 투척 후 도움을 빙자한 절도

누군가 등을 두드리며 등에 오물이 묻었다고 이야기해 준다. 실제로 뒤돌아보니 오물이 묻어 있다. 오물은 머스터드소스, 케첩, 콜라, 커피 등 다양하다. 이 정도면 다행이고 고약한 냄새를 풍기는 오물을 묻혀놓기도 한다. 당황한 마음에 어쩔 줄 몰라 하면 다가와서 닦아주는 척하며 들고 있던 가방이나 카메라를 들고 냅다 도망간다. 만일 현지에서 이런 일을 당하면 가방부터 챙기고 괜찮다고 말한 후 신속하게 그 자리를 벗어나야 한다. 만일 뒤따라오면 사람이 많은 상점으로 들어가 도움을 요청한다.

❻ 짐을 들어다 주는 소매치기

유럽의 기차역이나 지하철역은 대부분 에스컬레이터가 없다. 힘들게 짐을 들고 올라가면 짐을 들어주겠다고 접근하는 사람들이 있다. 진짜 착한 사람도 있겠지만 대부분은 친절을 가장한 사기꾼이다. 짐을 들어다 준 후 돈을 요구하거나 가방 속 소지품을 훔치거나 심지어 가방이라면 그대로 들고 도망가기도 하니 이런 친절은 거절하는 것이 안전하다.

09 각종 사기범죄 유형 및 대처 방법

❶ 흑인 팔찌단

흑인들이 실로 만든 팔찌를 들고 다니며 지나가는 관광객에게 말을 걸면서 하이파이브를 하자고 한다. 하이파이브를 해주면 팔찌를 차보라고 하면서 강매를 한다. 이때 팔찌를 채우고 돈을 요구한다. 파리 몽마르트 언덕에서 가장 빈번하게 일어난다. 흑인이 실팔찌를 들고 다가오면 팔짱을 끼거나 손은 주머니에 넣고 "NO"라고 단호하게 외치고 가던 길을 가야 한다. 머뭇거리거나 우물쭈물하면 팔찌가 채워진다. 한 번 팔찌가 채워지면 돈을 주지 않고서는 벗어나기 힘들기 때문에 사전에 주의하자.

❷ 그림 사기단

이탈리아 피렌체에서 주로 활동하는 사기꾼이다. 혼잡한 도로 바닥에 그림 몇 장을 이어 붙여 크게 펼쳐놓는다. 그리고 지나가는 사람이 그림을 밟으면 돈을 내놓으라고 요구한다. 왜 그림을 밟을까 싶지만 사람들이 고개를 들어 주변 명소들을 보고 사진을 찍느라 아차하는 순간들이 많다. 이런 상황에서 붙잡고 놔주지 않으면 큰 소리로 도움을 요청하자. 이탈리아의 유명 관광지에는 무장한 군인과 경찰들이 수시로 순찰을 다녀서 위험에서 벗어날 수 있다.

❸ 신용카드 복제

결제하려고 건넨 신용카드를 복제하거나 ATM기에 복제시설을 장착해 두고 카드를 복제하는 범죄이다. 외진 곳이나 안전해 보이지 않는 곳 그리고 은행에서 운영하는 ATM기가 아니라면 사용을 하지 않는 것이 좋다. ATM기는 은행에서 운영하는 Bank가 쓰여진 기기를 이용하는 것이 안전하고 수수료율도 낮다.

10 강도를 만날 경우 대처 방법

유럽은 치안이 좋지 않지만 다행히 강도사건은 많지 않다. 역 주변 유흥가나 홍등가등을 밤늦게 혼자 다니지 않는 이상 강도를 만나는 일은 흔치 않다. 만일 강도를 만났다면 흉기를 소지하고 있을 가능성이 높기 때문에 섣불리 대항하지 말아야 한다. 강도사고는 신체에 상해를 입을 수 있기 때문에 이런 환경에 노출되지 않는 것만이 최선의 예방법이다. 밤에 나가야 한다면 귀중품은 착용하지 말고 현금도 소액만 지참하자. 혹시라도 강도를 만나면 그냥 돈을 주고 빨리 벗어나는 것이 상책이다.

11 각종 분실사고 수습 방법

❶ 여권 분실

여권을 분실하면 바로 경찰서에 신고하고 폴리스 리포트를 받아야 한다. 가까운 대사관이나 영사관을 찾아가 여행증명서를 신청한다. 여권 재발급을 위해서는 여권번호, 발행연월일, 여권용 사진 2장, 분실증명확인서가 필요하다. 따라서 여행을 가기 전에 미리 여권용 사진 2장과 여권 사본을 챙겨두는 것이 좋다. 단수여권은 재발급되는 데 보통 2시간 이내면 가능하다.

❷ 운전면허증 분실

면허증을 분실하면 폴리스 리포트를 먼저 받아두어야 한다. 면허증은 재발급이 어려워서 폴리스 리포트로 대신하여 사용해야 한다. 검문을 받거나 사고발생 시 폴리스 리포트를 보여주면 된다.

❸ 신용카드 분실

신용카드 분실 시 빠르게 분실신고를 하는 방법 중 하나는 카드 어플로 신고하는 것이다. 유심 변경 시 신용카드 사용내역을 문자로 받을 수 없는데 이때에도 어플로 확인하면 된다. 출국 전에 카드사의 앱을 깔아두는 것이 좋다.

❹ 차량 키 분실

차 키를 분실했다면 렌터카 긴급출동 서비스에 사고접수를 하고 견인서비스를 받아야 한다. 차 키 분실 시에는 다른 차를 받는 것으로 처리된다. 자동차 키 분실은 보험처리가 안 된다. 열쇠 제작비용이나 견인서비스 비용 모두 부담해야 한다.

❺ 카드, 현금 분실

카드와 현금 모두 분실한 경우 외교부의 신속 해외송금 지원제도를 이용하면 된다. 국내에 있는 가족이나 지인이 현지 재외공관 지정계좌로 입금하면 현지 대사관 및 총영사관에서 현금으로 찾을 수 있다. 1회 3,000달러까지 송금받을 수 있다. +82-2-3210-0404로 신청하면 된다. 하지만 재외공관이 없는 지방 소도시에서는 이 서비스를 이용하기 어렵다. 이럴 때에는 웨스턴 유니온이라는 서비스를 활용하면 된다. 최근에는 카카오뱅크를 통해서 은행지점을 방문하지 않아도 돈을 송금받을 수 있다. 카카오뱅크 계좌가 있다면 WU빠른 해외송금 서비스를 모바일로 간편하게 이용 가능하다. 자세한 내용은 홈페이지를 참고하도록 하자.

- **웨스턴 유니온 홈페이지**
  www.westernunion.co.kr
- **카카오뱅크 WU 빠른해외송금확인**
  blog.kakaobank.com/274

YOUR
TERMS

05

똑똑하게 **여행 마무리하기**

1

차량 반납하기

자동차 여행은 차량 반납을 하는 것으로 마무리된다. 유종의 미를 잘 거두기 위해선 마무리도 꼼꼼하게 하는 것이 중요하다. 특히 여행의 마지막은 긴장이 풀어져 차 안에 소지품을 두고 귀국하는 경우가 많으니 유의하도록 하자.

1 반납 장소 확인 방법

렌터카 반납 장소는 렌트할 때 받은 임차영수증에 기재되어 있다. 하지만 이 주소만 가지고는 찾기 어려운 곳들이 많다. 여행 전에 미리 확인해 두자. 현지에서 찾아가면 되겠지 라고 생각했다가 반납 장소를 못 찾아 고생하는 사람들이 많다. 웬만한 유럽 도시의 렌터카 반납 장소들은 검색해 보면 쉽게 찾을 수 있다. 공항점은 공항 근처에 오면 Car Rental Return이라는 표지판이 보이기 때문에 이 표지판만 따라가면 된다. 하지만 중앙역점은 역 지하나 옥상 또는 주변의 주차장 건물을 픽업 및 반납 장소로 사용한다. 주차장 건물에 가야 표지판이 있다. 그래서 중앙역점으로 반납한다면 사전에 반납 장소를 꼭 확인해 두는 것이 좋다. 시내 지점은 지점 앞으로 차를 가지고 가면 된다. 지점 앞이나 주변에는 잠시 차를 세울 수 있는 자리가 있다. 이곳에 잠시 차를 세우고 사무실에 들어가 차를 반납하겠다고 말하면 된다. 그러면 직원이 나와서 반납 처리를 해준다. 차는 직원이 알아서 주차장으로 반납하기 때문에 신경 쓰지 않아도 된다. 반납 시간은 약속 시간보다 30분 정도는 일찍 도착할 수 있게 출발하는 것이 좋다. 반납 장소를 놓치거나 찾기 어려운 곳들이 있기 때문이다. 도시별 렌터카 픽업, 반납 정보는 필자가 운영하는 〈드라이브 인 유럽〉 카페에 계속 업데이트되고 있으니 출발 전에 참고하자.

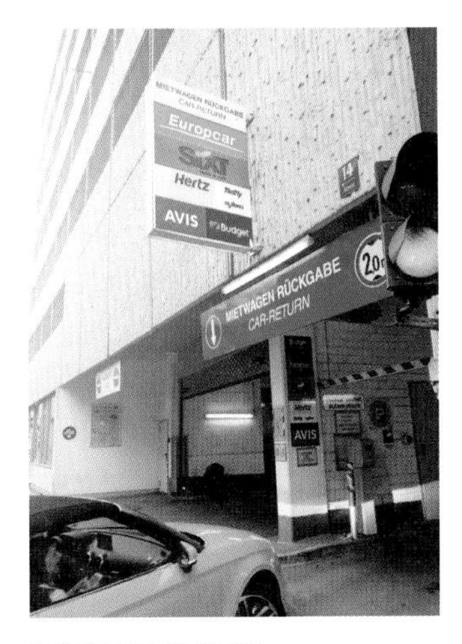

중앙역점 인근 반납주차장

허츠 시내지점 앞에 반납한 차량

공항 근처에 오면 안내표지판이 계속 나타난다.

2 무인 반납 방법

영업시간 외에 반납하게 되면 무인 반납을 해야 한다. 무인 반납은 모든 지점이 가능한 것은 아니다. 예약 전에 미리 확인해야 한다. 반납 방법은 지점별로 다르다. 해당 지점의 무인 반납을 해본 사람들의 후기들을 찾아보자. 후기가 없다면 미리 문의해 두는 것이 필요하다.

일반적인 무인 반납 방법은 다음과 같다. 렌터카 사무실 입구나 주차장에 가면 키 박스가 있다. 이곳에 차 키를 넣고 가면 된다. 차 안에 둔 임차 서류 뒷면에 주행거리, 반납 시간, 남은 연료량을 반드시 표기해야 한다. 계기판은 사진을 찍어두고 반납 전 주유한 영수증도 꼭 보관해 두어야 한다. 반납 시간을 기재하지 않으면 직원이 출근 후 확인한 시간을 반납 시간으로 계산한다. 이렇게 되면 추가 비용이 발생할 수 있으니 잊지 않도록 하자.

반납주차장에 마련된 무인 반납 키 박스

3 반납 전 체크 사항

연료 체크를 소홀히 하지 말자

렌터카는 기름을 가득 채워서 반납하는 것이 원칙이다. 가득 채우지 않고 반납하면 높은 주유비가 청구된다. 기름을 채우러 가는 직원의 인건비와 수수료 등이 포함되어 평균 주유비의 2~3배가량 비싼 비용을 지불해야 한다. 그래서 사전에 반납 지점과 가까운 주유소를 미리 확인해 두는 것이 필요하다. 이런 일을 예방하는 방법은 FPO(사전 연료구입) 옵션을 신청해 두는 것이다. FPO를 신청하면 기름을 채우고 반납하지 않아도 상관없다. 그리고 드물지만 기름이 가득 들어 있지 않은 차를 받는 경우도 있다. 이럴 때는 직원에게 확인받고 사진을 찍어 둔다. 반납 시에는 동일한 양만 채우고 반납하면 된다.

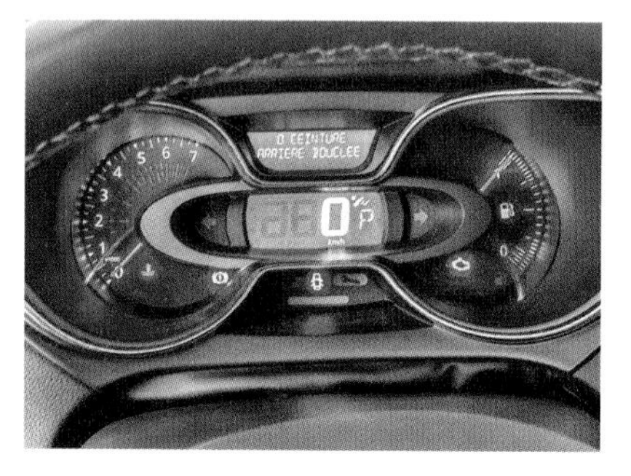

기름은 반드시 풀탱크 반납을 해야 한다.

소지품 체크를 잊지 말자

차 안에 소지품을 놓고 오는 경우도 많다. 반납 장소에서는 반납 절차에 신경 쓰다 보면 꼼꼼히 확인하기 어렵다. 반납 전 마지막 주유소에 들르면 이때 최종적으로 짐 정리를 해두는 것이 좋다. 주유소를 들르지 않으면 마지막 출발 지점에서 내비게이션만 남기고 차 안의 모든 짐은 정리해 두자. 만약 차 안에 물건을 두고 내렸다면 즉시 되돌아가서 찾아야 한다. 귀국 후에 놓고 온 사실을 알았다면 거의 찾기 힘들다.

반납 시 세차를 해야 할까?

렌터카는 반납 후 간단한 점검을 마치면 세차장으로 간다. 그래서 반납 전에 세차를 별도로 해줄 필요는 없다. 차량 내부의 쓰레기 등만 치워주면 된다. 리스 차 역시 마찬가지이다. 하지만 리스 차는 오랫동안 타기 때문에 고생했다는 의미로 세차 후 반납하는 사람들도 많이 있다.

2

차량 반납 시 확인사항

여행 후 차량 반납 시에는 꼭 확인해 보아야 할 사항들이 있다. 반납하기 전에 미리 차량에 이상이 있는지, 사고 흔적이 있는지 꼼꼼히 살펴보자. 반납 후에 문제가 생기지 않도록 마무리를 잘하는 것이 중요하다. 반납 후 영수증이나 반납완료 체크도 잘 챙겨야 한다.

1 차량 점검하기

차를 반납하면 직원은 가장 먼저 연료 게이지와 주행거리를 체크한다. 그리고 사고 흔적이나 차량 이상 유무 등을 살펴본다. 사고가 없었다면 그것으로 반납이 종료된다. 차량에 손상이 있었다면 직원에게 먼저 설명해 준다. 긴급출동 서비스와 경찰에 신고했었다면 사건접수번호를 알려주고 폴리스 리포트가 있다면 제출하도록 한다. 그리고 Incident Report(사고보고서)를 작성하면 된다. 경미한 스크래치 등은 렌터카 회사의 슈퍼커버 보험을 가입했다면 따로 조치할 것은 없다.

이때 알아두어야 할 점이 있다. 직원에게 사고 사실을 말하면 대부분 슈퍼커버에 가입했으니 별 문제 없을 것이라고 말할 것이다. 이 말을 듣고 안심하고 귀국했다가 나중에 청구서를 받는 경우가 있다. 이런 일이 생기는 이유는 반납 직원과 보험 여부를 심사하는 주체가 다르기 때문이다. 반납할 때 직원이 문제없다고 했는데 청구서가 나왔다고 황당해한다. 그러나 반납직원들은 차량반납을 체크하는 사람들일 뿐이다. 그들의 말을 100% 믿어서는 안 된다. 스크래치 이상의 파손이 발생한 사고라면 귀국 후 렌터카 회사에 문의하면서 상황을 살펴보아야 한다.

2 영수증 확인하기

반납 절차가 끝나면 직원이 휴대용 단말기에서 영수증을 출력하여 건네준다. 최근에는 이메일로만 발송하고 종이 영수증을 발급해 주지 않는 곳들이 늘어나고 있다. 어떤 지점들은 태블릿 단말기로 몇 번 터치하면 그것으로 반납이 완료되기도 한다. 이 영수증에 찍힌 금액이 렌터카 이용 최종 금액이 된다. 이때 금액이 이상하거나 궁금한 사항이 있다면 현장에서 바로 물어보고 확인하도록 한다. 의사소통이 어렵거나 이메일로만 영수증을 준다면 귀국 후 확인해 본다. 렌터카 반납을 할 때에는 정신이 없다. 최대한 차분하게 짐들도 잘 확인하고 영수증도 잘 챙겨두도록 한다.

NOTA DI CHIUSURA
Hertz
Contratto numero: 34 /3025874
LEE JUNGUN

123 GIMPOHANGANG 11-RO 438
HANSHIN THE HUE TERRACE 1203-2
GIMPO-SI GYEONGGI-DO
10074 KA
Metodo di pagamento: VIS / XXXXXXXXXXXX2010
FT#: ZE / 1
Modello: X-TRAIL 1.6DCI A Targa: FE853YF
Gruppo addebitato:Y Gruppo noleggiato: E6 Gruppo prenotato: Y
CDP#: 99 Tariffa: ZAASIA
(ASIAN STANDARDS) Valuta Euro: EUR
Noleggiato il: 23/05/18 15:30 ROME (ROMA)
Restituito il: 05/06/18 12:38 SALERNO
Km uscita:59057 Km rientro:62533 Km percorsi:3476

SC	TOTALE		.00 (A)
PI	Giorni 12.00		156.00 (A)
Opzione Pieno Prima	60.0		81.54 (A)
Totale Imponibile			237.54
IVA	A % 22.0000	52.26	
Totale IVA			52.26
Totale imponibile			237.54
I.V.A.			52.26
Totale Parziale			289.80

Voucher No: JAIDA4438

NETTO DOVUTO 289.80

Grazie per aver noleggiato HERTZ

차량을 반납하면 이런 영수증을 준다.

알아두자

차량 픽업 시 제시한 신용카드로 잡아둔 보증금은 반납 후 보통 5일내에 승인이 취소된다. 하지만 카드사에 따라 더 오랜 시간이 걸리기도 한다. 최대 한 달까지 걸리는 경우도 있는데 일주일이 넘어도 승인취소가 되지 않는다면 카드사에 확인해 보는 것이 좋다.

3

벌금 고지서

자동차 여행은 교통 범칙금이라는 예상치 못한 복병이 있다. 주로 주차위반이나 속도위반으로 받게 된다. 금액이 적지 않기 때문에 교통위반을 하지 않도록 항상 주의해야 한다. 그러나 순간 방심하여 순간 단속되기도 하고 본인도 모르게 단속되는 경우도 많다. 벌금 고지서를 받았을 경우에 처리 방법을 살펴보도록 하자.

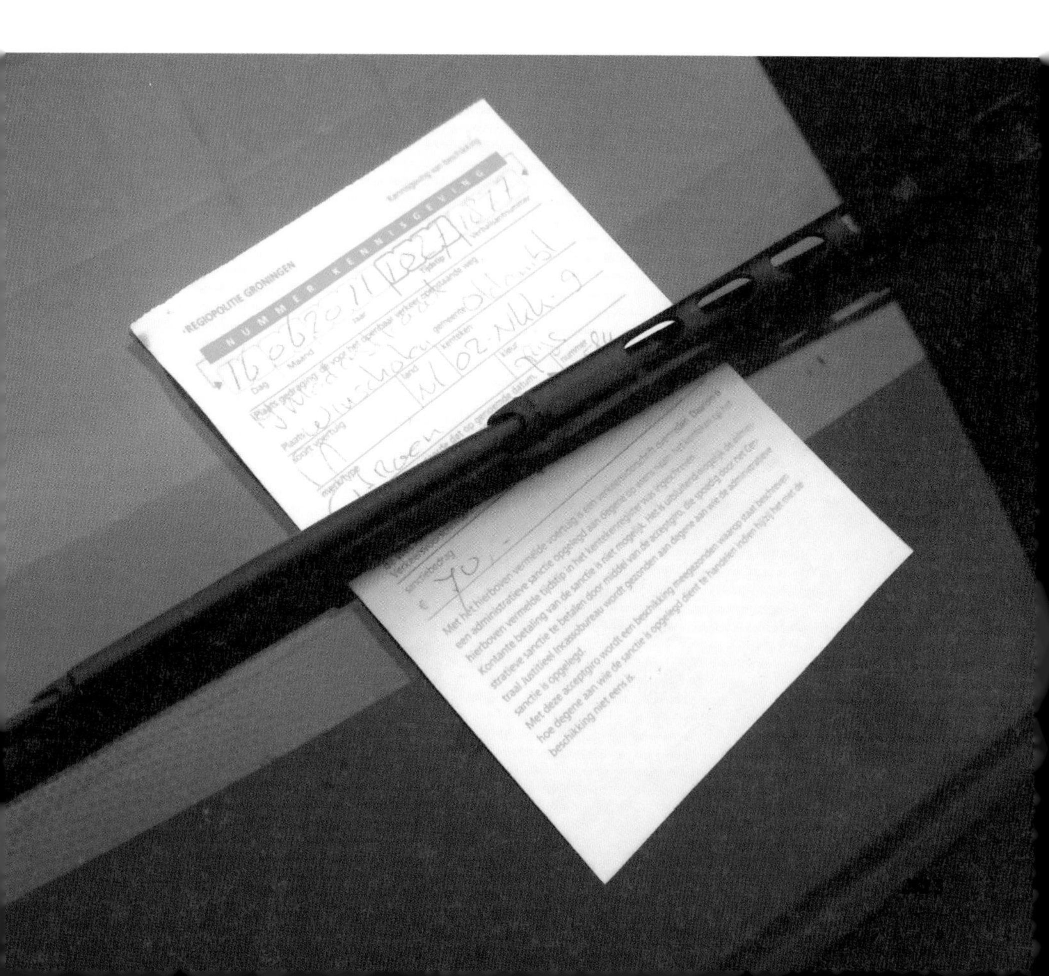

1 차적 조회 수수료

신호위반이나 과속 등으로 단속이 되면 귀국 후 렌터카 예약 시 등록한 카드로 20~30유로가 결제된다. 갑자기 결제가 되기 때문에 문자를 받으면 뭔가 싶어 당황하게 된다. 위반 사실이 있다면 보통 한 달 이내에 이런 결제가 이루어진다. 결제된 금액의 정체는 렌터카 회사가 청구하는 차적 조회 행정수수료이다. 교통법규를 위반하면 교통국은 렌터카 회사에게 운전자의 차적 조회를 요청하게 된다. 이런 정보를 조회해 준 행정수수료를 운전자에게 청구하는 것이다. 이를 교통범칙금으로 착각하는 사람들도 많은데 범칙금은 따로 내야 한다. 실제 범칙금은 행정수수료가 결제되고 난 후에 2~3달 이후에 우편으로 도착하게 된다. 최대 1년까지 걸리는 경우도 있으니 최소 6개월까지는 기다려봐야 한다.

2 주차위반 딱지 처리 방법

주차위반 딱지는 현장에서 즉시 발부된다. 주차 후 와이퍼에 처음 보는 종이가 놓여있다면 주차딱지라고 생각하면 된다. 주차위반 딱지는 현지에서 바로 내는 것이 낫다. 벌금 납부 및 처리 방법은 나라마다 다른데 티켓에 보면 지불 방법이 나와 있다. 잘 모르면 주변 현지인에게 처리 방법을 물어보거나 우체국 경찰서 등을 방문해서 문의하자.

3 과속 범칙금 고지서 처리 방법

과속 단속 위반은 바로 확인할 수 없다. 고지서 발급까지는 몇 주가 소요될 수 있기 때문에 귀국 후 우편으로 고지서를 받게 되면서 단속 여부를 알게 된다. 단속이 되면 먼저 렌터카 회사로부터 차적 조회 수수료가 결제된다. 그 후 보통 4개월 이내에 고지서가 온다. 고지서는 우편이나 이메일로 도착한다. 경미한 위반인 경우에는 신원 조회료만 결제되고 고지서가 오지 않는 경우도 있다. 만일 6개월이 지나도록 고지서가 오지 않으면 발부되지 않은 것으로 보아도 괜찮다. 그러나 고지서는 최대 1년까지 걸리는 경우도 있으니 그때까지는 안심할 수 없다.

고지서는 해당 국가의 언어로 표기되어 있고 납부 방법도 다르기 때문에 정확히 확인할 수 없다. 이럴 때에는 유럽 자동차 여행 카페에 문의를 구해보자. 유경험자와 현지 교민들로부터 도움을 받을 수 있을 것이다.

범칙금은 기간 내에 납부하면 최대 50%까지 경감을 해주는 나라들도 많다. 일반적인 납부 방법은 은행으로 송금하는 것이다. 사이트에서 카드 납부가 가능한 경우도 있다.

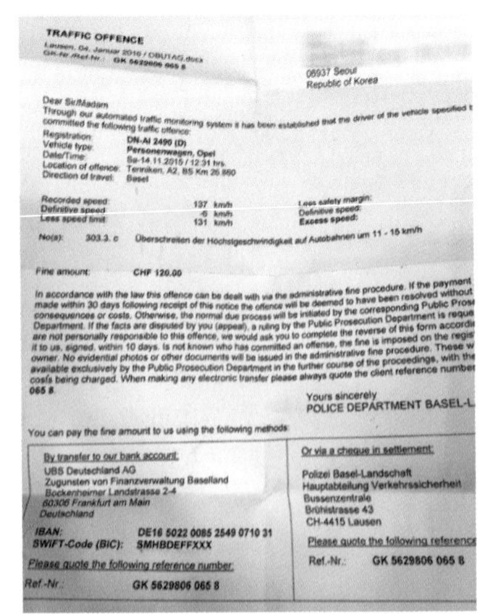

TRAFFIC OFFENCE

Lausen, 04. Januar 2016 / OBU1AG.docx
GK-Nr./Ref.-Nr.: GK 5629806 065 8

08937 Seoul
Republic of Korea

Dear Sir/Madam
Through our automated traffic monitoring system it has been established that the driver of the vehicle specified committed the following traffic offence:

Registration: DN-AI 2490 (D)
Vehicle type: Personenwagen, Opel
Date/Time: Sa-14.11.2015 / 12:31 hrs.
Location of offence: Tenniken, A2, BS Km 26.860
Direction of travel: Basel

Recorded speed: 137 km/h
Definitive speed: -6 km/h
Less speed limit: 131 km/h

Less safety margin:
Definitive speed:
Excess speed:

No(s): 303.3. c Überschreiten der Höchstgeschwindigkeit auf Autobahnen um 11 - 15 km/h

Fine amount: CHF 120.00

In accordance with the law this offence can be dealt with via the administrative fine procedure. If the payment made within 30 days following receipt of this notice the offence will be deemed to have been resolved without consequences or costs. Otherwise, the normal due process will be initiated by the corresponding Public Pros Department. If the facts are disputed by you (appeal), a ruling by the Public Prosecution Department is reque are not personally responsible to this offence, we would ask you to complete the reverse of this form accordi it to us, signed, within 10 days. Is not known who has committed an offense, the fine is imposed on the regis owner. No evidential photos or other documents will be issued in the administrative fine procedure. These w available exclusively by the Public Prosecution Department in the further course of the proceedings, with the costs being charged. When making any electronic transfer please always quote the client reference number 065 8.

Yours sincerely
POLICE DEPARTMENT BASEL-L

You can pay the fine amount to us using the following methods:

By transfer to our bank account:
UBS Deutschland AG
Zugunsten von Finanzverwaltung Baselland
Bockenheimer Landstrasse 2-4
60306 Frankfurt am Main
Deutschland
IBAN: DE16 5022 0085 2549 0710 31
SWIFT-Code (BIC): SMHBDEFFXXX
Please quote the following reference number:
Ref.-Nr.: GK 5629806 065 8

Or via a cheque in settlement:
Polizei Basel-Landschaft
Hauptabteilung Verkehrssicherheit
Bussenzentrale
Brühlstrasse 43
CH-4415 Lausen
Please quote the following referenc
Ref.-Nr.: GK 5629806 065 8

범칙금 고지서